高等教育土木类专业系列教材

# 高层建筑施工

## GAOCENG JIANZHU SHIGONG

### [第2版]

主编 张爱莉 主审 华建民

参编 刘光云 杨 阳 康 明 黄乐鹏

U0280008

重庆大学出版社

## 内容提要

本书是高等教育土建类专业规划教材之一,按照高层建筑施工顺序系统阐述高层及超高层建筑施工关键技术进行编写,共分为15章,主要内容包括:绪论、深基坑支护结构、深基坑土方开挖、地下连续墙与逆作法施工技术、深基坑地下水控制、深基坑工程监测、桩基础施工技术、大体积混凝土施工技术、高层建筑外脚手架、高层建筑垂直运输体系、超高层建筑模板工程技术、高层建筑混凝土施工技术、超高层建筑钢结构施工技术、装配式混凝土结构施工技术、超高层建筑施工组织及管理。

本书可作为高等学校土木工程、工程管理等专业相关的课程使用,也可供土建类专业技术人员参考。

**图书在版编目(CIP)数据**

高层建筑施工 / 张爱莉主编. -- 2 版. -- 重庆：
重庆大学出版社,2024.1
高等教育土木类专业系列教材
ISBN 978-7-5689-1792-6

Ⅰ.①高…　Ⅱ.①张…　Ⅲ.①高层建筑—建筑施工—
高等学校—教材　Ⅳ.①TU974

中国国家版本馆 CIP 数据核字(2023)第 198761 号

高等教育土木类专业系列教材

**高层建筑施工**

**（第 2 版）**

主编　张爱莉
主审　华建民
策划编辑：王　婷　林青山

责任编辑：王　婷　　版式设计：王　婷
责任校对：关德强　　责任印制：赵　晟

\*

重庆大学出版社出版发行
出版人：陈晓阳
社址：重庆市沙坪坝区大学城西路 21 号
邮编：401331
电话：(023)88617190　88617185(中小学)
传真：(023)88617186　88617166
网址：http://www.cqup.com.cn
邮箱：fxk@ cqup.com.cn(营销中心)
全国新华书店经销
重庆升光电力印务有限公司印刷

\*

开本：787mm×1092mm　1/16　印张：20.75　字数：532 千
2024 年 1 月第 2 版　　2024 年 1 月第 5 次印刷
印数：5 501—8 500
ISBN 978-7-5689-1792-6　定价：59.00 元

# 序

　　近年来,随着我国城市化进程的加快和综合国力的提升,高层及超高层建筑在我国城市建筑所占的比例越来越大。特别是在集约利用土地资源、集约使用城市基础设施等城市建设新理念的引导下,我国超高层建筑迅猛发展,超高层建筑的现代施工技术水平也明显提升。伴随着高度的不断增加,超高层建筑发展呈现出综合化、异型化、生态化和智能化的趋势,其工程实施对建设管理和施工技术提出了更高的要求,迫使企业对高校所输送人才的实践能力与创新意识的期望值越来越高。高层建筑施工是土木工程专业非常重要的专业课程,具有很强的实践性、综合性和社会性,其授课必须与施工技术发展及工程实践紧密结合。在工程实践发展迅速的情况下,如何让高层建筑施工课程适应行业和技术的发展,满足社会和企业对人才的需求,是当前高层建筑施工教学急需解决的一个问题。

　　高层建筑施工与工程实践联系紧密,知识更新的速度很快,高层建筑施工中很多技术问题的解决、施工方案的优选和管理制度的拟定,均需紧密结合工程特点和社会环境,涉及相关学科的综合运用和各种矛盾的综合处理。现代社会信息技术突飞猛进,学生应该能通过各种有效的渠道获得建筑施工的新知识并能通过实践得到巩固和融会贯通。教师也应该紧跟时代步伐,将信息化、BIM技术与教学深度融合,创建以学生为中心的教学体系,以此提高教学效果,增强学生工程实践能力,为学生将来成为合格的工程师奠定基础。

　　教材紧跟施工技术发展前沿,以国内典型超高层工程项目为案例,实现了理论与工程实践的结合,并体现了高层建筑施工关键技术的综合应用。同时,将多媒体教学资源与纸质教材相融合形成新形态一体化教材,在纸质文本之外还能获得在线数字课程资源支持,内容更新速度快,展现形式更丰富,与传统教材相比较,更加符合当代大学生学习心理和认知规律。

我国城市现代化的快速发展给建筑行业带来了前所未有的发展机遇,目前我国已成为超高层建筑建造大国,部分建造技术已处于国际领先水平。就我国的高层建筑建造技术发展现状而言,其理论研究相对滞后于工程实践,不断完善高层建筑建造技术理论体系,探索以"绿色化"为目标,以"智慧化"为技术手段,以"工业化"为生产方式,以工程总承包为实施载体的新型建造方式将是引领我国高层建筑综合施工能力提升和打造建造强国的必然之路。将这些新理论、新方法、新技术及时引入到土木工程及相关专业教学,方能有助于培养出具有开阔眼界和创新思维的行业人才,也更能体现教材的科学性、先进性和实用性,这是教材编写者再版时需要关注和引入的一个重要内容。

科技进步推动着高层建筑的发展,高层建筑的兴建又为建筑施工技术的创新提供了更广阔的舞台,我国工程技术人员在建筑节能、信息化、绿色环保、安全等方面将面临更多挑战,尚需广大建筑行业同仁及即将步入建筑行业的学子不断开拓进取、勇于创新,为推动我国高层建筑施工技术水平不断进步而挥洒汗水、浇筑智慧。《高层建筑施工》凝结了许多学者和工程一线技术专家的智慧和汗水,不仅是高层及超高层建筑施工技术的一个阶段性的总结,也是土木工程及相关专业学子未来进行高层及超高层建筑施工技术创新的起点。

我相信该教材的出版将会对高等院校土木工程及相关专业教学起到积极的作用,教材一定会成为业内人士及相关专业教学的重要参考书。

中国建筑第三工程局总工程师
中建总公司施工技术专业委员会主任委员

2019 年 10 月

# 第 2 版前言

作为高等教育土建类专业系列教材之一,《高层建筑施工》系统阐述高层及超高层建筑施工关键技术,可用于高等学校土木工程、工程管理等相关专业的《高层建筑施工》《现代施工技术》等专业课程教学,也可供土建类专业技术人员参考。教材自 2019 年第 1 版面世以来已受到广大读者的好评。培养拔尖创新人才是时代发展和社会进步对高等教育提出的要求,数字化课程资源将促进教师教学方式变革和引领学生学习方式转变,教材必须紧跟施工技术发展速度和适应信息时代。《高层建筑施工》课程蕴含丰富的思想政治教育元素,应结合课程特点和当代大学生学习心理和认知规律,明确思想政治教育目标和融入点,完善教学内容,丰富学生情感体验,形成思想政治教育与知识体系有机统一的课程教学体系。基于以上需求,教材编者深入理解党的二十大精神内涵,对教材进行全面修订,主要工作及特色如下:

(1)编者与中建三局、中铁十一局等企业的一线工程技术专家组成校企联合教学团队,完成了配套在线课程的建设并上线学堂在线,本次修订时将在线课程知识点讲解视频采用二维码的形式嵌入纸质教材;以重庆大学出版社课书房教学云平台为依托,出版《高层建筑施工》数字教材,从而构建交互性好、可持续更新的数字化课程资源,为学习者搭建线上线下、课内课外全方位学习平台,为教师数字化教学和教学方式变革提供支撑,后期纸质教材与数字教材将并举互哺,持续改进。

（2）本次修订贯通设计学习目标,以施工技术发展过程阐述内容,将施工技术最新研究成果和前沿技术纳入教材,强化了施工方案选择时的技术经济对比和对社会环境影响分析;将理论与实践结合,以重庆来福士广场、天津周大福中心等国内新建典型超大超高工程项目为工程案例,实现教材内容的循序渐进、螺旋上升,使思想政治教育目标和课程目标相融合。

（3）教材修订除对全书涉及规范更新的内容进行调整外,对每章课后习题也进行优化和完善。为了更好地培养学生创新思维和工程实践能力,数字教材还补充了工程案例分析,并同步配套类似工程施工方案、施工视频动画等,为"高阶性、创新性和挑战度"教学和评价提供支撑。

本教材共 15 章,具体修订工作分工如下:刘光云（第 4 章）、杨阳（第 7 章）、康明（第 9 章和第 13 章）、黄乐鹏（第 8 章和第 14 章）,张爱莉修订其余章节,华建民负责全书统稿审校。

本教材的修订及配套在线课程建设均获重庆大学校级项目经费支持,配套在线课程的制作和数字教材的出版均获土木工程学院和重庆大学出版社的大力支持,在此向所有关心和支持本教材建设的单位、领导、师长和同事表示衷心感谢。

本教材的修订和配套在线课程的建设均参考引用了大量已出版文献和重大工程技术资料,视频制作引用了大量工程视频、动画和图片等,不能一一标明出处,在此向所有作者和制作者表示诚挚谢意,限于编者水平有限,疏漏错误之处敬请同行专家及读者批评指正并联系我们及时处理（电子邮件:732838546@ qq. com）。

编　者

2024 年 1 月

# 前　言

　　近年来,由于我国高层和超高层建筑施工领域的理论和技术发展很快,作为土木工程专业卓越工程师计划配套教材,应当跟上技术的进步。因此,我们在教材编写中秉承理论性与实用性并重,强调"动手能力"的培养,充分体现"适于教、易于学"的理念。教材特色体现在:

　　(1)本书打破传统章节的设置方式,按照施工顺序梳理出高层及超高层建筑施工关键技术,以每一个关键技术为章进行课程内容组织和教材编写。

　　(2)每个关键技术(每一章)后尽可能附上典型工程案例,以实现理论与工程实践的结合,同时也能体现施工关键技术的综合应用,还可作为学生编制专项施工方案的参考案例。

　　(3)本书是将多媒体教学资源与纸质教材相融合形成的新形态一体化教材,配套在线课程资源涵盖教材主要内容,每个知识点包含文本、PPT、视频讲解、试题及答案,另外还附有与此知识点相关的施工动画、视频或施工方案。且借助课书房教学云平台,教学资源可随时更新和补充。读者在纸质教材之外,还可获得在线数字课程资源支持,实现"线上线下互动,新旧媒体融合"的整体解决方案。同传统教材相比较,本教材内容更丰富、更生动、更直观,可适用于多种教学方式,更加符合当代大学生学习心理和认知规律。与教材配套的多媒体教学资源可通过扫描本书封底二维码进行观看和下载。

　　本书共15章,第4章由刘光云编写,第6章和第7章由杨阳编写,第9章和第13章由康明编写,第8章和第14章由黄乐鹏编写,张爱莉编写其余章节并负责全书视频动画的收集和剪辑工作。

张希黔教授为本书的编写提供了大量工程资料并提出了宝贵意见和建议，华建民教授策划并主审了书稿，在此深表感谢！感谢王志军教授和重庆大学土木工程学院领导对"高层建筑施工"课程教学理念的认可，并给予本书的经费支持！

本书在编写过程中，参考并引用了一些公开出版发行的教材、手册和文献，参阅和引用了许多学者和工程一线技术专家的著作，教材内容及案例引用了很多重大工程的技术资料，部分视频、动画、图片以及施工方案引自网络，不能一一标明出处，在此对所有作者表示诚挚的谢意！如有异议，请联系我们及时处理（请发邮件至电子邮箱：732838546@ qq.com）。由于编写时间紧张，限于编者水平有限，书中的疏漏错误之处在所难免，敬请同行专家及阅读本书的读者批评指正，以便日后修订和改进。

编　者

2019 年 5 月

# 目　录

# 1

# 绪 论

[本章基本内容]

重点介绍高层及超高层建筑的定义及国内外高层和超高层建筑技术的发展情况,同时也介绍了目前国内高层建筑施工技术现状,并对未来高层建筑施工技术发展进行展望。

[学习目标]

(1)了解:国内外高层及超高层建筑技术发展过程,未来高层建筑施工技术发展。

(2)熟悉:国内高层建筑施工技术现状。

(3)掌握:高层及超高层建筑的定义。

高层及超高层
的定义及发展

## 1.1 高层及超高层建筑的定义

随着我国城市化进程的加快,土地资源稀缺矛盾日益突出,高层及超高层建筑已成为城市发展的必然趋势。高层建筑的划分标准在国际上并不统一,1972 年国际高层建筑会议将高层建筑按高度分为四类:第一类:9 ~ 16 层(最高到 50 m);第二类:17 ~ 25 层(最高到 75 m);第三类:26 ~ 40 层(最高到 100 m);第四类:40 层(100 m)以上(即超高层建筑)。我国《民用建筑设计统一标准》(GB 50352—2019)将建筑高度大于 27 m 的住宅建筑和建筑高度大于 24 m 的非单层公共建筑,且高度不大于 100 m 的称为高层建筑,建筑高度大于 100 m 的为超高层建筑。

## 1.2 高层及超高层建筑发展

### 1.2.1 国外高层及超高层建筑技术发展

高层建筑的发展与垂直交通设备以及钢筋混凝土材料的发展密不可分。回顾19世纪中叶以前,欧美等国家的城市建筑一般都在6层以内。1853年,美国奥蒂斯发明了安全载客升降电梯;1856年,钢材批量生产技术开发成功;1867年钢筋混凝土问世。这些关键技术要素的发展使高层建筑的建造有了可能,此后城市高层建筑不断涌现。

现代高层建筑迄今已有一百三十多年的发展历史。1885年,美国芝加哥建造了10层高的家庭生命保险大楼,是世界公认的第一栋具有现代意义的高层建筑,也是世界上第一栋高层钢结构建筑。1894年,美国曼哈顿人寿保险大楼建成,高106 m,是世界首栋高度大于100 m的超高层建筑。1903年,美国在辛辛那提建造了16层英戈尔大楼,是世界首栋钢筋混凝土高层建筑。1913年,美国纽约采用钢框架建造了高241 m的渥尔沃斯大厦,成为当时世界最高的超高层建筑。1931年,美国纽约建造了高381 m的帝国大厦,保持世界最高建筑纪录达四十余年。1967年俄罗斯莫斯科建造了高540 m的莫斯科电视塔,是当时世界第一高塔。1974年,美国芝加哥建造了高442 m的西尔斯大厦,保持世界最高建筑纪录达24年之久。1976年,加拿大建造了553 m的加拿大国家电视塔,成为当时世界第一高构筑物。可以说,20世纪80年代以前,世界范围内最具有影响力的超高层建筑主要集中在美国(图1.1)。

美国人寿保险大楼

美国帝国大厦

美国世界贸易中心

阿联酋迪拜哈利法塔

中国香港环球贸易广场

中国台北101大厦

马来西亚双子塔

美国西尔斯大厦

图1.1 世界著名超高层建筑

20 世纪 80 年代以来,特别是 90 年代以后,随着亚洲社会经济的快速发展,超高层建筑在世界范围内逐渐开始普及,从欧美到亚洲都有所发展。1998 年,马来西亚的双子塔石油大厦建成,大楼高 452 m,共 88 层,成为新的世界第一高楼。2010 年,阿拉伯联合酋长国建成高 828 m、160 层的哈利法塔,成为迄今世界第一高楼。2012 年,日本建成高 634 m 的东京天空树,成为超越 610 m 广州塔的迄今世界第一高塔,超高层建筑的建造出现了新的高潮。

## 1.2.2 国内高层及超高层建筑技术发展

我国现代意义上的高层建筑起源于 20 世纪初的上海,虽然相对于国外发达国家我国的高层建筑发展起步较晚,但发展非常迅速。1923 年,在上海建成的字林西报大楼(高 10 层),是我国第 1 栋现代意义的高层建筑。1934 年,建成的上海国际饭店(高 83.8 m,24 层)为当时亚洲第一高楼,且保持了全国最高建筑纪录达 34 年之久,上海的高层建筑建造技术在较短的时间内达到了亚洲先进水平。

中华人民共和国成立后,我国高层建筑的发展主要分为三个阶段。

起步阶段:新中国成立到 20 世纪 60 年代末期。这个阶段的建筑主要是在 20 层楼以下,建筑的结构主要是框架形式。

兴盛阶段:20 世纪 70—80 年代。1976 年建成的广州白云宾馆为 33 层,是国内首栋百米高层建筑。80 年代,我国高层建筑发展进入兴盛时期,1980—1983 年三年的时间就建成了自 1949 年以来三十多年中所有高层建筑的总和。

飞跃阶段:从 20 世纪 90 年代初开始,我国高层建筑进入飞跃发展的阶段。目前,中国已成为世界上建筑业最活跃与最繁荣的地区。截至 2014 年底,我国已建有 100 m 及以上的超高层建筑 7 000 余座,占世界总量的 77.76%,是世界上高层建筑数量最多、分布最广的国家。在建筑高度大于 250 m 的超高层民用建筑之中,我国已占到世界总量的近一半,达 45.7%。到了 2017 年,我国共建成高度超过 200 m 的超高层建筑 870 幢,其中高度在 200~300 m 的超高层建筑共计 777 栋;300~400 m 的建筑有 76 栋;500~600 m 超高层建筑有 6 栋。由此可见,我国是名副其实的超高层建筑大国(图 1.2)。

广州西塔　　　　　武汉中心大夏　　　　　深圳京基100大夏　　　　　上海中心大夏

图 1.2　中国部分超高层建筑

# 1.3　高层建筑基础工程与结构类型

## 1.3.1　高层建筑基础工程

**1）基础形式**

高层建筑形高、体重,基础工程不但要承受很大的垂直荷载,还要承受强大的水平荷载作用下产生的倾覆力矩及剪力。因此,高层建筑对地基及基础的要求比较高:其一,要求有承载力较大的、沉降量较小的、稳定的地基;其二,要求有稳定的、刚度大而变形小的基础;其三,既要防止倾覆和滑移,也要尽量避免由地基不均匀沉降引起的倾斜。

基础设计的首要任务是确定基础形式。基础形式的确定必须综合考虑地基条件、结构体系、荷载分布、使用要求、施工技术和经济性能。目前,高层建筑采用的基础形式主要有箱形基础、筏形基础、桩基及桩筏基础、桩箱基础。箱形基础和筏形基础整体刚度比较大、结构体系的适应性强,但是对地基的要求高,因此适合于地表浅部地基承载力比较高的地区,如北京地区一般高层建筑多采用箱形基础或筏形基础。桩筏基础和桩箱基础由于可以通过桩基将荷载传递至地下深处,不但具有整体刚度比较大、结构体系适应性强的优点,而且适用于多种地基条件的地区,因此在高层建筑工程中应用非常广泛。在高层建筑基础工程中,桩筏基础应用最广,近年来建设的世界著名超高层建筑大都采用了桩筏基础。

在高层建筑基础工程中,桩基础占有相当重要的地位,桩基不但是荷载传递非常重要的环节,而且是设计和施工难度比较大的基础部位。目前,高层建筑采用的桩基础主要有钢筋混凝土灌注桩、预应力混凝土管桩和钢管桩。三者之中,钢筋混凝土灌注桩具有地层适应性强、施工设备投入小、成本低廉、承载力大和环境影响小等优点,因此在高层建筑中应用非常广泛。预应力混凝土管桩具有成本比较低、施工高效和质量易控等优点,但是也存在挤土效应强烈、承载力有限等缺陷,因此仅在施工环境比较宽松、承载力要求比较低的高层建筑中应用。钢管桩具有质量易控、承载力大、施工高效等优点,但是存在成本较高、施工环境影响大等缺陷,因此在高层建筑中应用不多,只有特别重要的、规模巨大的超高层建筑采用钢管桩作桩基础,如上海环球金融中心、金茂大厦(图1.3)。

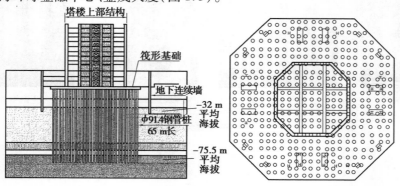

图1.3　金茂大厦基础形式

**2）基础埋深**

由于高层建筑结构高,承受巨大的侧向荷载作用,因此,为了提高建筑稳定性,高层建筑的基础埋深都比较大。在确定高层建筑的基础埋置深度时,应考虑建筑物的高度、体形、地基土质、抗震设防烈度等因素,并应满足抗倾覆和抗滑移的要求。我国《高层建筑筏形与箱形基础技术规范》(JGJ 6—2011)对基础埋深作了详细的规定:箱形和筏形基础的地基应进行承载力的变形计算,必要时应验算地基的稳定性;高层建筑筏形和箱形基础的埋置深度应满足地基承载力、变形和稳定性要求。在抗震设防区,除岩石地基外,天然地基上的箱形和筏形基础的埋置深度不宜小于建筑物高度的 1/15;桩箱或桩筏基础的埋置深度(不计桩长)不宜小于建筑物高度的 1/18。

高层建筑基础工程造价占土建工程总造价的 25% ~40%,施工工期占总工期的三分之一左右。在高层建筑施工中,基础工程已经成为影响建筑施工总工期和总造价的重要因素之一,在软土地基地区尤其如此。同时,深基础施工也是一项风险极大的任务,深基坑稳定和环境保护的难度日益增大,深基础工程施工技术已经成为高层及超高层建筑建造技术研究的重要内容之一。

## 1.3.2　高层建筑结构类型

钢和混凝土是高层建筑最主要和最基本的结构材料。根据所用结构材料的不同,高层建筑结构可以划分为三大类型:钢筋混凝土结构、钢结构、组合结构(亦称为混合结构)。

**1）钢筋混凝土结构**

钢筋混凝土结构充分发挥了混凝土受压和钢筋受拉性能优良的特性,是一种广泛应用的高层建筑结构类型。钢筋混凝土结构具有原材料来源广、钢材消耗量小、建造成本低、结构抗侧向荷载刚度大、体形适应性强、防火性能优越、施工技术和装备要求比较低等优点,但是也存在自重比较大、现场作业多、施工工期比较长的缺陷。因此,钢筋混凝土结构超高层建筑首先在工业化发展水平比较低的发展中国家得到广泛应用。

**2）钢结构**

钢结构充分利用了钢材抗拉、抗压、抗弯和抗剪强度高的优良特性,是一种历史悠久、应用广泛的超高层建筑结构类型。钢结构具有自重轻、抗震性能好、工业化程度高、施工速度快和工期比较短等优点,但是也存在钢材消耗量大、建造成本高、抗侧力结构侧向刚度小、体形适应性弱、防火性能差、施工技术和装备要求比较高等缺陷。因此,钢结构高层建筑主要在工业化发展水平比较高的发达国家得到广泛应用。

**3）组合结构**

钢结构和钢筋混凝土结构各有其优缺点,可以取长补短。在高层建筑不同部位可以采用不同的结构材料形成组合结构,在同一个结构部位也可以用不同的结构材料形成组合结构。钢与钢筋混凝土组合方式多种多样,可形成组合梁、钢骨梁、钢骨柱、钢管混凝土柱、组合墙、组合板和组合薄壳等。这些组合构件充分发挥了钢和混凝土两种材料的优势,性能优异,性价比高,已经广泛应用于高层及超高层建筑工程中,上海环球金融中心、台北 101 大厦(图1.4)、天津 117 大厦、广州东塔等超高层就是典型的组合结构。

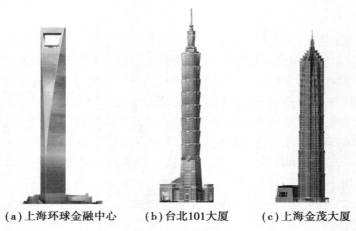

（a）上海环球金融中心　　（b）台北101大厦　　（c）上海金茂大厦

图1.4　组合结构超高层建筑

### 1.3.3　高层建筑结构体系

高层建筑承受的主要荷载是水平作用（风、水平地震作用）和自重荷载。按照结构抵抗外部作用的构件组成方式，高层钢筋混凝土结构体系可分为框架结构、剪力墙结构、筒体结构、框架-剪力墙（筒体）结构和巨型结构等（图1.5）。

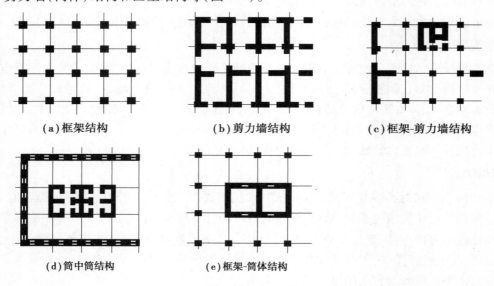

（a）框架结构　　　　　　（b）剪力墙结构　　　　　　（c）框架-剪力墙结构

（d）筒中筒结构　　　　　（e）框架-筒体结构

图1.5　高层建筑结构体系

**1）框架结构体系**

钢筋混凝土框架结构体系历史悠久，是高层建筑发展初期主要的结构体系，目前主要用于不考虑抗震设防、层数较少的高层建筑中。在抗震设防要求高和高度比较高的超高层建筑中应用不多，高度一般控制在 70 m［图 1.5（a）］。

**2）剪力墙结构体系**

钢筋混凝土剪力墙结构体系是利用建筑物墙体作为承受竖向荷载、抵抗水平作用的结构体系,也是一种承重体系与抗侧力体系合二为一的结构体系。剪力墙结构体系具有整体性好、侧向刚度大、承载力高等优点,但是也存在剪力墙间距比较小,平面布置不灵活的缺点,难以满足公共建筑的使用要求。剪力墙结构体系在住宅及旅馆等高层建筑中得到广泛应用(图1.6)。

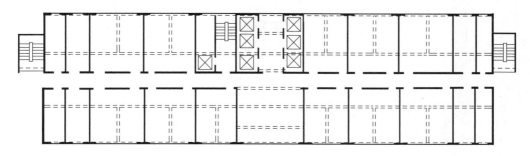

图1.6 广州白云宾馆剪力墙结构体系

### 3)筒体结构体系

筒体结构体系是利用建筑物筒形结构体作为承受竖向荷载、抵抗水平作用的结构体系,也是一种承重体系与抗侧力体系合二为一的结构体系。结构筒体可分为实腹筒、框筒和桁筒。平面剪力墙组成空间薄壁筒体,即为实腹筒;框架通过减小肢距,形成空间密柱筒,即框筒;筒壁若用空间桁架组成,则形成桁筒。常采用框架-核心筒结构、筒中筒结构(图1.7)、多筒体结构和成束筒结构等。若既设置内筒,又设置外筒,则称为筒中筒结构体系,典型代表就是美国世界贸易中心,美国西尔斯大厦则是著名的成束筒结构。

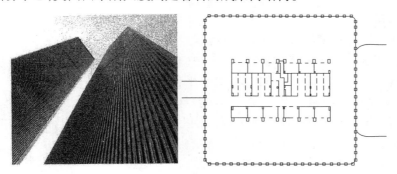

图1.7 美国世界贸易中心筒中筒结构体系

### 4)框架-剪力墙(核心筒)结构体系

在框架结构中设置部分剪力墙,使框架和剪力墙两者结合起来,取长补短,共同抵抗竖向荷载和水平作用,就构成了框架-剪力墙结构体系。如果把剪力墙布置成筒体,就转化为框架-核心筒结构。

框架-剪力墙(核心筒)结构体系综合了框架结构体系和剪力墙(核心筒)结构体系的优点,避开了两种结构体系的缺点,应用极为广泛。目前在高层及超高层建筑中得到广泛的应用。上海金茂大厦(图1.8)、台北101大厦、吉隆坡石油大厦都采用了框架-核心筒结构体系。

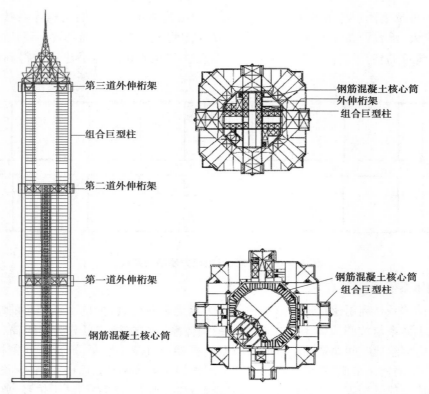

图1.8　金茂大厦结构24层平面

### 5)巨型结构体系

巨型结构一般由两级结构组成。第一级结构超越楼层划分,形成跨越若干楼层的巨梁、巨柱(超级框架)或巨型桁架杆件(超级桁架),承受水平作用和竖向荷载。楼面作为第二级结构,只承受竖向荷载并将荷载所产生的内力传递到第一级结构上。常见的巨型结构有巨型框架结构和巨型桁架结构。巨型结构体系非常高效,抗侧向荷载性能卓越,是目前超高层建筑的主流结构体系,应用日益广泛。近年来兴建的广州东塔、武汉绿地中心、天津117大厦等超高层建筑都采用了巨型结构体系。目前超高层建筑高度不断增加;但是建筑宽度受自然采光所限难以同步增加,因此只有不断提高结构体系效

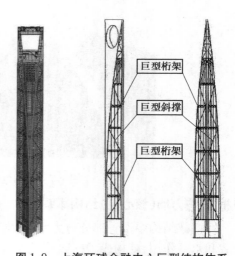

图1.9　上海环球金融中心巨型结构体系

率,才能在建筑宽度保持基本不变的情况下,继续实现超高层建筑的新跨越(图1.9)。

不同的结构体系所具有的承载力和刚度是不一样的,因而它们适合应用的高度也不同。一般来说,框架结构适用于高度低、层数少、设防烈度低的情况;框架-剪力墙(核心筒)结构和剪力墙结构可以满足大多数建筑物的高度要求;在层数很多或设防烈度要求很高时,筒体结构不失为合理选择;巨型结构体系则将支撑超高层建筑实现更大跨越(图1.10)。

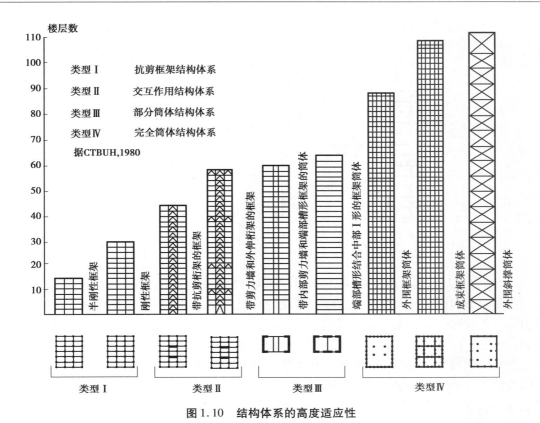

图1.10 结构体系的高度适应性

# 1.4 高层建筑结构受力特点

## 1.4.1 承载力

　　低层、多层的结构受力,主要考虑垂直荷载,包括结构自重和可变荷载等。高层建筑的结构受力,除了要考虑垂直荷载作用外,还必须考虑由风荷载或地震作用引起的水平作用。垂直荷载使建筑物受压,其压力的大小与建筑物高度成正比,由墙和柱承受。受水平作用的建筑物,可视为悬臂梁,水平作用对建筑物主要产生弯矩。弯矩与房屋高度的平方成正比,即

高层建筑受力特征及主要关键施工技术

垂直压力[图1.11(a)]　　　　　　$N=WH$ 　　　　　　　　　(1.1)

当水平作用为倒三角形分布时[图1.11(b)]:

弯矩　　　　　　　　　　　$M=\dfrac{1}{3}qH^2$ 　　　　　　　　(1.2)

当水平作用为均匀分布时[图1.11(c)]:

弯矩　　　　　　　　　　　$M=\dfrac{1}{2}qH^2$ 　　　　　　　　(1.3)

式中　$W$——每延米高度垂直荷载;

$q$——水平作用；

$H$——建筑物高度。

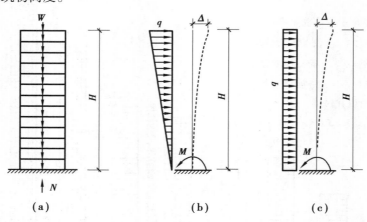

图 1.11　高层建筑的受力简图

弯矩对结构产生拉力和压力，当建筑物超过一定的高度时，由于水平作用产生的拉力超过由垂直荷载所产生的压力，建筑物就可能由于风或地震作用而处于周期性的受拉和受压状态。

不对称及复杂体型的高层建筑还需要考虑结构的受扭，因此，高层建筑必须充分考虑结构的各种受力情况，保证结构有足够的承载力。

### 1.4.2　刚度

高层建筑不仅要保证结构的承载力，而且要保证结构的刚度和稳定性，控制结构的水平位移。而水平作用产生的楼层水平位移 $\Delta$ 与建筑物高度的 4 次方成正比［图 1.11（a）、（b）］，水平作用的分布状况不同时，水平位移的计算方法也不同。

当水平作用为倒三角形分布时：

$$\Delta=\frac{11qH^4}{120EI}\qquad\qquad(1.4)$$

当水平作用为均匀分布时：

$$\Delta=\frac{qH^4}{8EI}\qquad\qquad(1.5)$$

式中　$\Delta$——水平位移；

　　　$E$——弹性模量；

　　　$I$——截面惯性矩。

由于高层建筑的水平位移增大较承载力增大更为迅速，过大的水平位移对人和建筑结构有以下影响：①使人产生不适，影响生活、工作；②会使电梯轨道变形；③会使填充墙或建筑物装修开裂、剥落；④会使主体结构出现裂缝；⑤如果水平位移再进一步扩大，就会导致房屋的各个部件产生附加内力，引起整个房屋的严重破坏，甚至倒塌。因此，必须控制水平位移，包括相邻两层的层间位

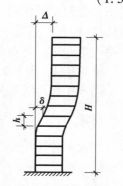

图 1.12　建筑物的水平位移

移和建筑物的顶点位移,如图 1.12 所示。对高层建筑的水平位移要求如下:

高层钢筋混凝土结构:

$$H \leqslant 150 \text{ m}: \frac{\delta}{h} \leqslant \frac{1}{1\,000} \sim \frac{1}{550} \tag{1.6}$$

$$H \geqslant 250 \text{ m}: \frac{\delta}{h} \leqslant \frac{1}{500} \tag{1.7}$$

$$150 \text{ m} < H < 250 \text{ m}: \frac{\delta}{h} \text{ 按上述内插取用}$$

高层钢结构:

$$\frac{\delta}{h} \leqslant \frac{1}{250} \tag{1.8}$$

式中　$\delta$——建筑物层间位移;

　　　$h$——建筑物层高;

　　　$\Delta$——建筑物顶点位移;

　　　$H$——建筑物高度。

### 1.4.3　耐久性

高层建筑的耐久性要求较高,《民用建筑设计统一标准》(GB 50352—2019)将建筑耐久年限分为四级,一级耐久年限为 100 年以上,适用于重要的建筑和高层建筑。

## 1.5　高层建筑施工关键技术

由于高层建筑结构很高,将承受巨大的侧向荷载作用,因此为了提高稳定性,与一般建筑相比高层建筑的基础埋深都比较大,**深基坑土方开挖**(第 3 章)是高层建筑施工的重要工序。基坑土方开挖时,由于地基卸荷和土体应力释放,会不同程度地引起基坑边坡的稳定和变形问题,通常大多会采用**深基坑支护结构**(第 2 章)以保证施工安全。其中**地下连续墙与逆作法施工技术**(第 4 章)可以用于施工环境比较困难,场地周围建筑物密集,对基坑变形有严格要求的工程。为防止地下水影响基坑和基础施工,应根据不同的降水深度、土质和地下水状态,采取**深基坑地下水控制**(第 5 章)措施。深基坑土方开挖、深基坑支护结构和深基坑工程地下水控制是高层建筑深基坑工程施工的三个关键技术问题,但三者相辅相成,同**深基坑工程监测**(第 6 章)等内容共同组成了深基坑工程专项施工方案的主要内容。

由于高层建筑荷载大,因此在高层建筑基础工程中,常采用桩基础、筏板基础、箱形基础以及桩筏、桩箱基础。由于箱形基础或筏形基础混凝土体积较大,桩基的上部也有厚度较大的承台或筏板,因此,**桩基础施工技术**(第 7 章)和**大体积混凝土施工技术**(第 8 章)是高层建筑基础施工中的关键技术问题。

基础工程完成后,则开始进行高层建筑主体结构工程施工。为满足结构施工和外装饰施工的需要,高层建筑施工时都需要搭设**外脚手架**(第 9 章)。在施工过程中,每天都需要运送大量建筑材料、设备和施工人员,**高层建筑垂直运输体系**(第 10 章)的选择与布置对高层建筑施工的速度、工期、成本具有重要影响。

目前的高层建筑仍然以钢筋混凝土为主,高层建筑施工也必须依赖于先进的**模板工程技**

术(第 11 章)和**混凝土施工技术**(第 12 章),其中模板主要以竖向模板为主体,混凝土施工技术主要体现在材料的高性能和超高泵送成套技术。

高层建筑在向天空进军之时,必然需要钢结构的强力支撑。钢结构技术作为建设部重点推广的"建筑业十项新技术"之一,在高层建筑施工中起到了至关重要的作用,大批高层及超高层钢结构的建造大大提高了**高层建筑钢结构施工技术**(第 13 章)。建筑业产业化发展是建筑领域的全新模式,是城市建筑发展的必然趋势。**装配式混凝土结构施工技术**(第 14 章)将引领建筑行业朝着一个全新的模式和方向发展。

高层建筑高度高,规模庞大、功能繁多系统复杂,建设标准高,涉及许多单位和专业,施工组织难度和要求非常高,必须在施工全过程实行科学的**施工组织及管理**(第 15 章),以实现高层建筑有组织、有计划、有秩序的施工,确保整个工程施工质量、安全、工期和成本目标顺利实现。

## 1.6　中国高层建筑施工技术的发展现状

在高层建筑的施工技术方面,美国和日本走在世界的前列,西方发达国家建造百米以上的高楼已达百余年历史,而我国对高层建筑技术的研究起步较晚,自改革开放以来我国高层建筑的建设和技术研究才有了突破性的进展。目前,中国超高层建筑数量为世界之最,这些超高层建筑在给城市增添亮点的同时,也极大地推动了我国超高层建筑设计和施工技术水平的不断提升。

中国高层建筑
施工技术发展
现状

**1)结构设计日益规范**

目前,用计算机计算分析高层建筑结构已经普及,全国已普遍采用三维空间程序分析结构内力,超过 100 m 的超高层建筑和特殊重要的建筑还要用动力分析方法计算内力。根据超高层建筑功能要求,已发展了框架结构、剪力墙结构、框架-剪力墙结构、框架-筒体结构、筒中筒结构、巨型框架结构等多种结构,各种结构设计规范逐步完善,钢管混凝土、高强度混凝土也在高层建筑中逐步推广,我国超高层建筑结构设计与施工的若干技术已经处于国际先进水平。

**2)机械设备国产化**

随着建筑规模的扩大,国产设备也更加大型化、专业化以及高速化。为了取代整机设计,机械设备也朝着产品模块化、组合化和标准化发展。目前我国超高层建筑领域机械设备已实现国产化:单塔多笼循环运行施工电梯在武汉绿地中心的发明和成功应用,标志着我国施工电梯的生产得到了进一步的发展;塔式起重机生产打破了超大型塔式起重机长期依赖进口的局面,并已逐步走在世界前列;三一重工 21 台泵送设备承担了世界第一高楼哈利法塔的混凝土浇筑任务,标志着在混凝土超高泵送设备领域我国已站在世界泵车设计和制造领域的最前沿。回转塔机平台、现场焊接机器人等新型装备也都将为超高层建筑施工带来巨大变革。

**3)材料性能不断提升**

随着时代的发展,国内建筑设计理念不断突破,建筑物朝"高""大""新""奇"的趋势发展,这一趋势在给设计带来巨大难度的同时,对施工材料的要求也越来越高,其中最主要的就是钢材和混凝土。目前,我国已逐渐开发出了适用于超高层建筑的高强度、高韧性、窄屈服点、低屈强比、高抗层状撕裂能力、焊接性及耐火性强的钢材;通过对高性能混凝土及泵送技术进行大量的试验,不断改善混凝土的强度等级和韧性性能,使泵送技术达到国际领先水平。

**4)施工技术不断进步**

　　伴随着超高层建筑向高度更高、结构形式更复杂、施工进度要求更快等方向的发展,超高层建筑施工技术逐渐发展为以超大基础工程施工、模架施工、混凝土超高泵送、钢结构制作安装为主的现代施工技术。

　　我国超高层建筑基础不断向超深、超大发展,桩基施工技术不断成熟,成桩材料趋向于多元化发展,成桩工艺趋向于难度更高、技术含量更大,成桩方式也趋向于异型化、组合化。随着大型塔式起重机的国产化和焊接机器人的应用,我国在超高层钢结构安装技术、大跨度滑移技术、复杂空间结构成套施工技术、大悬臂安装技术、整体提升技术和超长超厚钢板焊接等方面均达到了领先水平。在混凝土超高泵送领域,国内主要集中在混凝土的研制、混凝土泵送设备、泵送工艺等方面。天津117大厦C60混凝土泵送至621 m,创造了新的吉尼斯世界纪录,也彰显了我国在混凝土超高泵送领域的技术高度。

　　超高层建筑施工主要依赖模板、脚手架、塔式起重机、施工电梯、混凝土布料机等设备设施。近三十年来,研发人员将模板与脚手架进行整合,先后形成了滑模、爬模、提模、低位顶模等多种模架装置。同时,以模板为核心配合相关设备,中建三局又研发了"智能化超高层结构施工装备集成平台"(空中造楼机),如图1.13所示。该技术将各类设备设施集成在平台上,将其发展为各类工艺的载体,实现工厂式的集中施工。继集成平台之后,中建三局又添超高层造楼神器——回转式多吊机集成运行平台(回转平台),如图1.14所示。该技术优化了吊机的配置,并实现了多吊机的同步提升,简化了塔式起重机爬升等施工工艺。

图1.13　武汉绿地中心集成平台　　　　图1.14　成都绿地中心回转平台

　　我国城市现代化的快速发展给建筑行业带来了前所未有的发展机遇,目前我国已成为超高层建筑建造大国,虽然部分建造技术水平已处于国际领先水平。就我国的高层建造技术发展现状而言,其理论研究相对滞后于工程实践,不断完善高层建筑建造技术理论体系,以"绿色化"为目标、以"智慧化"为技术手段、以"工业化"为生产方式、以工程总承包为实施载体的新型建造方式,将是引领我国高层建筑综合施工能力提升和打造建造强国的必由之路。

## 复习思考题

1.1　高层及超高层建筑是如何定义的?

1.2　简述国外高层建筑技术发展。

1.3　简述国内高层建筑技术发展。

1.4　简述中国高层建筑施工技术现状。

1.5　未来高层建筑施工技术发展趋势是什么?

# 2

# 深基坑支护结构

**[本章基本内容]**
重点介绍深基坑支护结构的要求、设计及深基坑支护结构的围护墙和支撑体系的选型。
**[学习目标]**
(1)了解:深基坑工程内容。
(2)熟悉:深基坑支护结构的要求、各类围护墙类型。
(3)掌握:深基坑支护结构的围护墙和支撑体系的选型。

## 2.1 基坑工程概述

　　高层建筑由于层数多、建筑高、荷载重、面积大、造型复杂,主楼与裙房高低悬殊,在结构上必须加大地下的嵌固深度,以确保高层建筑的稳定性,必须采用桩基础、筏形基础、箱形基础以及桩筏基础和桩箱基础,使上部荷载有效地传递给地基。根据《高层建筑混凝土结构技术规范》(JGJ 3—2010)规定,基础埋置深度,天然地基或复合地基应为建筑高度的1/15,桩基时应为建筑高度的1/18,桩长不计在埋置深度以内。另外,高层建筑由于功能的需要,充分利用地下空间,往往将地下建有多层地下室,因此深基坑工程施工已成为高层建筑施工不可缺少的项目。

深基坑工程
概述

　　基坑土方开挖是基坑工程的重要内容,其目的是为地下结构施工创造条件,开挖最简单、最经济的方法是放坡大开挖,但经常会受到场地条件、周边环境的限制,所以需要设计支护系统以保证施工的顺利进行,并能较好地保护周边环境。为了保证施工作业面在地下水位以上,在水位较高的区域一般会采取降水、排水、隔水等措施。基坑工程具有一定的风险,施工过程中应利用信息化手段,通过对施工监测数据的分析和预测,动态地调整设计和施工工艺。因此,在有支护开挖的情况下,基坑工程主要包括基坑工程勘察、支护结构的设计与施工、地下水控制、基坑工程监测以及基坑周围的环境保护等。本章主要介绍深基坑支护,其他内容在后面章节介绍。

## 2.2　深基坑支护结构的要求

深基坑支护的目的是要保证相邻建(构)筑物、地下管线及道路的安全,防止坑外土方深陷、坍塌,保证基坑内土方挖到预定标高,确保基础和地下室工程顺利施工。因此,对深基坑支护工程有以下基本要求:①确保支护结构能起挡土作用,保证基坑周围边坡的稳定;②确保相邻建(构)筑物、道路、地下管线的安全,不因土体的变形、沉陷、坍塌受到危害;③在地下水位较高的地区,通过排水、降水、截水等措施,确保基坑工程施工在地下水位以上进行。

## 2.3　深基坑支护结构的设计

根据承载能力极限状态和正常使用极限状态的要求,基坑支护设计应包括下列内容:
①支护体系的方案技术经济比较和选型;
②支护结构的强度、稳定和变形计算;
③基坑内外土体的稳定性验算;
④基坑降水或止水帷幕设计以及围护墙的抗渗设计;
⑤基坑开挖与地下水变化引起的基坑内外土体的变形及其对基础桩、邻近建筑物和周边环境的影响;
⑥基坑开挖施工方法的可行性及基坑施工过程中的监测要求。

## 2.4　深基坑支护结构的安全等级

根据《建筑基坑支护技术规程》(JGJ 120—2012)中 3.1.3 条规定,基坑支护设计时,应综合考虑基坑周围环境和地质条件的复杂程度、基坑深度等因素,按表 2.1 采用支护结构的安全等级。对同一基坑的不同部位,可采用不同的安全等级。

表 2.1　支护结构的安全等级

| 安全等级 | 破坏后果 |
| --- | --- |
| 一级 | 支护结构失效、土体过大变形对基坑周边环境或主体结构施工安全的影响很严重 |
| 二级 | 支护结构失效、土体过大变形对基坑周边环境或主体结构施工安全的影响严重 |
| 三级 | 支护结构失效、土体过大变形对基坑周边环境或主体结构施工安全的影响不严重 |

特别注意的是,以上安全等级特指支护结构,而非基坑。由于地区的差异,北京、上海、天津、重庆等市均编制了地方性的基坑支护规范,这些地方规范均根据基坑深度、其周边环境及地方经验规定了基坑支护安全等级。

《建筑基坑工程监测技术标准》(GB50497—2019)中建筑工程基坑仪器监测项目表中的基坑类别是按照《建筑地基基础工程施工质量验收标准》(GB50202—2018)执行,该规范有关基坑等级规定见表2.2。

表2.2 基坑等级

| 安全等级 | 符合情况 |
|---|---|
| 一级 | ①重要工程或支护结构作主体结构的一部分;<br>②开挖深度大于10 m;<br>③与邻近建筑物、重要设施的距离在开挖深度以内的基坑;<br>④基坑范围内有历史文物、近代优秀建筑、重要管线等须严加保护的基坑 |
| 二级 | 除一级和三级外的基坑属二级基坑。当周围已有的设施有特殊要求时,尚应符合这些要求 |
| 三级 | 三级基坑为开挖深度小于7 m,且周围环境无特殊要求的基坑 |

## 2.5 深基坑支护结构

支护结构形式的选择应综合工程地质与水文地质条件、地下结构设计、基坑平面及开挖深度、周边环境和坑边荷载、场地条件、施工季节、支护结构使用期限等因素,选型时应考虑空间效应和受力条件的改善,采用有利于支护结构材料受力的形式。在软土场地可局部或整体加固坑底土体,或在不影响基坑周边环境的情况下,采用降水措施提高土的抗剪强度和减小水土压力。常用的几种支护结构如图2.1所示,设计时可按表2.3选用支挡式结构、土钉墙、重力式水泥土墙,或采用上述形式的组合。

深基坑支护结构

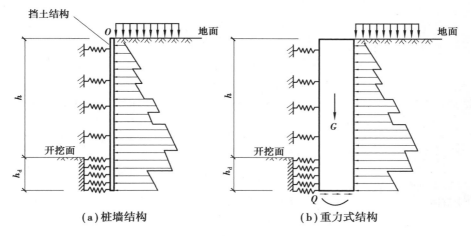

(a)桩墙结构　　　　　(b)重力式结构

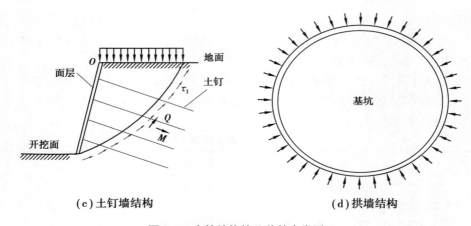

（c）土钉墙结构　　　　　　　　　　（d）拱墙结构

**图 2.1　支护结构的几种基本类型**

**表 2.3　各类支护结构的适用条件**

| 结构类型 | | 适用条件 | | |
|---|---|---|---|---|
| | | 安全等级 | 基坑深度、环境条件、土类和地下水条件 | |
| 支挡式结构 | 锚拉式结构 | 一级、二级、三级 | 适用于较深的基坑 | 1.排桩适用于可采用降水或截水帷幕的基坑；<br>2.地下连续墙宜同时用作主体地下结构外墙，可同时用于截水；<br>3.锚杆不宜用在软土层和高水位的碎石土、砂土层中；<br>4.当邻近基坑有建筑物地下室、地下构筑物等，锚杆的有效锚固长度不足时，不应采用锚杆；<br>5.当锚杆施工会造成基坑周边建（构）筑物损害或违反城市地下空间规划等规定时，不应采用锚杆 |
| | 支撑式结构 | | 适用于较深的基坑 | |
| | 悬臂式结构 | | 适用于较浅的基坑 | |
| | 双排桩 | | 当锚拉式、支撑式和悬臂式结构不适用时，可考虑采用双排桩 | |
| | 支护结构与主体结构结合的逆作法 | | 适用于基坑周边环境条件很复杂的深基坑 | |
| 土钉墙 | 单一土钉墙 | 二级、三级 | 适用于地下水位以上或经降水的非软土基坑，且基坑深度不宜大于 12 m | 当基坑潜在滑动面内有建筑物、重要地下管线时，不宜采用土钉墙 |
| | 预应力锚杆复合土钉墙 | | 适用于地下水位以上或经降水的非软土基坑，且基坑深度不宜大于 15 m | |
| | 水泥土桩垂直复合土钉墙 | | 用于非软土基坑时，基坑深度不宜大于 12 m；用于淤泥质土基坑时，基坑深度不宜大于 6 m；不宜用在高水位的碎石土、砂土、粉土层中 | |

续表

| 结构类型 | | 适用条件 | |
| --- | --- | --- | --- |
| | 安全等级 | 基坑深度、环境条件、土类和地下水条件 | |
| 土钉墙　微型桩垂直复合土钉墙 | 二级、三级 | 适用于地下水位以上或经降水的基坑,用于非软土基坑时,基坑深度不宜大于 12 m;用于淤泥质土基坑时,基坑深度不宜大于 6 m | 当基坑潜在滑动面内有建筑物、重要地下管线时,不宜采用土钉墙 |
| 重力式水泥土墙 | 二级、三级 | 适用于淤泥质土、淤泥基坑,且基坑深度不宜大于 7 m | |
| 放坡 | 三级 | 1. 施工场地应满足放坡条件;<br>2. 可与上述支护结构形式结合 | |

注:①当基坑不同部位的周边环境条件、土层性状、基坑深度等不同时,可在不同部位分别采用不同的支护形式;
②支护结构可采用上、下部以不同结构类型组合的形式。

支护结构选型应注意不同支护形式的结合处,需要考虑相邻支护结构的相互影响,其过渡段应有可靠的连接措施;支护结构上部采用土钉墙或放坡、下部采用支挡式结构时,上部土钉墙或放坡应符合相关规程要求,支挡式结构应按整体结构考虑;当坑底以下为软土时,可采用水泥土搅拌桩、高压喷射注浆等方法对坑底土体进行局部或整体加固,水泥土搅拌桩、高压喷射注浆加固体宜采用格栅或实体形式;基坑开挖采用放坡或支护结构上部采用放坡时,应对基坑开挖的各工况进行整体滑动稳定性验算,边坡的圆弧滑动稳定安全系数 $K$ 不应小于 1.2,放坡坡面应设置防护层。

### 2.5.1 围护结构选型

**1)重力式水泥土墙**

重力式水泥土墙结构是在基坑侧壁形成一个具有相当厚度和质量的刚性实体结构,以其重力抵抗基坑侧壁土压力,满足抗滑移和抗倾覆要求(图 2.2)。这类结构一般采用水泥土搅拌桩(图 2.3),有时也采用旋喷桩,使桩体相互搭接形成块状或格栅状等形状的重力结构。以双轴搅拌桩为例,常采用格栅状布置,其断面形式如图 2.4 所示。重力式水泥土墙具有挡土、隔水的双重功能,且坑内无支撑可方便机械化快速挖土。其缺点是不宜用于深基坑,一般不宜大于 6 m,位移相对较大,尤其在基坑长度较大时,一般采取中间加墩、起拱等措施以限制过大位移;且重力式水泥土墙厚度较大,需具备足够的场地条件。重力式水泥土墙宜用于基坑侧壁安全等级为二、三级者,地基土承载力不宜大于 150 kPa。

图 2.2　水泥土搅拌桩支护

图 2.3　三轴水泥土搅拌桩施工

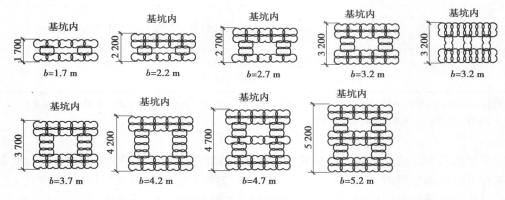

图 2.4　双轴搅拌桩格栅状平面布置示意图(单位:mm)

## 2)钢板桩

　　钢板桩是带锁口或钳口的热轧型钢,钢板桩靠锁口或钳口相互连接咬合,形成连续的钢板桩墙,用来挡土和挡水(图 2.5)。钢板桩作为建造水上、地下构筑物或基础施工中的围护结构,由于具有强度高,结合紧密、不漏水性好,施工简便、速度快,减少开挖土方量,可重复使用等特点,因此在一定条件下使用会取得较好的效益。其缺点是一般的钢板桩刚度不够大,用于较深基坑时变形较大;在透水性较好的土层中不能完全挡水;拔除时易带土,如处理不当会引起土层移动,可能危害周围环境。常用的 U 形钢板桩,多用于周围环境要求不太高的深5~8 m 的基坑,视支撑(拉锚)加设情况而定(图 2.6)。

图 2.5　U 形钢板桩

图 2.6　钢板桩+水平支撑

**3）钻孔灌注桩**

根据目前的施工工艺,钻孔灌注桩为间隔排列,缝隙不小于 100 mm,因此它不具备挡水功能,需另做隔水帷幕。隔水帷幕应用较多的是水泥土搅拌桩[图 2.7(a)、(b)],水泥土搅拌桩的搭接长度一般为 200 mm,也可采用高压旋喷桩作为隔水帷幕,地下水位较低地区则不需做隔水帷幕。如基坑周围狭窄,不允许在钻孔灌注桩后再施工隔水帷幕时,可考虑在水泥土桩中套打钻孔灌注桩[图 2.7(c)]。还有一种采用全套管灌注桩机施工形成的桩与桩之间相互咬合排列的灌注桩,即咬合桩,一般不需要另做隔水帷幕,其咬合搭接量一般为 200 mm[图 2.7(d)、图 2.8]。

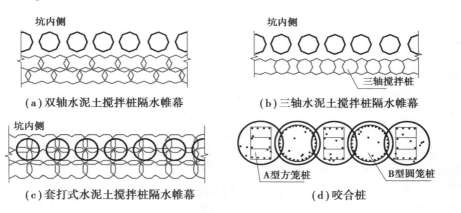

图 2.7  钻孔灌注桩布置形式

图 2.8  咬合型人工挖孔灌注桩

图 2.9  深基坑的间隔式排桩支护

钻孔灌注桩施工无噪声、无振动、无挤土,刚度大,抗弯能力强,变形较小,几乎在全国都有应用,多用于深度 7～15 m 的基坑工程,在土质较好地区已有 8～9 m 悬臂桩的工程实践,在软土地区多加设内支撑(或拉锚),悬臂式结构不宜大于 5 m,桩径和配筋通过计算确定。有些工程为简化施工不用支撑,采用相隔一定距离的双排钻孔灌注桩与桩顶横梁组成空间结构围护墙,使悬臂桩围护墙可用于深度 14 m 左右的基坑(图 2.9)。

**4）地下连续墙**

地下连续墙是于基坑开挖之前,用特殊挖槽设备在泥浆护壁之下开挖深槽(图 2.10),然后下钢筋笼浇筑混凝土形成的地下混凝土墙(图 2.11)。地下连续墙施工时对周围环境影响小,能紧邻建(构)筑物进行施工;其刚度大、整体性好,变形小;处理好接头能较好地抗渗止水;如用逆作法施工可实现两墙合一,能降低成本。我国一些重大、知名的高层建筑深基坑多采用地下连续墙围护。其适用于基坑侧壁安全等级为一、二、三级者,在软土中悬臂式结构不宜大于 5 m。地下连续墙如单纯用作围护墙,只为施工挖土服务,则成本较高;且施工过程中的泥浆需妥善处理,否则会影响环境。

图 2.10　地下连续墙成槽施工　　　　　图 2.11　地下连续墙钢筋笼吊装

### 5)型钢水泥土搅拌墙

　　型钢水泥土搅拌墙通常称为 SMW 墙(Soil Mixed Wall),是一种在连续套接的三轴水泥土搅拌桩内插入型钢形成的复合挡土隔水结构。利用三轴搅拌桩钻机在原地层中切削土体,同时钻机前端低压注入水泥浆液,与切碎土体充分搅拌形成隔水性较高的水泥土柱列式挡墙,在水泥土浆液尚未硬化前插入型钢。型钢承受土侧压力,而水泥土则具有良好的抗渗性能,因此 SMW 墙具有挡土与止水双重作用。除了插入 H 型钢外,还可插入钢管、拉森板桩等。由于插入了型钢,故也可设置支撑。

　　型钢的布置方式通常有 3 种:密插、插二跳一和插一跳一(图 2.12)。国外已用于坑深 20 m 的基坑,我国较多应用于 8~12 m 基坑。加筋水泥土桩的施工机械为三轴深层搅拌机,H 型钢靠自重可顺利下插至设计标高。加筋水泥土桩围护墙的水泥掺入比达 20%,水泥土的强度较高,与 H 型钢黏结好,能共同作用(图 2.13、图 2.14)。

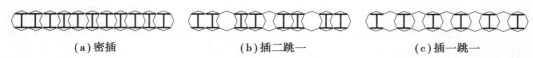

　　(a)密插　　　　　　　　　(b)插二跳一　　　　　　　　(c)插一跳一

图 2.12　型钢布置方式

图 2.13　型钢水泥土搅拌墙　　　图 2.14　置放应力补强材料(H 型钢)

### 6)土钉墙

土钉墙是一种边坡稳定式的支护,它通过主动嵌固作用增加边坡稳定性。施工时每挖深 1.0～1.5 m 就钻孔插入钢筋或钢管并注浆,然后在坡面挂钢筋网,喷射细石混凝土面层,依次进行直至坑底(图 2.15、图 2.16)。在土钉墙的基础上,又发展了复合土钉墙(即预应力锚杆隔水帷幕、微型桩与土钉墙进行组合的形式),其组合类型如图 2.17(a)—(h)所示。复合土钉墙具有土钉墙的全部优点,同时克服了较多的缺点,应用范围大大拓宽,对土层的适用性更广,整体稳定性、抗隆起及抗渗流性能大大提高,基坑风险相应降低。

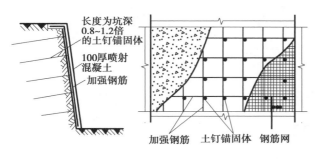 

图 2.15　土钉墙构造　　　　　图 2.16　土钉墙钻孔施工

### 7)逆作拱墙

当基坑平面形状适合时,可采用拱墙作为围护墙。拱墙有圆形闭合拱墙、椭圆形闭合拱墙和组合拱墙。对于组合拱墙,可将局部拱墙视为两铰拱。逆作拱墙宜用于基坑侧壁安全等级为三级者,淤泥和淤泥质土场地不宜应用;拱墙轴线的矢跨比不宜小于 1/8;基坑深度不宜大于 12 m;地下水位高于基坑底面时应采取降水或隔水措施。

拱墙截面宜为 Z 字形,拱墙的上、下端宜加肋梁[图 2.18(a)];当基坑较深且一道 Z 字形拱墙的支护高度不够时,可由数道拱墙叠合组成[图 2.18(b)、(c)];沿拱墙高度应设置数道肋梁,其竖向间距不宜大于 2.5 m。当基坑边坡地较窄时,可不加肋梁但应加厚拱壁[图 2.18(d)]。

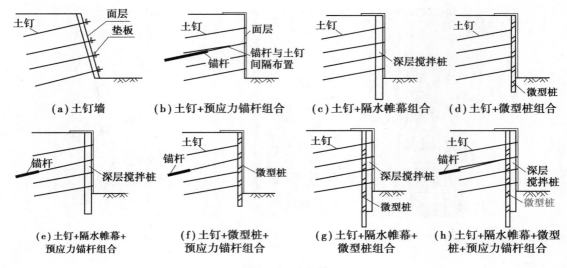

图 2.17　土钉墙

　　圆形拱墙壁厚不宜小于 400 mm,其他拱墙壁厚不宜小于 500 mm。混凝土强度等级不宜低于 C25。拱墙水平方向应通长双面配筋,总配筋率不小于 0.7%。拱墙在垂直方向应分道施工,每道施工高度视土层直立高度而定,并不宜超过 2.5 m。待上道拱墙合拢且混凝土强度达到设计要求后,才可进行下道拱墙施工。上下两道拱墙的竖向施工缝应错开,错开距离不宜小于 2 m。拱墙宜连续施工,每道拱墙施工时间不宜超过 36 h。

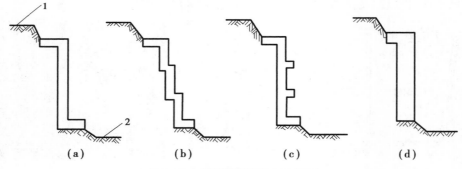

图 2.18　拱墙截面构造示意简图
1—地面;2—基坑底

## 2.5.2　土层锚杆

　　土层锚杆简称土锚杆,它是在深开挖的地下室墙面(排桩墙、地下连续墙或挡土墙)或地面,或已开挖的基坑立壁土层钻孔(或掏孔),达到一定设计深度后再扩大孔的端部,形成柱状或其他形状,在孔内放入钢筋、钢管或钢丝束、钢绞线或其他抗拉材料,灌入水泥浆或化学浆液,使之与土层结合成为抗拉(拔)力强的锚杆(图 2.19)。锚杆是一种新型受拉杆件,它的一端与工程结构物或挡土桩墙连接,另一端锚固在地基的土层或岩层中,以承受结构物的上托力、拉拔力、倾侧力或挡土墙的土压力、水压力等。其特点是能与土体结合在一起承受很大的拉力,以保持结构的稳定;可用高强钢材,并可施加预应力,可有效地控制建筑物的变形量;施工所需钻孔孔径小,不用大型机械;用它代替钢横撑作侧壁支护,可节省大量钢材;能为地下工程施工提供开阔的工作面;经济效益显著,可大量节省劳力,加快工程进度。土层锚杆施工适用于深基坑支护、边坡加固、滑坡整治、水池、泵站抗浮、挡土墙锚固及结构抗倾覆等工程(图2.20)。

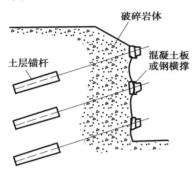

图2.19　土层锚杆支护

图2.20　排桩+锚杆支护

### 2.5.3　支撑体系选型

支撑体系选型

对于排桩、板墙式支护结构,当基坑深度较大时,为将围护墙受力合理和受力后变形控制在一定范围内,需沿围护墙竖向增设支撑点以减小跨度。如在坑内对围护墙加设支承,则称为内支撑;如在坑外对围护墙设拉支承,则称为拉锚(土锚)。

内支撑受力合理、安全可靠、易于控制围护墙的变形,但内支撑的设置给基坑内挖土和地下室结构的支模和浇筑带来一些不便,需通过换撑加以解决。用土锚拉结围护墙,坑内施工无任何阻挡,位于软土地区土锚的变形较难控制,且土锚有一定长度,在建筑物密集地区如超出红线尚需专门申请。一般情况下,在土质好的地区,如具备锚杆施工设备和技术,应发展土锚;在软土地区,为便于控制围护墙的变形,应以内支撑为主。

支护结构的内支撑体系包括腰梁(围檩)或冠梁、支撑和立柱。腰梁固定在围护墙上,将围护墙承受的侧压力传给支撑(纵横两个方向),支撑是受压构件,长度超过一定限度时稳定性不好,故中间需加设立柱。立柱下端需稳固,可利用工程桩作为立柱桩,若不能利用,应另外专门设置立柱桩。

#### 1)内支撑类型

(1)钢支撑

钢支撑一般分为钢管支撑和型钢支撑。钢管支撑多用 φ609 钢管,有多种壁厚(10 mm、12 mm、14 mm)可供选择,壁厚大者承载能力高;也有用较小直径钢管者,如用 φ580、φ406 钢管等。型钢支撑多用 H 型钢,有多种规格以适应不同的承载力。不过作为一种工具式支撑,要考虑能适应多种情况。在纵、横向支撑的交叉部位,可用上下叠交固定,也可用专门加工的"十"字形定型接头,以便连接纵、横向支撑构件。前者纵、横向支撑不在一个平面上,整体刚度差(图2.21);后者则在一个平面上,刚度大,受力性能好(图2.22)。

| 图 2.21 大型深基坑钢管叠交固定 | 图 2.22 预应力钢管"十"字形接头 |
| --- | --- |

钢支撑的优点是安装和拆除方便,速度快,能尽快发挥支撑的作用,减小时间效应,使围护墙因时间效应增加的变形减小;可以重复使用(钢支撑多为租赁方式),便于专业化施工;可以施加预紧力,还可根据围护墙变形发展情况多次调整预紧力值,以限制围护墙变形发展。其缺点是整体刚度相对较弱,支撑的间距相对较小;由于两个方向施加预紧力,从而使纵、横向支撑的连接处于铰接状态(图 2.23、图 2.24)。

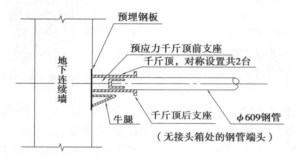

| 图 2.23 支撑轴力施加简图 | 图 2.24 支撑轴力施加 |
| --- | --- |

(2)混凝土支撑

混凝土支撑的混凝土强度等级多为 C30,其截面尺寸经计算确定。腰梁截面尺寸常用 600 mm×800 mm(高×宽)、800 mm×1 000 mm 和 1 000 mm×1 200 mm;支撑截面尺寸常用 600 mm×800 mm(高×宽)、800 mm×1 000 mm、800 mm×1 200 mm 和 1 000 mm×1 200 mm。支撑截面尺寸在高度方向上要与腰梁高度相匹配。配筋要经计算确定。混凝土支撑是根据设计规定的位置,随挖土现场支模浇筑而成的。其优点是可根据基坑平面形状,浇筑成最优化的布置形式;整体刚度大,安全可靠,可使围护墙变形小,有利于保护周围环境;可灵活优化构件截面和配筋,以适应其内力变化。其缺点是支撑成型和发挥作用时间长,时间效应大,可能使围护墙产生的变形增大;不能重复利用;拆除相对困难,如采用爆破拆除,有时周围环境不允许,如用人工拆除,时间较长且劳动强度大(图 2.25)。

(3)钢支撑和混凝土支撑组合形式

在一定条件下,基坑可采用钢支撑和混凝土支撑组合的形式。组合的方式一般有两种:一种是分层组合方式,如第一道支撑采用混凝土支撑,第二道及以下各道支撑采用钢支撑;另一种为同层支撑平面内钢和混凝土组合支撑(图 2.26)。

图 2.25 混凝土内支撑

图 2.26 钢管与混凝土组合内支撑

（4）支撑立柱

对平面尺寸大的基坑，在支撑交叉点处需设立柱，其作用是承受水平支撑传来的竖向荷载，加强支撑体系的空间刚度，保证水平支撑的纵向稳定。立柱可为四个角钢组成的格构式钢柱、圆钢管或型钢。考虑到承台施工时便于穿钢筋，格构式钢柱较好，应用较多。立柱的下端应插入作为工程桩使用的灌注桩内，插入深度不宜小于 2 m，如果立柱不对准作为工程桩使用的灌注桩，立柱就要做专用的灌注桩基础（图 2.25）。

**2）内支撑的布置和形式**

内支撑的布置要综合考虑基坑平面形状、尺寸、开挖深度、基坑周围环境保护要求和邻近地下工程的施工情况、主体工程地下结构的布置、土方开挖和主体工程地下结构的施工顺序和施工方法等因素。支撑布置不应妨碍主体工程地下结构的施工，为此，应事先详细了解地下结构的设计图纸。对于面积较大基坑，其施工速度在很大程度上取决于土方开挖速度，故内支撑布置应尽可能便于土方开挖。相邻支撑之间的水平距离，在结构合理的前提下，应尽可能扩大其间距，以便挖土机运作。

支撑体系在平面上的布置形式（图 2.27），有正交支撑、角撑、对撑、桁架式、框架式、圆环形等（图 2.28—图 2.33）。有时在同一基坑中混合使用，如角撑加对撑、环梁加边桁（框）架、环梁加角撑等。根据基坑的平面形状和尺寸设置最适合的支撑。一般情况下，平面形状接近方形且尺寸不大的基坑，宜采用角撑，基坑中间较大空间可方便挖土。形状接近方形但尺寸

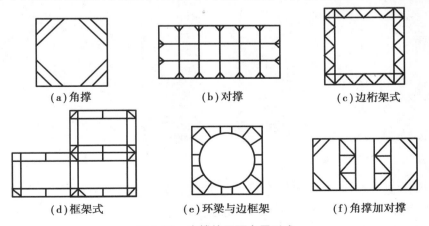

（a）角撑　　　　　　　　　（b）对撑　　　　　　　　　（c）边桁架式

（d）框架式　　　　　　（e）环梁与边框架　　　　　　（f）角撑加对撑

图 2.27 支撑的平面布置形式

较大的基坑,可采用环形或桁架式、边框架式支撑,其受力性能较好,也能提供较大的空间,便于挖土。长方形的基坑宜采用对撑或对撑加角撑形式,安全可靠且便于控制变形。

图 2.28　双向多跨压杆式支撑

图 2.29　环梁与边框架

图 2.30　双圆环支撑体系

图 2.31　边桁架式

支撑在竖向的布置主要取决于基坑深度、围护墙种类、挖土方式、地下结构各层楼盖和底板位置等。基坑深度越大,支撑层数越多,围护墙受力合理,不产生过大弯矩和变形。支撑标高要避开地下结构楼盖位置,以便于支模浇筑地下结构时换撑。支撑多数布置在楼盖之下和底板之上,其净距离最好不小于 600 mm。支撑竖向间距还与挖土方式有关,如人工挖土,支撑竖向间距不宜小于 3 m,如挖土机下坑挖土,竖向间距最好不小于 4 m。

图 2.32　角撑

图 2.33　角撑加对撑

在支模浇筑地下结构时,在拆除上面一道支撑前,先设换撑,换撑位置都在底板上表面和楼板标高处(图 2.34)。如靠近地下室外墙附近楼板有缺失,为便于传力,在楼板缺失处要增设临时钢支撑(图 2.35)。换撑时需要在换撑(多为混凝土板带或间断的条块)达到设计规定的强度、起支撑作用后,才能拆除上面一道支撑。换撑工况在计算支护结构时也需加以计算。

图2.34 底板外围与围护结构的换撑　　　图2.35 楼板缺失处增设临时钢支撑

## 2.5.4 深基坑支护结构常用类型参考

深基坑支护结构常用类型参考,见表2.4。

表2.4 深基坑支护结构常用类型参考表

| 挡土支护结构类型 | 应考虑的因素 | | | 注意事项与说明 |
|---|---|---|---|---|
| | 施工及场地条件 | 土层条件 | 开挖深度(m) | |
| 钢板桩 | 地下水位较高;邻近基坑边无重要建筑物或地下管线 | 软土、淤泥及淤泥质土 | <10 | 优点:板桩系工厂制品,质量及接缝精度均能保证;有一定的挡水能力;能重复使用。缺点:打桩挤土,拔出时又带出土体;在砂砾层及密砂中施工困难;刚度较排桩与地下连续墙小。适合于地下水位较高、水量较多、软弱地基及深度不太大的基坑 |
| H型钢桩加横挡板 | 地下水位较低;邻近基坑边无重要建筑物或地下管线 | 黏土、砂土 | <25 | 优点:施工简单迅速;拔桩作业简单,主桩可重复使用。缺点:整体性差;止水性差;打拔桩噪声大;拔桩后留下孔洞需处理;在卵石地基中较难施工;地下水位高时需降水 |
| 深层搅拌水泥土桩挡墙 | 基坑周围不具备放坡条件,但具备挡墙的施工宽度;邻近基坑边无重要建筑物或地下管线 | 软土、淤泥质土 | <12 | 优点:水泥土实体相互咬合较好,桩体连续性好,强度较高;既可挡土又可形成隔水帷幕;适用于任何平面形状;施工简便。缺点:坑顶水平位移较大,需要有较大的坑顶宽度 |
| 悬臂桩排式挡土支护结构 | 基坑周围不具备放坡条件或重力式挡墙的宽度;邻近基坑边无重要建筑物或地下管线 | 软土、一般黏性土 | <4(软土地区);<10(一般黏性土地区) | 优点:施工单一,不需支锚结构;基坑深度不大时,从经济性、工期和作业性方面分析为较好的支护结构形式。缺点:对土的性质和荷载大小较敏感;坑顶水平位移及结构本身变形较大。变形较大时,可选用双排桩或多排桩体系 |

续表

| 挡土支护结构类型 | 应考虑的因素 | | | 注意事项与说明 |
|---|---|---|---|---|
| | 施工及场地条件 | 土层条件 | 开挖深度(m) | |
| 支撑排桩挡土支护结构 | 基坑平面尺寸较小;或邻近基坑边有深基础建筑物;或基坑用地红线以外不允许占用地下空间;邻近地下管线需要保护 | 不限 | <30 | 优点:受地区条件、土层条件及开挖深度等的限制较少;支撑设施的构架状态单纯,易于掌握应力状态,易于实施现场监测。缺点:挖土工作面不开阔;支撑内力的计算值与实际值常不相符,施工时需采取对策,在以往施工中,往往由于支撑结构不合理、施工质量差而造成事故 |
| 锚杆排桩挡土支护结构 | 基坑周围施工宽度狭小;邻近基坑边有建筑物或地下管线需要保护;邻近基坑边无深基础建筑物;或基坑用地红线以外允许占用地下空间 | 锚杆的锚固段要求有较好土层,其余不限 | <30 | 优点:用锚杆取代支撑可直接扩大作业空间,进行机械化施工;开挖面积特大时,或开挖平面形状不整齐时,或建筑物地下层高复杂时,或倾斜开挖且土压力为单侧时,采用锚杆较支撑有利。缺点:挖土作业需要分层进行;当基坑用地红线以外不允许占用地下空间时,需采用拆卸式锚杆 |
| 地下连续墙 | 基坑周围施工宽度狭小;邻近基坑边有建筑物或地下管线需要保护 | 不限 | <60 | 优点:低振动,低噪声;刚度大,整体性好,变形小,故周围地层不致沉陷,地下埋设物不致受损;任何设计强度、厚度或深度均能施工;止水效果好;施工范围可达基坑用地红线,故可提高使用面积;可作为永久结构的一部分。缺点:工期长;造价高;采用稳定液挖掘沟槽,废液及废弃土处理困难;需有大型机械设备,移动困难 |
| 土钉墙 | 基坑周围不具备放坡条件;邻近基坑边无重要建筑物、深基础建筑物或地下管线 | 一般黏性土、中密以上砂土 | <15 | 优点:土钉与坑壁土通过注浆体、喷射混凝土面层形成复合土体,提高边坡稳定性及承受坡顶荷载的能力;设备简单;施工不需要单独占用场地;造价低;振动小;噪声低。缺点:在淤泥、松砂或砂卵石中施工困难;土体内富含地下水时施工困难。在市区内或基坑周围有需要保护的建筑物时,应慎用土钉墙 |

续表

| 挡土支护结构类型 | 应考虑的因素 | | | 注意事项与说明 |
|---|---|---|---|---|
| | 施工及场地条件 | 土层条件 | 开挖深度(m) | |
| 环形内支撑桩墙支护结构 | 基坑周边施工场地狭窄或有相邻重要建筑物,且基坑尺寸较大 | 可塑以上黏性土 | <30 | 对下列条件,可选用环形内支撑排桩支护结构:相邻场地有地下建筑物,不宜选用锚杆支护时;为保护场地周边建筑物,基坑支护桩不得有较大内倾变形时;场地土质条件较差,对支护结构有较大要求时;地下水较高时,应设挡土及止水结构 |
| 组合式支护结构 | 邻近基坑边有重要建筑物或地下管线;基坑周边施工场地狭窄 | 不限 | <30 | 单一支护结构形式难以满足工程安全或经济要求时,可考虑组合式支护结构;其形式应根据具体工程条件与要求,确定能充分发挥所选结构单元特长的最佳组合形式 |
| 拱圈支护结构 | 基坑周围施工宽度狭小;采用排桩支护结构较困难或不经济;邻近基坑边无重要建筑物 | 硬塑性黏性土、砂土 | <12 | 优点:结构受力合理、安全可靠;施工方便;工期短;造价低。缺点:拱圈结构只是解决支挡侧压力的问题,不解决挡水问题。对地下水的处理还需采取降水、做防水帷幕或坑内明沟排水等方法解决 |
| 逆作法或半逆作法支护结构 | 基坑周边施工场地狭窄;邻近基坑边有重要建筑物或地下管线 | 不限 | <20 | 优点:以地下室的梁板作支撑,自上而下施工,变形小;节省临时支护结构;可以地上、地下同时施工,立体交叉作业,施工速度快;适用于开挖平面不规则、基底高低不平或侧压力不平衡等作业条件下的工程。缺点:挖土施工比较困难;节点处理比较困难 |
| 地面水平拉结与支护桩结构 | 基坑周围场地开阔;有条件采用预应力钢筋或花篮螺栓拉紧 | 一般黏性土、砂土 | <12 | 在挡土桩上端采用水平拉结,其一端与挡土桩连接,另一端与锚梁或锚桩连接,可以作预应力张拉端,也可以用花篮螺栓拉紧。优点:施工简单;节省支护费用。缺点:因锚梁或锚桩要在稳定区内,故要有一定的场地 |
| 支护结构与坑内土质加固的复合式支挡 | 基坑内被动土压力区土质较差,或基坑较深,防止基坑支护结构过大变形或坑底土体隆起 | 可塑黏性土 | <20 | 坑内加固目的:减少挡土结构水平位移;弥补墙(桩)体插入深度不足;抗坑底隆起;抗管涌。被动区加固方法:注浆法、深层搅拌桩法和旋喷桩法等 |

# 2.6 支护结构方案及实例

## 2.6.1 软土地区支护方案及实例

**1) 支护方案基本原则**

软土具有强度低、压缩性大、透水性小、受荷载后变形大的特点,加之蠕变及应力松弛等特性,容易出现坑底隆起、管涌等现象。因此,在大、中城市内建筑物密集地区开挖深基坑,周围土体变形是不容忽视的问题。在深基坑开挖中稍有疏忽,将会导致邻近建筑物及地下管线的损坏。软土地区支护方案的基本原则如下:

①必须从基坑各部位的具体情况出发,根据基坑周边场地条件和地质条件接近或不同的情况,采用同一种或多种挡土支护结构。由于各地区软土的工程特性差异较大,因此挡土支护结构不能照搬照抄,应根据地区特点,因地制宜地设计与施工。

②开挖深度较小时,可采用悬臂式挡土支护结构;开挖深度较大时,可视情况采用单支点或多支点挡土支护结构;开挖范围较小时,可采用内撑型支点;开挖范围较大时,可采用单层或多层锚杆。

③土质较好的情况下,可采用土层锚杆或排桩等类型;土质较差的情况下,则可采用深层搅拌水泥桩墙;在软土层很厚的情况下,可采用地下连续墙。

**2) 上海地区实例**

上海地区的地质为饱和黏土、淤泥质土,深达 20 多米,土的内摩擦角为 6° ~ 10°。从很多基坑滑移、地基失稳事故分析,坑底土的稳定性不够是重要的因素,其原因是被动土压力不足。因此,加固被动土区的做法是上海软土区的一个特点。加固被动土区比加长桩或墙的嵌固(插入)深度更经济,而且可以使桩或墙的弯矩大为减少,并减少桩顶位移。

被动土区加固可用深层搅拌水泥土沿支护桩或墙局部加固,以底土面下加固 5 m、宽 5 m 为佳。

现以基坑深度(6 m 以内、6 ~ 10 m 和 10 m 以上)的支护结构选型作为参考,见表 2.5。

**表 2.5 软土地区(上海经验)支护结构实践经验选用表**

| 地质基坑深支护结构形式 | | |
| --- | --- | --- |
| 水位地面下 1 ~ 2.0 m: <br>①杂填土; <br>②粉质黏土、淤泥质粉质黏土; <br>③淤泥质黏土; <br>④砂质粉土加淤泥质黏土; | 6 m 以内 | ①深层搅拌筑成的水泥土重力墙(无支撑)施工简便,速度快,造价低; <br>②无支撑的挡土排桩,在场地不允许时采用 φ600 灌注桩,桩与桩间的后面注浆,或树根桩或水泥搅拌桩密封,以达到止水作用,灌注桩顶部要设一道冠梁,将灌注桩连成整体。必要时在转角处设一道斜撑; <br>③无支撑钢板桩,基坑施工完后应拔出钢板桩 |

续表

| 地质基坑深支护结构形式 | | |
|---|---|---|
| ⑤淤泥质粉质黏土；<br>⑥粉质黏土加粉砂；<br>⑦粉质黏土；<br>⑧粉砂,含水量45%～50%,压缩性高 | 6～10 m | ①若场地许可,用深层搅拌桩加灌注桩,局部可加支撑,如上海国脉大厦解决深10 m的基坑；<br>②深层搅拌桩加H型钢,日本称之为SMW工法,在上海环球商业大厦(坑深8.65 m)采用,型钢可以拔出,较节省投资；<br>③φ800～φ1 000灌注桩,柱后注高压浆或深层搅拌桩止水,1道支撑被动土区注浆,如上海由由大厦坑深9.9 m,比2道支撑节约投资76万元；<br>④地下连续墙厚800 mm,顶部圈梁帽,四角设钢筋混凝土斜撑及角撑,如上海海仑宾馆；<br>⑤地下连续墙,一道钢支撑或混凝土支撑；<br>⑥钢板桩围护用1～2道钢管支撑,如上海静安希尔顿饭店及新锦江饭店,基坑深7 m及9.6 m；<br>⑦地下连续墙逆作法施工,利用梁板作支撑,设必要的支撑桩,如上海基础公司办公楼,基坑深10 m |
| | 坑深超过10 m | ①采用钻孔灌注桩及钢支撑,坑外作止水帷幕,坑内作水泥土搅拌桩加强被动土区。如上海永华大楼基坑深10.6 m,用φ800灌注桩,嵌固11 m,3道钢管支撑。又如上海国际航运大楼,采用φ1 000～φ1 200灌注桩；<br>②地下连续墙及钢筋混凝土支撑。如上海金茂大厦基坑深19.65 m,采用1 000 mm厚地下连续墙,深36 m,4道钢筋混凝土支撑。又如恒隆广场,坑深18.2 m,4道支撑,第4道为钢撑；<br>③地下连续墙及钢支撑。如上海世界广场坑深16～18 m,采用1 000 mm厚地下连续墙,用H型钢梁支撑。又如上海香港广场,坑深12.55～17 m,采用800 mm厚地下连续墙,以钢管支撑；<br>④地下连续墙逆作法。如上海电信大楼,坑深12.6 m,地下连续墙厚600 mm,墙深17 m；<br>⑤日本SSS工法,用楼板代替支撑地下连续墙。如上海森茂国际大厦,坑深17.8 m,用地下连续墙,厚1 000 mm,端深30 m,近似逆作法；<br>⑥环形梁支护(最早用于天津)。如上海华侨大厦,基坑深12 m,用φ850 m灌注桩,第一道为混凝土环形梁,断面尺寸为1 m×2 m,直径为48.4 m；第二道支撑为钢管,桩外侧为止水帷幕,内侧为深层搅拌加强被动土区。又如上海万都大厦环形支护,直径为92 m |

## 2.6.2　黏土、砂土地区支护方案及实例

我国东北、华北地区及西北的大部分地区多属一般黏性土、粉土及砂土地区,而且多数地区的地下水位较深。

**1)支护方案基本原则**

必须从基坑各部位的具体情况出发,根据基坑周边场地条件和地质条件接近或不同的情况,采用同一种或多种挡土支护结构类型。

①如果基坑周边场地较为开阔,则可采用上段放坡开挖,下段采用悬臂桩或桩锚挡土支

护结构;在坑周场地较为狭窄并且邻近又有重要建筑物需要保护时,则可采用地下连续墙加锚杆或支撑方案。

②开挖深度不大时,可采用悬臂式挡土支护结构、土钉墙或喷锚支护等结构;开挖深度较大时,可视情况采用挡土桩加单层锚杆或多层锚杆形式。

③土质较好的情况下可采用土钉或喷锚支护结构;土质较差的情况下则可采用桩锚结构或锚杆加地下连续墙等形式。

④地下水位较低时,可采用土钉或喷锚支护结构及稀疏桩排挡土支护结构;地下水位较高时,可采用支护桩与水泥土桩(旋喷桩、深层搅拌桩等)或地下连续墙联合作用的形式等。

**2)北京地区实例**

北京地区的地质属于永定河冲积扇层,由西往东冲积层逐渐变厚,一般有两个砂卵石层,呈黏土、粉土及砂土的交变层,地下水位较深,约为 5 m、10 m、15 m 及 20 m 不等,最深达 25 m,近年水位呈上升趋势。一般粉质黏土 $c$ 值为 20~30 kPa,$\varphi$ 值为 15°~25°;黏质粉土 $c$ 值为 25 kPa,$\varphi$ 值为 30°;细中砂 $\varphi$ 值为 35°,砂卵石 $\varphi$ 值可达 45°。由于土质较好,较多采用锚杆,按基坑深度为 8 m 以内、8~15 m、15 m 以上划分的实践经验,作为支护结构选型的参考,参见表 2.6。

表 2.6 北京地区支护结构实践经验选型参考表

| 地质情况 | 基坑深 | 支护结构情况 |
|---|---|---|
| 水位深 5 m、10 m,最深地点达 25 m(京城大厦 1985)①杂填土;②粉质黏土;③黏质粉土;④细砂;⑤卵石;⑥粉质黏土、黏质粉土;⑦细砂;⑧中砂;⑨卵石、细中砂 | 8 m 以内 | $\phi$800 灌注桩悬臂式,桩中心距为 1 500 mm,以钢丝网水泥抹面层,用于北京医院急诊楼北京邮政枢纽工程,以 $\phi$1 000 mm 灌注桩悬臂式,基坑深达 10.2 m |
| | 8~15 m | (1)灌注桩及锚杆支护<br>新世界中心工程坑深 15.8 m,采用先放坡 4.5 m,用 $\phi$800 灌注桩,间距 1.6 m,桩长 15.7 m,入土嵌固 4.4 m,锚杆 1 道,用 2$\phi$25 钢筋,倾角为 20°,帽连梁 550 mm×900 mm;<br>(2)H 型钢桩及锚杆支护<br>国际饭店基坑深 13.5 m,用 H 型钢桩及 $\phi$500 灌注桩挡土,1 道锚杆,倾角为 13°,锚筋 1$\phi$40;<br>(3)双排桩及锚杆<br>农贸中心大厦坑深 15.1 m,用 $\phi$400 双排灌注桩,桩顶做宽帽梁,其下 4 m 做 1 道锚杆;<br>(4)放坡及悬臂双排桩结合<br>安外华侨公寓基坑深 14.6 m,采用先按 1∶0.6 放坡到-7.0 m,做 $\phi$600 梅花形双排桩悬臂 7.6 m;<br>(5)土钉墙支护<br>①庄胜中心广场,基坑深 14.3 m,边坡直立,$\phi$28 土钉 9 排;<br>②新亚综合楼工程坑深 14.6 m,9 道土钉,长 8~12 m;<br>(6)土钉墙与悬臂灌注桩结合<br>宗帽小区工程基坑深 14 m,上面 7 m 用插筋补强土钉,下面 7 m 用 $\phi$800 灌注桩悬臂支护 |

| 地质情况 | 基坑深 | 支护结构情况 |
|---|---|---|
| 水位深 5 m、10 m，最深地点达 25 m（京城大厦 1985）①杂填土；②粉质黏土；③黏质粉土；④细砂；⑤卵石；⑥粉质黏土、黏质粉土；⑦细砂；⑧中砂；⑨卵石、细中砂 | 基坑深于15 m | （1）灌注桩与 2 道（层）锚杆<br>东方广场工程，基坑面积为 9.12 万 m²，深 15～23 m，采用 $\phi800$ 灌注桩，2 道锚杆，局部 1 道及 3 道，锚杆共 1 428 根，7～9 根 1570 级钢绞线；<br>（2）灌注桩及 1 道（层）锚杆<br>①恒基中心工程基坑深 16 m，用 $\phi800$ 灌注桩及 1 道锚杆（东坡锚杆标高 39.00 m，地面标高 43.00 m），做法为在地面下 5 m 打 $\phi800$ 灌注桩，桩顶做帽梁并作为锚杆支撑点，帽梁上砌砖墙挡土，锚杆倾角为 25°，锚索为 6 根 1570 级 $\phi15$ mm 钢丝组成的钢绞线；<br>②丰联广场，基坑深 17.8 m，在地面下 4.5 m 做 $\phi800$ 灌注桩，桩上做帽梁为锚杆的支点腰梁，帽梁上接桩到地面做一通梁为塔吊轨道之一，锚杆倾角为 25°；<br>③长安俱乐部坑深 16.8 m，灌注桩 $\phi800～\phi1\,000$，1 道锚杆做在桩顶下 4.5 m 处，长 25～30 m，6 根 1570 级 $\phi15$ 钢丝组成钢绞线；<br>（3）H 型钢桩及 3 道（层）锚杆<br>京城大厦基坑深 23.5 m，采用 488H 型钢桩加插板，分别在 -5 m，-12 m 及 -18 m 处设 3 层锚杆，倾角为 25° 及 30°；<br>（4）地下连续墙和 4 层锚杆<br>王府饭店工程基坑深 16 m，采用 600 mm 厚地下连续墙，分别在 -1.8 m、-6.7 m、-11.2 m 及 -13.7 m 处设 4 道锚杆，墙为外墙承重；<br>（5）灌注桩及 2 道支撑 1 道锚杆<br>北京国贸二期工程基坑深 18.6 m，因邻近皆有建筑及地铁二期工程线，采用 $\phi800$ 灌注桩，间距 1.6 m，在 -2.5 m 及 -8 m 处设 2 道钢支撑、3 排钢立柱，在 -14.5 m 处设锚杆 1 道，长 14 m，锚索为 4 根 7$\phi$5 钢绞线；<br>（6）土钉墙支护<br>①通港大厦基坑深 17 m，边坡直立；<br>②百通大厦基坑深 17 m，北坡用土钉墙；<br>③公主坟商业大厦基坑深 16.5 m，边坡基本直立；<br>④安外 6 号地综合楼，坑深 16.95 m，基本直立；<br>⑤清华同方工程基坑深 15.45 m，土钉墙支护，中间加 2 道预应力钢筋锚杆；<br>（7）土钉墙及灌注桩加 1 道锚杆<br>远洋大厦工程基坑深 17 m，上面 6.75 m 做土钉墙，下面 10.25 m 做灌注桩及帽梁，并以帽梁作锚杆支点做 1 道锚杆 |

　　由于北京地质较好、地下水位低，一般在坑深 8 m 以内的采用悬臂式灌注桩，并可做成间隔式。桩外用钢丝网水泥抹面，桩上做连续帽梁，施工简便，在 8～15 m 的坑深用 $\phi800$ 灌注桩，1 道锚杆，或用土钉墙。15 m 以上的基坑深度如采用灌注桩，则用 2 道或 3 道锚杆，地下连续墙用得较少。如用 H 型钢能拔出，则较经济，否则费用太高。京城大厦坑深 23.5 m，3 道锚杆，由于第一道锚杆在 -5 m 处，用 H 型钢悬臂部分有太大的位移（十几厘米），用刚度大的 $\phi800$ 灌注桩同样悬臂 5 m，位移实测为 10 mm。

另一种做法如恒基中心基坑深 16 m,在地面下 5 m 筑 $\phi800$ 灌注桩(先堆土 5 m),在桩上做帽连梁,梁上预埋孔洞做 1 道 25°～30°的钢绞线锚杆,帽梁上砌砖或做连接短柱。这种做法可解决坑深 15～17 m 的支护,比较经济。

此外,还可以用不同形式结构组合方式支护。如远洋大厦基坑深 17 m,采用地面下 6.75 m 做土钉墙,其下做 $\phi800$ 灌注桩 1 道锚杆方案。又如宗帽小区基坑深 14 m,采用地面下 7 m 做土钉墙,其下 7 m 做 $\phi800$ 灌注桩悬臂组合式支护,比较安全经济。

# 2.7　工程案例:深圳星河发展中心

## 2.7.1　工程概况

深圳星河发展中心工程(简称深圳星河中心,见图 2.36)位于深圳中心商务区南区,地处深圳地铁 1 号、4 号线交会处,南临深圳国际会展中心,北靠深圳市政府,是一座集超五星酒店、办公、商业于一体的现代化综合性公共建筑。工程占地 9 800 $m^2$,建筑南北长 160.7 m,东西宽 52.15 m,建筑总面积为 122 357.94 $m^2$,建筑地下 4 层,裙楼 4 层,两座塔楼分别为 24 层和 21 层,总高度均为 99.85 m(该地区属城市中心区,规划不允许建筑物超过 100 m)。

图 2.36　深圳星河中心

## 2.7.2　基坑工程地质条件

### 1)场地工程地质条件

场地工程地质条件如图 2.37 所示。

### 2)场地水文地质条件

深圳星河中心基坑工程的场地稳定水位埋深 5.8～6.5 m,混合抽水试验结果表明水平渗透系数为 2.77 m/d;地下水以上层滞水和潜水为主,对混凝土结构具有弱～中等腐蚀性,采取二级防护措施(图 2.37)。

### 3)基坑工程的周边环境

深圳星河中心特大型超深基坑工程南北长 176.0 m,东西长 55.75 m,周长为 450.4 m。基坑边距地铁 1 号线约 7 m,距地铁 4 号线约 5 m,地铁会展中心站 D 号出入口已在建筑红线范围之内。基坑开挖深度为 18.6 m,局部为 22.6 m,基坑稳定水位埋深为 5.8～6.5 m。基坑

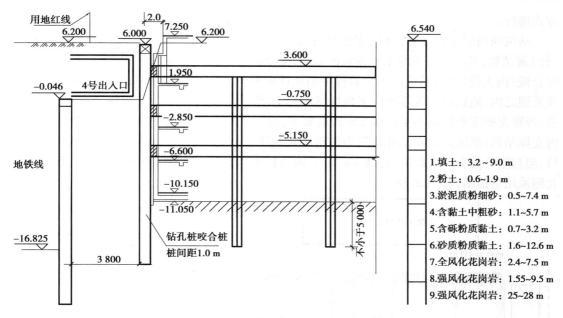

**图 2.37  深圳星河中心基坑工程地质条件**

安全等级为一级,面临地铁口的基坑变形警戒值为:水平位移 1 cm、竖向沉降 1 cm;其他地段的水平位移不得大于 2 cm,沉降不得大于 2 cm。基坑变形对周边公共建筑及运营地铁线的安全影响巨大。基坑工程的周边均为重要建筑工程,环境复杂,基坑支护要求高。

## 2.7.3  深圳星河中心特大型超深基坑工程支护设计

### 1)基坑支护设计方案的选择

深基坑工程中常用的支护结构可概括为桩锚(或墙锚)体系和桩(墙)+内支撑两大类,将其特点归纳于表2.7。

**表 2.7  深基坑工程支护方案的比较**

| 支护类型 | 支护特征 | 主要特点比较 |
|---|---|---|
| (咬合)桩锚(或墙锚)体系 | 基坑周边通过桩(或连续墙)挡土,桩内(或墙内)再通过锚索或锚杆将桩(或墙)与坑外土体拉结起来,抵抗土压力,达到控制变形的目的,可兼作止水设施 | 施工速度较快,支护结构对周边环境有一定影响,支护结构能作为永久结构或挡水结构使用 |
| (咬合)桩(墙)+内支撑 | 基坑周边通过桩(或连续墙)挡土,并在基坑内施工内支撑结构,用于支撑基坑对边的支护桩(或墙),达到抵抗土压力,控制变形的目的,可兼作止水设施 | 工期较长,支护结构对周边环境的影响小,内支撑需要拆除,支护结构可作为挡水设施 |

深圳星河中心基坑工程属于特大型超深基坑,周边环境复杂,其支护体系因工程、水文地质条件及周边环境影响,故种类众多,且必须结合止水措施综合考虑。由于基坑开挖深度范围内仅有上层滞水及潜水,且水位在地面下 5 ~ 6 m,储水不甚丰富,设计采用基坑内外明排的

方式进行。

基坑四周的支护设计:基坑东侧紧邻金中环商务大厦,为了避免破坏相邻建筑物的锚(杆)索结构,基坑东侧不能采用锚索体系;为配合西侧地铁口的微小变形要求,设计采用双排咬合桩+内支撑结构;基坑西侧距运行中的地铁4号线仅5 m,且地铁4号出入口已在建筑红线范围之内,地铁口建筑基础位于基坑坑底以上,致使基坑西侧不能采用桩锚或墙锚支护体系,否则支护变形满足不了地铁变形控制要求,设计采用单排人工挖孔咬合桩及两排旋喷桩+内支撑结构;基坑南侧和基坑北侧为道路和建筑物,北侧虽紧邻地铁1号线及5号地铁出入口,但与基坑尚有一定距离,尤其在深度方向可以采用锚索,故本着安全经济的原则,基坑南北侧采用桩锚结构(图2.38)。

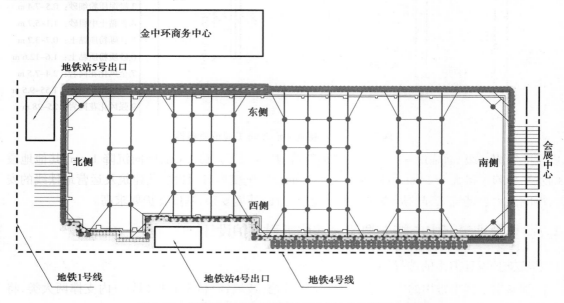

图2.38 深圳星河中心深基坑工程支护结构平面布置图

此外,根据勘察报告的抽水试验结果,基坑范围的地下水以上层滞水和潜水为主,地下水位在基坑坑底以上。由于基坑施工期间处于雨水季节,地下水将随着降水量的大小而变化,水位会远高于勘察时的水位,考虑基坑支护变形的要求,尤其是地铁口微小变形的控制,设计采用基坑四周帷幕止水,增加渗流路径,同时减少因降水引起的周边地面沉降,避免引起支护较大变形及周围环境的不均匀沉降,影响营运地铁的安全及导致周边高层建筑、市政道路及管线开裂,影响其正常使用,甚至发生安全事故。

表2.8 深圳星河中心基坑工程的支护桩型

| 桩 型 | 设计桩径 | 桩间距 | 支护说明 |
| --- | --- | --- | --- |
| 钻孔咬合桩 | 1.2 m | 1.0 m | 咬合200 mm,桩间水泥旋喷止水帷幕 |
| 钻孔灌注桩 | 1.2 m | 1.5 m,局部1.2 m | 桩间水泥旋喷止水帷幕 |
| 人工挖孔咬合桩 | 1.2 m | 1.15 m | 咬合5 cm |

基坑西侧支护(4号地铁口):采用钻孔咬合桩(如表2.8所示),素混凝土桩(C15)与钢

筋混凝土桩(C30)交错搭接。西侧临4号地铁口西北角一带,因地下室结构与地铁结构距离太近,采用在地铁支护体植筋成墙的方式,将支撑撑到现浇的钢筋混凝土墙上,避免支撑体系直接支撑在地铁上一层结构上。

基坑北侧支护(5号地铁口):采用钻孔灌注桩(如表2.7所示),桩芯混凝土强度为C30,基坑北侧采用桩锚支护,角点处增加角撑,采用4道预应力锚索,锚索钻孔倾角为15°,锚索长20 m,锁定力为200~250 kN,成孔直径为150 mm。

基坑东侧支护:基坑东侧临金中环商务大厦段采用人工挖孔咬合桩(如表2.7所示),此段单独设置旋喷止水帷幕;基坑东侧金中环基坑以外部分采用钻孔桩支护,桩间旋喷止水。

基坑南侧支护:采用钻孔灌注桩(如表2.7所示),桩芯混凝土强度为C30,基坑南侧采用桩锚支护,角点处增加角撑,采用4道预应力锚索,锚索钻孔倾角为15°,锚索长27 m,锁定力为350~400 kN,成孔直径为150 mm。

**2)基坑工程的内支撑体系**

基坑东西两侧的内支撑体系设四榀、三层钢筋混凝土内支撑,由68根支撑柱。内支撑主梁截面:第一层、第二层1.1 m×0.8 m,第三层1.2 m×1 m;连梁截面:0.6 m×0.8 m;支撑腰梁截面:0.6 m×1.2 m;冠梁截面:1.2 m×0.8 m。混凝土支撑梁总长度约6 000 m,总方量约5 000 m³。

支撑柱截面:28根为钢构(400 mm×400 mm)外包φ800钢筋混凝土,15根φ800人工挖孔桩立柱,25根钢构,支撑柱锚入地下室底板下约5 m。

支撑主梁梁底和结构楼面距离分别为:第一层支撑主梁梁底距离负一层楼面850 mm;第二层支撑主梁梁底距离负二层楼面1 300 mm;第三层支撑主梁梁底距离负三层楼面450 mm(图2.39、图2.40)。

图2.39 星河中心基坑工程护壁支护体系　　图2.40 星河中心基坑工程支撑结构体系

**3)地下水的处理**

鉴于深圳星河中心基坑工程的安全性和重要性,为保证双侧紧邻地铁结构和周边环境的安全,基坑周边采用钻孔灌注咬合桩、人工挖孔咬合桩及钻孔灌注排桩、化学注浆、深层水泥搅拌桩等进行支护、止水,并在坑内外设置集水坑或排水明沟。钻孔咬合桩的素混凝土桩与钢筋混凝土桩均嵌入坑底5 m以上。土方开挖时,在坑内适当位置设集水坑,在开挖的同时放入抽水泵抽水,并随开挖深度的增加,逐渐加深集水坑的深度。开挖时,坑顶设一道排水明沟并进行硬化,一方面排出积水,另一方面阻断外界水流进入坑内。开挖到底时,在坑底设一道排水明沟,在基坑角点及其他适当位置设置集水坑,以利于坑内积水抽排。底板浇筑及集水坑底板、后浇带、支撑柱处洞口封堵时,应注意积水抽排及止水措施的落实。

**4)咬合桩施工**

咬合桩形成止水帷幕原理:成桩后,桩与桩之间互相咬合,使先后成桩的混凝土凝结成整体,形成能够共同受力的、致密的支护体系和止水帷幕。

**(1)钻孔咬合桩**

钻孔咬合桩使用素混凝土桩(A桩)和钢筋混凝土桩(B桩)两种桩型,通过应用混凝土超缓凝(超过60 h)技术使先后成桩的混凝土凝结成整体。

布桩形式采用A桩和B桩间隔布置,即A1→A2→B1→A3→B2→A4→B3……(图2.41)。B1桩必须在A1和A2桩混凝土初凝前施工(即在28~43 h内),才能保证钢套管顺利拔出;A桩从成桩浇筑混凝土到B桩拔套管最长时间为单根A桩成桩时间51 h,因此可以要求A桩缓凝时间达到51 h以上。

施工顺序:每施工2根超缓凝素混凝土A桩后,立即在2根超缓凝土A桩之间施工钢筋混凝土B桩,以此循环作业。B桩成孔后,一边浇筑混凝土一边拔钢套管。为避免两侧A桩混凝土向B桩涌入,A桩混凝土坍落度控制在(14±2)cm。深圳星河中心钻孔咬合桩的技术指标如表2.9所示。

图2.41　钻孔咬合桩布置图

表2.9　深圳星河中心钻孔咬合桩的技术指标

| 项目 | 强度等级 | 坍落度(cm) | 初凝时间 |
|------|---------|-----------|---------|
| A桩 | C15 | 14±2 | 60 h |
| B桩 | C30 | 20±2 | 10 h |

**(2)人工挖孔咬合桩**

挖孔咬合桩采用间隔开挖,即先施工A桩,待全部的A桩浇灌混凝土完成后,再开挖B桩。A、B桩均为钢筋混凝土桩,仅配筋不同(图2.42)。搭接部分施工时,用风镐凿开,这部分制作护壁混凝土,与桩身同时浇灌混凝土。

图2.42　人工挖孔咬合桩布置图

深圳星河中心特大型超深基坑工程实施后,达到了基坑变形控制预期效果,支护结构保持安全状态,工程两侧地铁安全运行,周边建筑物及城市道路均处于稳定状态。

# 复习思考题

2.1 深基坑工程的主要内容包含哪些?

2.2 深基坑支护结构的要求是什么?

2.3 基坑支护设计应包括哪些内容?

2.4 支护结构形式的选择应考虑哪些因素?

2.5 围护墙包含哪些类型?

2.6 内支撑类型有哪些?其各自特点是什么?

# 3

# 深基坑土方开挖

[**本章基本内容**]

重点介绍深基坑土方开挖施工方案的选择,强调深基坑土方开挖注意事项,并通过工程案例展示了实际工程中土方开挖方式的综合运用。

[**学习目标**]

(1)了解:深基坑土方开挖注意事项。

(2)熟悉:不同支护条件下土方开挖方案的选择。

(3)掌握:深基坑土方开挖的主要方案。

深基坑土方开挖是基坑工程的重要组成部分,对于土方量大的基坑,基坑工程的工期在很大程度上取决于挖土的速度。在基坑土方开挖过程中,支护结构的受力和变形是一个动态发展增加的过程,且土体开挖具有时空效应,有时还需穿插支撑(拉锚)施工,所以影响施工安全的因素很多,再加上一般情况下开挖场地狭小、工程量大,故深基坑土方开挖施工组织难度大。因此,在深基坑开挖以前,应根据基坑支护结构设计、降排水要求、场地条件、周边环境、水文地质条件、气候条件及土方机械配置情况,编写土方开挖施工组织设计,用于指导施工。另外,在支护结构设计方案中,有时要附有基坑挖土方案,以便审查二者是否一致。

## 3.1 深基坑土方开挖方案

### 3.1.1 无支护结构的基坑开挖

深基坑工程无支护的开挖多为放坡开挖。在条件许可的情况下,放坡开挖一般较经济。此外,放坡开挖基坑内作业空间大,方便挖土机械作业,也为施工

深基坑土方
开挖

主体工程提供了充足的工作空间。由于简化了施工程序,放坡开挖一般会缩短施工工期。放坡开挖占地面积大,适合于基坑四周场地空旷、周围无邻近建筑物、地下管线和道路的情况,以满足基坑放坡坡度的要求,因此,在城市密集地区施工往往条件不允许(图3.1)。

图3.1 放坡开挖

放坡开挖要求坡体在施工期间能够自稳,当基坑处于软弱地层中时,放坡开挖的挖深不宜过大,否则需较大范围地采取地基加固措施,使开挖基坑的费用增大。土方边坡的大小与土质、基坑开挖深度、基坑开挖方法、基坑开挖后留置时间的长短、附近有无堆土及排水情况等有关。对于较大、较深的基坑,放坡开挖要验算边坡稳定,最常用的方法为圆弧滑动面条分法。

如果地下水位在坑底以上,基坑开挖前一般采用井点坑外降水,降低基坑开挖影响范围地层的地下水位,以防止开挖中动水压力引起的流砂现象和渗流力的作用,并且增加土体抗剪强度,提高边坡稳定性。此外,还要防止地表水或基坑排水倒流、回渗流入基坑。

为防止基坑边坡的风化、松散以及雨水冲刷,深基坑工程的边坡常采取护面措施,以保护基坑边坡的稳定。

## 3.1.2 有支护(拉锚)结构的土方开挖

深基坑在支护结构支护下的开挖方式多为垂直开挖,根据其确定的支撑方案,这种开挖方式又分为无内支撑支护开挖(图3.2)和有内撑支护开挖(图3.3)两类;根据其开挖顺序,还可分为盆式开挖和岛式开挖、坑边条状开挖及逆作开挖等。

图3.2 无内支撑土方开挖

图3.3 有内撑土方开挖

**1)盆式开挖**

盆式开挖(图3.4)即先挖除基坑中间部分的土方,后挖除挡墙四周土方的开挖方式。这种开挖方式的优点是挡墙的无支撑暴露时间短,可利用挡墙四周所留土堤,阻止挡墙的变形。有时为了提高所留土堤的被动土压力,还要在挡墙内侧四周进行土体加固,以满足控制挡墙变形的要求。盆式开挖的缺点是土方不能直接外运,需集中提升后装车外运,挖土及土方外运速度较岛式开挖慢。

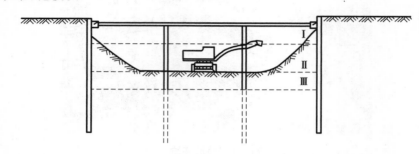

图3.4 盆式挖土

Ⅰ—第一次挖土;Ⅱ—第二次挖土;Ⅲ—第三次挖土

盆式挖土周边留置的土坡,其宽度、高度和坡度大小均应通过稳定验算确定。如留得过小,对围护墙的支撑作用不明显,失去盆式挖土的意义;如坡度太陡边坡不稳定,在挖土过程中可能失稳滑动,不但失去对围护墙的支撑作用,影响施工,而且有损于工程桩质量。另外,盆式挖土需设法提高土方上运的速度,这对加速基坑开挖有很大作用。

上海香港广场地处市区繁华地段,基坑距离淮海路地铁隧道为 8 ~ 9 m,距离四周地下管线为 7 ~ 10 m,基坑面积约 5 800 m²,基坑深度在电梯井筒体部分为 17 m,裙房部分为 12.55 m,要求挡墙的最大水平位移控制在 40 mm 以内。

基坑挡墙采用 80 cm 厚、23.6 m 深的地下连续墙,坑底以下埋深为 10.3 m;支撑体系采用 3 道钢管支撑,每根钢支撑为 609 mm×16 mm 双钢管,支撑端部为八字撑,钢支撑安装后施加预应力。地下连续墙内侧被动区采用搅拌桩进行土体加固。

图3.5为上海香港广场基坑开挖及支撑施工顺序示意图。基坑开挖和支撑分4层进行,每层均采用盆式开挖,先挖除基坑中间部分的土体,挡墙周边余留土堤,阻止挡墙变形。中间部分挖至该层支撑底面,接着安装好开挖范围内的钢支撑,然后再分块、对称地开挖余留土堤,及时安装钢腰梁,并连接带八字撑的支撑与基坑中部的对应横撑,施加预应力。要求每两块土堤的开挖及支撑安装要在 24 h 内完成,以减少时空效应的负面影响。

开挖第 3 道支撑以下的土体时,先挖基坑中间的盆状土体,然后分块开挖电梯井筒体的深坑,挖至标高后立即浇筑快硬混凝土垫层,以便及时发挥其支撑作用。

重庆嘉陵帆影工程属大型基坑开挖,北区及南区上部土方采用机械开挖的方式,基坑采用盆式开挖坑边抽条法进行土方开挖(图3.6),土方用翻斗汽车运出,基坑开挖分层厚度规定如图3.7所示。

根据设计要求分层开挖,每挖一层土方施工一道锚索。分层开挖时,为确保基坑安全,每层开挖时不能一次将所有土全部开挖完,而是将坑边土方分成两段采用坑边抽条的方法进行开挖。在北区以 10 根桩所占区域为一个施工段,南区以 8 根桩所占区域为一个施工段,开挖时先挖Ⅰ段土方,待Ⅰ段范围内支护桩完成锚索张拉及桩间喷锚后,再进行Ⅱ段范围内的土方开挖及锚索张拉等工作(图3.8)。

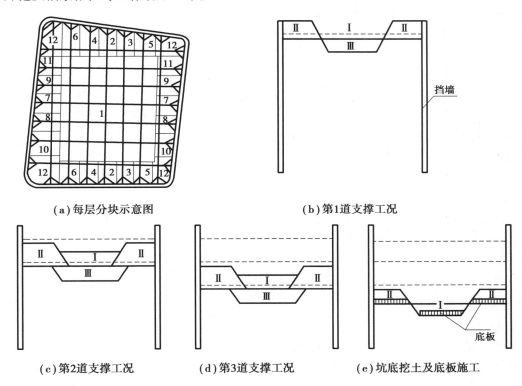

（a）每层分块示意图　　　　　　　　　（b）第1道支撑工况

（c）第2道支撑工况　　　（d）第3道支撑工况　　　（e）坑底挖土及底板施工

图3.5　上海香港广场基坑开挖及支撑施工顺序示意图

图3.6　重庆嘉陵帆影基坑盆式开挖坑边抽条法土方开挖

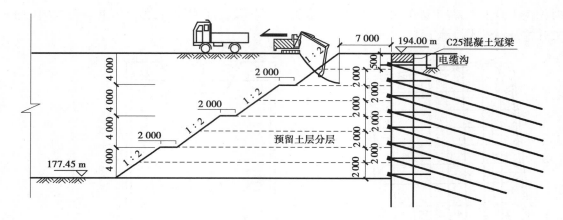

图 3.7　基坑开挖分层厚度

图 3.8　基坑边条状开挖示意

## 2)中心岛(墩)式开挖

中心岛(墩)式开挖是保留基坑中心土体,先挖除挡墙内四周土方的开挖方式。这种开挖方式的优点是可以利用中心岛搭设栈桥,挖土机可利用栈桥下到基坑挖土,运土的汽车可以利用栈桥进入基坑运土,这样可以加快挖土和运土的速度。其缺点是由于先挖挡墙内四周的土方,挡墙的受荷时间长,在软黏土中时间效应显著,有可能增大支护结构的变形量。中心岛(墩)式开挖常用于无内撑围护开挖(如土层锚杆)或采用边桁架、环梁式或角撑等大空间支撑系统的基坑开挖(图 3.9—图 3.12)。

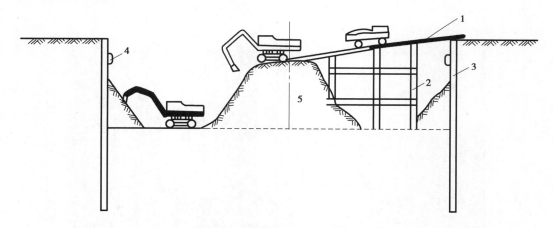

图 3.9　墩式挖土示意图

1—栈桥;2—支架(尽可能利用工程桩);3—围护墙;

4—腰梁;5—中心岛(土墩)

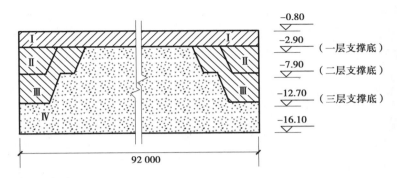

图 3.10　墩式土方开挖顺序

Ⅰ—第一次挖土;Ⅱ—第二次挖土;Ⅲ—第三次挖土;Ⅳ—第四次挖土

图 3.11　中心岛(墩)式挖土

图 3.12　上海世博文化中心工程

中心岛(墩)式挖土,中间土墩的留土高度、边坡的坡度、挖土层次与高差都要经过仔细研究确定。由于雨季常有大雨,土墩边坡易滑坡,必要时尚需对边坡加固。挖土可分层开挖(图 3.10),多数是先全面挖去第一层,然后中间部分留置土墩,周围部分分层开挖。开挖多用反铲挖土机,若基坑深度大则用向上逐级传递方式进行装车外运。

# 3.2　深基坑土方开挖注意事项

## 1)基坑开挖的时空效应

土体开挖以后,具有时空效应。所谓时间效应,是指在基坑开挖过程中,当土方开挖停止后,基坑围护墙体的变形、周边土层的位移和沉降并未停止,仍在继续发展,直到达到稳定或因变形过大而引起基坑破坏为止。所谓空间效应,是指基坑围护墙体的变形、周边土层的位移和沉降与分层、分块开挖的空间几何尺寸、围护墙无支撑暴露面积以及是否均衡开挖有关。分层、分块开挖的空间几何尺寸越大、无支撑暴露面积越大,变形也越大;开挖中,对称性越差,变形也越大。时间效应和空间效应是密切相关的,基坑开挖以后受到时间效应和空间效应的共同作用。因此,在确定基坑土方开挖方案时,应考虑基坑开挖的时空效应,确定分层、分块开挖的空间几何尺寸、开挖时间、支撑施工时间,并尽量采用对称均衡开挖工序。

## 2)先撑后挖,严禁超挖

基坑开挖实施的工况与方案设计的工况必须一致,当基坑开挖至支撑设计标高处时,应开槽及时安装或制作支撑,待支撑满足设计要求后才能继续挖土。围护结构的变形大小与无支撑暴露面积的大小和暴露时间的长短有关,因此,应严格按照基坑工程方案设计的工况进行开挖。先撑后挖(图3.13),及时加撑,是控制基坑墙体变形和相应地面位移和沉降的保证。

**图3.13  先撑后挖**

超深挖土是基坑开挖中的大敌,小则会造成不应有的损失,大则会造成重大事故,应杜绝其在施工中发生。为了防止超挖,除加强测量工作外,若采用挖土机挖土,坑底应保留200～300 mm厚地基土用人工挖除整平。

### 3)防止坑底隆起变形过大

坑底隆起是地基卸荷而改变坑底原始应力状态的反映。在开挖深度不大时,坑底为弹性隆起,其特征为坑底中部隆起最高,弹性隆起在基坑开挖停止后很快停止,基本不会引起坑外土体向坑内移动;随着开挖深度的增大,坑内外高差所形成的加载和地面各种超载的作用会使围护墙外侧土体向坑内移动,使坑底产生向上的塑性变形,其特征一般为两边大、中间小的隆起状态,同时在基坑周围产生较大的塑性区,并引起地面沉降。

施工中减少坑底隆起的有效措施是设法减少土体中有效应力的变化,提高土的抗剪强度和刚度。为此,在基坑开挖过程中和开挖后,应保证井点降水正常进行,减少坑底暴露时间,尽快浇筑垫层和底板。必要时,可对坑底土层进行加固。

### 4)防止边坡失稳

挖土速度快即卸载快,迅速改变了原来土体的平衡状态,降低了土体的抗剪强度,呈流塑状态的软土对水平位移极为敏感,易造成滑坡。目前,挖土机多用1 m³反铲挖土机,挖土深度可达4～6 m,如果一挖到底,卸荷快速,再加上机械的振动和坑边的堆土,则易造成边坡失稳。

为了防止边坡失稳,土方开挖应在降水达到要求后,采用分层开挖的方式施工。分层厚度应符合设计要求,一般不宜超过2.5 m;当开挖深度超过4 m时,宜设置多级平台开挖,平台宽度不宜小于1.5 m;在坡顶和坑边不宜进行堆载,不可避免时,应在设计时予以考虑;应对边坡坡面进行护面。

### 5)防止桩位移和倾斜

对于先打桩后挖土的工程,要考虑由于打桩造成的应力积聚和基坑开挖时应力的快速释放对桩产生的不利影响。打桩使原处于静平衡状态的地基土遭到破坏,会产生挤土、孔隙水压力升高等现象,造成土中的应力积聚。如果在打桩后紧接着开挖基坑,应力的陡然释放和土体的一侧卸荷,易使土体产生一定的水平位移,造成桩位移或倾斜。在软土地区施工,此现象屡见不鲜。为此,在群桩打设后,宜停留一段时间,并用降水设备预降水,待打桩积聚的应力有所释放、孔隙水压力有所降低、被扰动的土体重新固结后,再开挖基坑土方。在打设桩时也要注意打桩顺序和打桩速率,控制每天打桩根数,减少应力积聚。挖土要分层、均衡,尽量减少开挖时的土压力差,以保证桩位正确。

**6)对邻近建(构)筑物及地下设施的保护**

在基坑开挖施工前应分析计算开挖引起的周围地层的变形大小及影响范围,详细调查邻近被保护对象的工作状况,确定其允许的地基变形参数,采取积极有效的措施来防止地层变形影响范围内的建(构)筑物和设施受影响。

对周围环境的保护,应采取安全可靠、经济合理的技术方案。首先要考虑采取积极保护法,即在施工前通过对地质和环境的细致调查,提出减少地层位移的施工工艺和施工参数,并根据经验和理论相结合的研究分析,预测出基坑施工期间对周围环境的影响程度。施工期间要加强现场监测,及时改进施工措施和应变措施,以保证达到预期的保护要求。

# 3.3　工程案例:天津地铁广场

天津地铁广场工程位于天津市和平区南京路,工程地处软土区。工程总建筑面积为 32.5 万 $m^2$,由四层地下室、八层裙房及四栋塔楼组成,建筑物最大高度为 258 m。工程基坑开挖面积约 16 000 $m^2$,总土方量约 32 万 $m^3$,平均开挖深度约 20 m,最大挖深坑底标高为 -22.35 m,属软土地区的超深基坑。地下室外维护结构为 1.0 m 厚地下连续墙,兼做基坑支护挡墙(图 3.14)。

**图 3.14　天津地铁广场**

天津地铁广场地下室结构类型分为两种,塔楼所在区域为型钢混凝土组合结构,裙楼所在区域为框架结构。根据工程结构特点,深基坑支护设计时考虑到塔楼型钢柱无法逆作的情况,设计采用了"敞开式逆作法",即地下裙楼区域结构逆作,塔楼区域结构留洞顺作。

在基坑深度范围内,共设有 5 道水平支撑(图 3.15),土方分 6 步开挖,逆作法总体施工顺序为第一步土方开挖及第一道支撑逐层向下施工(图 3.16、图 3.17)。

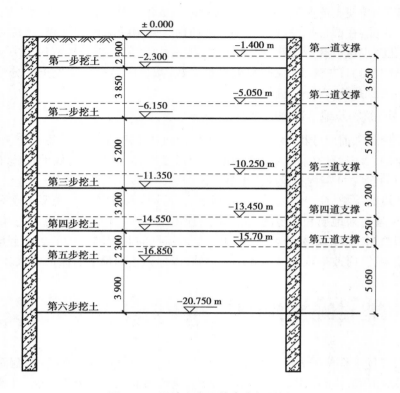

图 3.15   设计土方开挖高度剖面图

图 3.16   第一道水平支撑结构平面布置示意图

土方开挖采用"栈桥、出土平台+预留出土洞内中心岛式开挖+支撑结构下盆式开挖"的土方组合开挖方式(图 3.18)。坑内设六座出土平台和一座混凝土栈桥作为出土机械的操作平台和行驶道路(图 3.19)。

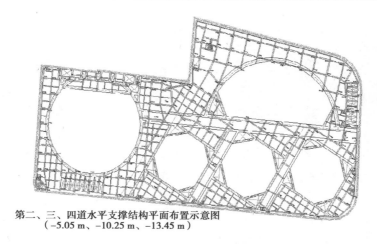

第二、三、四道水平支撑结构平面布置示意图
（−5.05 m、−10.25 m、−13.45 m）

图 3.17　永久性支撑结构平面布置图

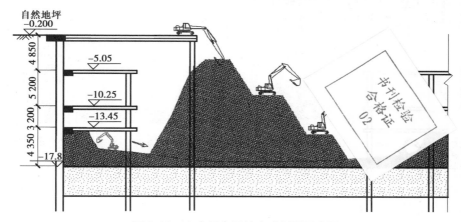

图 3.18　土方组合开挖方式剖面示意图

图 3.19　基坑开挖实景

图 3.20　小型挖掘机支撑结构下盆式开挖

　　第 2～6 步土方开挖,支撑结构下土方开挖采用盆式开挖,小型挖掘机从基坑支撑结构内侧向地连墙方向由内向外掘进,将支撑结构下的土方掏挖、倒运到基坑中部预留出土洞内(图3.20)。

　　基坑中部预留出土洞内土方采用中心岛式开挖,以栈桥或平台为中心,土方通过挖掘机多级倒运,堆高,形成中心岛,栈桥或平台出土点为中心岛最高点(图3.21、图3.22)。

图 3.21　支撑结构出土洞内中心岛式开挖　　　图 3.22　出土洞形成的多级坑内中心岛

普通大斗容量挖掘机或加长臂挖掘机、履带式抓斗坐于平台或栈桥之上,将坑内中心岛顶部堆土挖出,直接卸入在坑顶道路上等待的运土车内,运出场外(图 3.23、图 3.24)。

图 3.23　普通大斗容量挖掘机平台上出土　　　图 3.24　18 m 加长臂挖掘机栈桥上出土

该工程采用"栈桥、出土平台+预留出土洞内中心岛式开挖+支撑结构下盆式开挖"的土方组合开挖方式进行软土地区深基坑敞开式逆作法土方开挖,顺利完成了软土地区深度超过20 m 的逆作法基坑土方开挖。

# 复习思考题

3.1　深基坑土方开挖方案有哪些类型?

3.2　常见的有支护(拉锚)结构的土方开挖类型有哪些?

3.3　简述深基坑土方开挖注意事项。

# 4

# 地下连续墙与逆作法施工技术

**[本章基本内容]**

讲述地下连续墙与逆作法的工艺原理、特点及分类,重点介绍了地下连续墙与逆作法的关键施工技术。

**[学习目标]**

(1)了解:地下连续墙与逆作法的分类及特点。

(2)熟悉:地下连续墙导墙的常见形式及适用范围、地下连续墙成槽机械的类型及适用范围。

(3)掌握:地下连续墙与逆作法的工艺原理及关键施工技术。

## 4.1 地下连续墙施工技术

### 4.1.1 地下连续墙概述

#### 1)地下连续墙工艺原理

地下连续墙概述

地下连续墙就是在地面上先构筑导墙,采用专门的成槽设备,在特制泥浆护壁条件下,每次开挖一定长度的沟槽至指定深度,清槽后,向槽内吊放钢筋笼,然后用导管法浇注水下混凝土,混凝土自下而上充满槽内并把泥浆从槽内置换出来,筑成一个单元槽段,并依此逐段进行,这些相互邻接的槽段在地下筑成一道连续的钢筋混凝土墙体,以作承重、挡土或截水防渗结构之用(图4.1)。

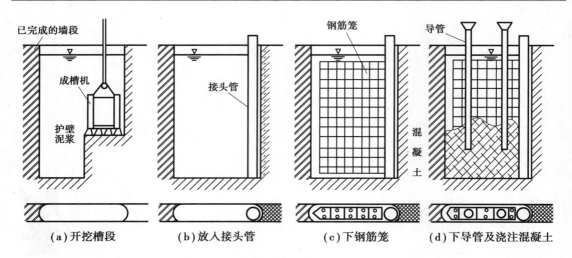

图4.1　地下连续墙施工示意图

地下连续墙若呈封闭状,则基坑土方开挖后,地下连续墙既可挡土又可防水,便利了地下工程的施工。若将用作支护挡墙的地下连续墙又作为建筑物地下室或地下构筑物的结构外墙,即所谓的"两墙合一",则经济效益更加显著。在某些条件下,地下连续墙与"逆作法"技术共同使用是深基础很有效的施工方法,会大大提高施工的工效。

目前地下连续墙已广泛用于大坝坝基防渗、竖井开挖、工业厂房重型设备基础、城市地铁、高层建筑深基础、铁道和桥梁工程、船坞、船闸、码头、地下油罐、地下沉渣池等各类永久性工程。

**2)地下连续墙的特点**

地下连续墙适用于各种土质,地下连续墙的墙体防渗性能好、刚度大、整体性好,结构变形和地基变形都较小,可与"逆作法"施工技术结合,在建筑物、构筑物密集地区施工,加快施工进度,缩短工期,其施工时振动小、噪声低,这也是地下连续墙能够在城市建设工程中得到迅速发展的重要原因之一。

地下连续墙尽管有上述明显的优点,但也有其自身的缺点和尚待完善的地方,这主要表现以下几个方面:

①弃土及废泥浆的处理及粉砂地层槽壁易坍塌等问题;

②地下连续墙若只是用作基坑支护结构,则造价较高,不够经济;

③需进一步研究提高地下连续墙墙身接缝处抗渗能力以及提高施工精度的方法和措施。

**3)地下连续墙的适用范围**

由于受到施工机械的限制,地下连续墙的厚度具有固定的模数,不能像灌注桩一样对桩径和刚度进行灵活调整,因此地下连续墙只有用在一定深度的基坑工程或其他特殊条件下才能显示其经济性和特有的优势,对地下连续墙的选用必须经过技术经济比较,确实认为是经济合理时才可采用,一般情况下地下连续墙适用于如下条件的基坑工程:

①适用于开挖深度超过10 m的深基坑工程。

②适用于围护结构也作为主体结构的一部分,且对防水、抗渗有较严格要求的工程。

③采用"逆作法"施工,且地上和地下结构同步施工时,一般采用地下连续墙作为围护墙。

④适用于邻近存在保护要求较高的建筑物或地下设施,对基坑本身的变形和防水要求较高的工程。

⑤适用于基坑内空间有限,地下室外墙与红线距离极近,采用其他围护形式无法满足留设施工操作空间的工程。

⑥在超深基坑(例如 30～50 m 的深基坑工程)中,采用其他围护体无法满足要求时,常采用地下连续墙作为围护结构。

## 4.1.2　地下连续墙的类型与选型

根据地下连续墙的材料和结构形式,常见的地下连续墙有以下几种类型:

(1)素混凝土地下连续墙

素混凝土地下连续墙主要作为深基坑的止水帷幕用于截水、防渗,由于没有钢筋笼或型钢,故不能作为结构构件来受力。素混凝土地下连续墙主要在水利水电工程应用,为节省材料并降低墙体的刚度,以避免在上部高坝作用下在地基中产生应力集中,也可用水泥、骨料、黏土、膨润土与粉煤灰等组成的塑性混凝土连续墙[图 4.2(a)],单纯用于防渗。在超深基坑中,素混凝土地下连续墙可用于在地层深部用于截断承压含水层,其上部可为钢筋混凝土地下连续墙[图 4.2(d)],起到承担土压力、保证基坑稳定的作用。

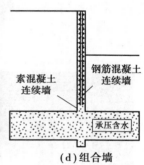

(a)塑性混凝土地下连续墙　(b)素混凝土地下连续墙　(c)钢筋混凝土地下连续墙　　(d)组合墙

图 4.2　各种材料地下连续墙

(2)柱列式型钢混凝土地下连续墙

当采用常规地下连续墙成槽工艺,灌注混凝土后插入型钢,称为 SPTC(Soldier Pile Tremie Concrete wall),如图 4.3 所示。该墙体的特点是型钢之间的混凝土可以传递型钢之间的竖向剪力和垂直于墙体平面的水平向剪力,但墙体自身不能承担水平向弯矩。型钢混凝土地下连续墙可用于场地狭窄、大型地下连续墙施工设备难以操作、相当于槽段宽度的整片式钢筋笼现场难以制作的工程。

图 4.3　柱列式型钢混凝土地下连续墙(SPTC)

(3)预制墙板、接头现浇地下连续墙

采用在工厂预制地下连续墙墙板(图 4.4)。这种预制地下连续墙施工采用成槽机成槽、泥浆护壁,然后起吊预制墙板插入槽段的施工方法。通常预制墙段厚度较成槽机抓斗厚度小 20 mm,墙段入槽时两侧可各预留 10 mm 空隙便于插槽施工。

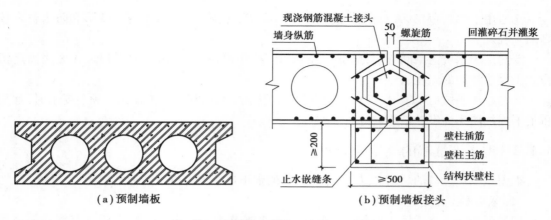

（a）预制墙板 （b）预制墙板接头

**图4.4　预制墙板、接头现浇地下连续墙**

（4）NS-BOX 箱形型钢混凝土地下连续墙

日本开发的一种采用预制箱形型钢（NS-BOX）代替整片式钢筋笼的混凝土地下连续墙（图4.5）。箱形型钢由 GH-R 和 GH-H 两种单元连接而成，其中 GH-R 翼缘两端均设有 C 形接头，而 GH-H 两端则是 T 形接头。实际施工时，先在成好的槽中放入左右两个 GH-R 单元，然后再在两个 GH-R 单元中间放入 GH-H 单元。如此依次完成一个单元槽段的箱形型钢的设置后，采用导管浇筑混凝土形成一个完成槽段。

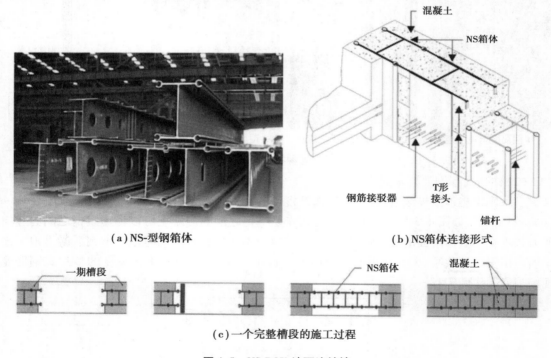

（a）NS-型钢箱体 （b）NS箱体连接形式

（c）一个完整槽段的施工过程

**图4.5　NS-BOX 地下连续墙**

NS-BOX 箱形型钢地下连续墙相对于常规整片式钢筋笼地下连续墙具有更高的抗弯强度与抗剪强度，因此可形成高强、薄壁的地下连续墙，可用于场地狭窄的情形。

（5）钢筋混凝土壁板式地下连续墙

与柱列式型钢混凝土地下连续墙相比较，当在一个单元槽段内配置整片的钢筋笼时可形成壁板式地下连续墙［图4.2(c)］，由于在槽段宽度范围内墙体横向钢筋是连续的，故而槽段单元既可承担水平向和横向弯矩，也可传递平面内的竖向剪力和垂直墙体的水平向剪力，墙体受力与变形的整体性明显好于前两种地下连续墙。

钢筋混凝土壁板式地下连续墙是最常用的一种地下连续墙，相对于柱列式配筋的咬合桩式墙体，由于墙体接缝少，防渗效果相对较好。由于采用整片钢筋笼，可承担横向弯矩，墙体受力的整体性好。

## 4.1.3　地下连续墙施工工艺

钢筋混凝土壁板式地下连续墙是最常用的一种地下连续墙，其施工工艺流程如图4.6所示，其中导墙施工（图4.7）、泥浆制备与处理（图4.8）、成槽施工（图4.9）、地下连续墙接头、钢筋笼制作与吊放（图4.10）、混凝土浇筑等为其关键工序。

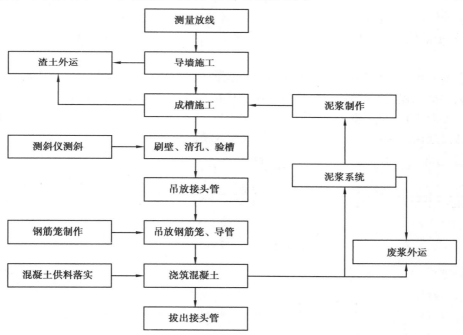

图4.6　钢筋混凝土壁板式地下连续墙施工工艺流程

图4.7　导墙施工

图4.8　泥浆制备与处理

图4.9　成槽施工　　　　　　　　　图4.10　钢筋笼吊装

### 1)导墙施工

修筑导墙

　　地下连续墙在成槽前,应构筑导墙,导墙的作用是:测量基准、成槽导向;存储泥浆、稳定液位、维护槽壁稳定;稳定上部土体、防止槽口坍方;施工荷载支承平台。

　　导墙多采用现浇钢筋混凝土结构,也有钢制的或预制钢筋混凝土的装配式结构,可供多次使用。根据工程实践,预制式导墙较难做到底部与土层结合以防止泥浆的流失。导墙断面常见的几种形式有L形、倒L形及匚形等(图4.11),主要根据土质条件及上部支撑荷载而定。导墙应高出地面100 mm左右,以防止地面水流入槽内。

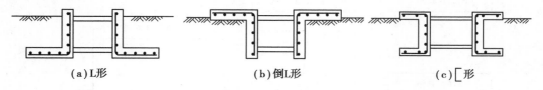

(a)L形　　　　　　　　(b)倒L形　　　　　　　　(c)匚形

图4.11　导墙形式

### 2)泥浆护壁

泥浆护壁

　　地下连续墙的成槽开挖过程当中,为了保持槽壁的稳定,成槽时必须在泥浆护壁条件下进行,泥浆的主要作用就是护壁、携带钻渣以及冷却、润滑钻头这三个作用,其中护壁的作用最为重要。

　　(1)泥浆成分

　　护壁泥浆除通常使用的膨润土泥浆外,还有聚合物泥浆、CMC(也即羧甲基纤维素)泥浆以及盐水泥浆,其种类及主要成分如表4.1中所示。

表4.1　护壁泥浆的种类及其主要成分

| 泥浆种类 | 主要成分 | 常用的外加剂 |
|---|---|---|
| 膨润土泥浆 | 膨润土、水 | 分散剂、增黏剂、加重剂、防漏剂 |
| 聚合物泥浆 | 聚合物、水 | — |
| CMC泥浆 | CMC、水 | — |

续表

| 泥浆种类 | 主要成分 | 常用的外加剂 |
|---|---|---|
| 盐水泥浆 | 膨润土、盐水 | 分散剂、特殊黏土 |

（2）泥浆质量的控制指标

在地下连续墙施工过程中，为检验泥浆的质量，使其具备物理和化学的稳定性、合适的流动性、良好的泥皮形成能力以及适当的相对密度，需对制备的泥浆和循环泥浆利用专用仪器进行检测，控制指标有相对密度、黏度、含砂量、失水量和泥皮厚度、PH 值、稳定性、静切力等。泥浆的性质指标可以由专门仪器来进行测定，在施工过程当中，泥浆性能随时变化，循环过程当中的泥浆应进行相关检测，不同的地质条件对泥浆的性能要求也不相同。

泥浆制备及
处理

（3）泥浆制备

泥浆制备包括泥浆搅拌和泥浆贮存。

泥浆搅拌机常用的有高速回转式搅拌机和喷射式搅拌机两类。如图 4.12 所示为喷射式搅拌机工作原理，它是用泵把水喷射成射流状，利用喷嘴附近的真空吸力，把加料器中膨润土吸出与射流进行拌和。用此法拌和泥浆，在泥浆达到设计浓度之前，可以循环进行。即喷嘴喷出的泥浆进入贮浆罐，如未达到设计浓度，贮浆罐中的泥浆再由泵经喷嘴与膨润土拌和，如此循环直至泥浆达到设计浓度。

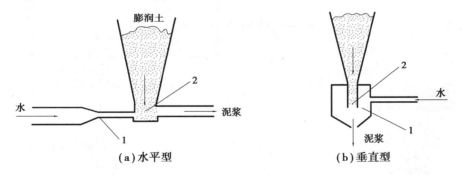

（a）水平型　　　　　　　　　　（b）垂直型

图 4.12　喷射式搅拌机工作原理
1—喷嘴;2—真空部位

贮存泥浆宜用钢的贮浆罐或地下、半地下式贮浆池，其容积一般应超过一个单元槽段挖土量的 1.5～2.0 倍。

（4）泥浆处理

在地下连续墙施工过程中，泥浆要与地下水、砂、土、混凝土接触，膨润土、掺和料等成分会有所消耗，而且也混入一些土渣和电解质离子等，使泥浆受到污染而质量恶化。被污染后性质恶化了的泥浆，经处理后可重复使用，如果污染严重或处理不经济者则舍弃。

泥浆处理分土渣分离处理（物理再生处理）和污染泥浆化学处理（化学再生处理）两种。

①土渣分离处理。

泥浆中混入大量土渣，会使黏附在槽壁上的泥皮厚而弱，从而使槽壁的稳定性变差;浇筑混凝土时，土渣极易卷入混凝土中，影响混凝土的质量;土渣还会使槽底沉渣增多，使建成后的地下连续墙沉降量增大;含有大量土渣的泥浆黏度增大,泥浆循环发生困难,而且也加重了泵和管道的磨损。因此,对于重复使用的循环泥浆,土渣的分离处理这道工序非常重要。分离土渣有机械处理和重力沉降处理两种方法,两种方法共同使用效果最好。

重力沉降处理是利用泥浆与土渣的相对密度差使土渣产生沉淀,以排除土渣的方法。该方法需要在现场设置一个沉淀池,沉淀池一般还要分隔成几个,其间由埋管或开槽口连通,以满足泥浆循环、再生、舍弃等工艺要求。沉淀池的容积愈大,泥浆在沉淀池中停留的时间愈长,土渣沉淀分离的效果愈好。

机械处理是利用振动筛与旋流器排除土渣的方法。图 4.13 是反循环出土的泥浆机械处理过程示意图。反循环排出的带有土渣的泥浆由吸力泵送至振动筛,经振动筛将泥浆和土渣分离,此时分离后的泥浆仍含有部分小粒径的土渣,再由旋流器供应泵将其送入旋流器,旋流器高速旋转而产生离心力,由于土渣的质量较大,产生了较大的离心力,土渣被甩至旋流器壁上并下滑排出,而微粒土渣和泥浆则呈溢流由上面排出,至沉淀池中进行沉淀。沉淀后的泥浆再由回流泵经输浆管送入深槽内。

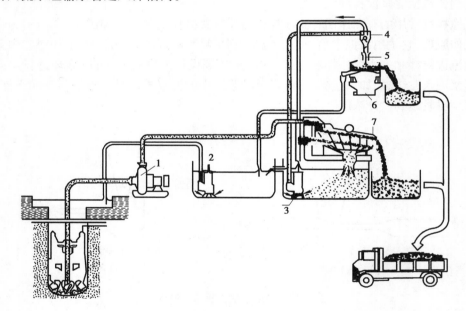

**图 4.13　反循环出土的泥浆处理**

1—吸力泵;2—回流泵;3—旋流器供应泵;4—旋流器;5—排渣管;6—脱水机;7—振动筛

②污染泥浆化学处理

浇筑混凝土时从深槽内被置换出来的旧泥浆中混入了大量的有害离子,如受水泥污染后大量的钙离子会吸附在膨润土颗粒的表面,土颗粒极易相互凝聚,使泥浆产生凝胶化,凝胶化后的泥浆泥皮形成能力减弱,槽壁稳定性变差,而且黏度增高,土渣分离困难,在泵和管道内流动阻力增大。

恶化了的泥浆要进行化学处理,一般是使用分散剂置换膨润土表面的有害阳离子,使颗粒又重新在泥浆中呈分散状态。经化学处理后再进行土渣分离处理。

泥浆经过处理后,应测试其性能指标,发现有不符合规定指标要求时,可再补充掺入材料进行再生调剂。经再生调剂后的泥浆,送入贮浆池(罐),待新掺入的材料与处理过的泥浆完全融合后再重复使用。

### 3）成槽施工

成槽施工

成槽工艺是地下连续墙施工中最重要的工序,常常要占到槽段施工工期一半以上,因此做好挖槽工作是提高地下连续墙施工效率及保证工程质量的关键。常用的成槽机械设备按其工作机理主要分为抓斗式、冲击式和回转式三大类,相应成槽工法主要有抓斗式成槽工法、冲击式钻进成槽工法、回转式钻进成槽工法。

（1）抓斗式成槽工法

抓斗式成槽机是目前国内地下连续墙成槽的主力设备,抓斗挖槽机以履带式起重机来悬挂抓斗,抓斗通常是蚌式的(图4.13),根据抓斗的机械结构特点分为钢丝绳抓斗、液压导板抓斗、导杆式抓斗和混合式抓斗。抓斗以其斗齿切削土体,切削下的土体收容在斗体内,从槽段内提出后开斗卸土,如此循环往复进行挖土成槽。该成槽工法在建筑、地铁等行业中应用极广,北京国家大剧院、上海环球金融中心等工程的地下连续墙均采用的是抓斗成槽。使用抓斗成槽,可以单抓成槽,也可以多抓成槽,单抓成槽,即一次抓取一个槽幅;多抓成槽,每个槽幅由三抓或多抓形成。

抓斗挖槽机的适用于较软弱的土质,如N<40的黏性土、砂性土及砾卵石土等。除大块的漂卵石、基岩外,一般的覆盖层均可。

抓斗挖槽机的优点是结构简单,易于操作维修,运转费用低,低噪音低振动,抓斗挖槽能力强,施工高效,但掘进深度及遇硬层时受限,降低成槽工效,需配合其它方法一道使用。

（2）冲击式钻进成槽工法

世界上最早出现的地下连续墙是用冲击钻进工法建成的,随着施工技术水平的不断提高,冲击钻进工法不再占主导地位,但将其与现代施工技术和设备相结合,冲击钻进工法仍然有不可忽视的优点。

图4.13　抓斗式成槽机

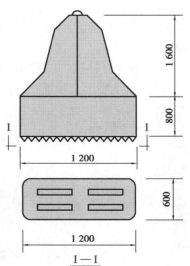

图4.14　冲锤大样图

国内冲击钻进成槽工法主要有冲击钻进式(钻劈法)和冲击反循环式(钻吸法)。冲击钻进法采用的是冲击破碎和抽筒掏渣(即泥浆不循环)的工法,即冲击钻机利用钢丝绳悬吊冲击钻头(图4.14)进行往复提升和下落运动,依靠其自身的重量反复冲击破碎岩石,然后用一只带有活底的收渣筒将破碎下来的土渣石屑取出而成孔。一般先钻进主孔,后劈打副孔,主副孔相连成为一个槽孔(图4.15)。

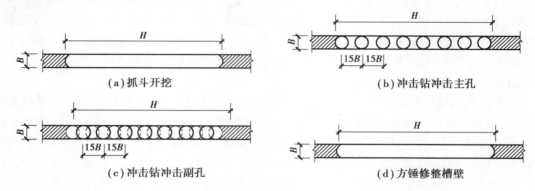

(a)抓斗开挖　　　　　　　　　　　　(b)冲击钻冲击主孔

(c)冲击钻冲击副孔　　　　　　　　　　(d)方锤修整槽壁

**图4.15　岩层成槽示意图**

冲击反循环式是以冲击反循环钻机替代冲击钻机,在空心套筒式钻头中心设置排渣管(或用反循环砂石泵)抽吸含钻渣的泥浆,经净化后回至槽孔,使得排渣效率大大提高,泥浆中钻渣减少后,钻头冲击破碎的效率也大为提高,槽孔建造既可以用平打法,也可分主副孔施工,这种冲击反循环钻机的钻吸法工效大大高于老式冲击钻机的钻劈法。

冲击式成槽工艺在各种土、砂层、砾石、卵石、漂石、软岩、硬岩中都能使用,特别适用于深厚漂石、孤石等复杂地层施工,在此类地层中其施工成本要远低于抓斗式成槽机和液压铣槽机,是国内水利部门在防渗墙施工中仍在使用的一种方法,其优点是施工机械简单,操作简便,成本低,为一种经济适用型工艺,缺点是成槽效率低,成槽质量较差。

(3)回转式成槽工法

回转式成槽机根据回转轴的方向可分为垂直回转式与水平回转式。

①垂直回转式。

垂直式分垂直单轴回转钻机(也称单头钻,见图4.16)和垂直多轴回转钻机(也称多头钻,见图4.17)。单头钻主要用来钻导孔,多头钻多用来挖槽。

**图4.16　单头钻**　　　　　　　　　　**图4.17　多头钻**

单头钻机多采用反循环钻进工艺,在细颗粒地层也可采用正循环出渣。由于钻进中会遇到从软土到基岩的各种地层,一般均配备多种钻头以适应钻进的需要。

垂直多头回转钻是利用两个或多个潜水电机,通过传动装置带动钻机下的多个钻头旋转,等钻速对称切削土层,用泵吸反循环的方式排渣进入振动筛,较大砂石、块状泥团由振动筛排出,较细颗粒随泥浆流入沉淀池,通过旋流器多次分离处理排除,清洁泥浆再供循环使用。多头钻一次下钻挖成的幅段称为掘削段,几个掘削段构成一个单元槽段。

多头回转钻适用于 N<30 的黏性土、砂性土等不太坚硬的细颗粒地层。深度可达 40 m 左右。其施工时无振动无噪声,可连续进行挖槽和排渣,不需要反复提钻,施工效率高,施工质量较好,垂直度可控制在 1/200 ~ 1/300 之间,但在砾卵石层中及遇障碍物时成槽适应性欠佳。在上世纪 80 年代前期应用较多,多头钻近年来逐渐为抓斗及水平多轴回转钻机(铣槽机)所替代,但对于土砂等细颗粒地层仍有其市场。

②水平回转式——铣槽机。

水平多轴回转钻机,实际上只有两个轴(轮),也称为双轮铣槽机(图 4.18),铣槽机是目前国内外最先进的地下连续墙成槽机械,最大成槽深度已超过 150 m,一次成槽宽度在 800 mm ~ 2 800 mm 之间。其对地层适应性强,施工效率高,掘进速度快,成槽精度高,成槽深度大,能直接切割混凝土,设备自动化程度高,运转灵活,操作方便,低噪声、低振动,可以贴近建筑物施工。但其设备价格昂贵、维护成本高,不适用于存在孤石、较大卵石等地层,需配合使用冲击钻进工法或爆破,对地层中的铁器掉落或原有地层中存在的钢筋等比较敏感。

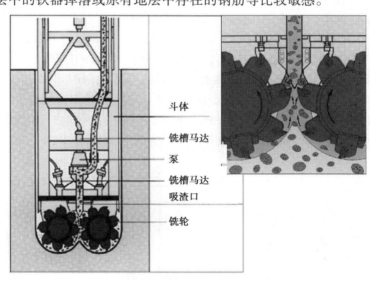

斗体

铣槽马达

泵

铣槽马达

吸渣口

铣轮

图 4.18 双轮铣槽机　　　　　图 4.19 铣削式成槽机的工作原理

铣槽机以动力驱使安装在机架上的两个鼓轮(也称铣轮)向相互反向旋转来削掘岩土并破碎成小块,利用机架自身配置的泵吸反循环系统将钻掘出的土岩渣与泥浆混合物通过铣轮中间的吸砂口抽吸出并排到地面专用除砂设备进行集中处理,将泥土和岩石碎块从泥浆中分离,净化后的泥浆重新抽回槽中循环使用,如此往复,直至成槽(图 4.19)。

铣槽机成槽槽段之间的连接称为"铣接法"(图 4.20),即在进行一序槽段开挖时,超出槽段接缝中心线 10 cm ~ 25 cm,二序槽段开挖时,在两个一序槽段中间下入铣槽机,铣掉一序槽段超出部分的混凝土以形成锯齿形搭接,形成新鲜的混凝土接触面(图4.21),然后浇筑二序槽混凝土。由于有铣刀齿的打毛作用,使得二序槽混凝土可以很好地与一序槽混凝土相结合,密水性能好,形成了一种较为理想的连续墙接头形式,称为"铣接头"(或套铣接头),铣接头施工工艺简单,方法成熟,省去了接头管(箱)吊放及顶拔环节,在国内外大型地下连续墙项目中得到了广泛的采用。

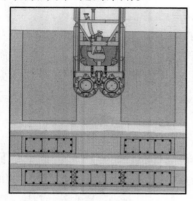

图4.20 铣接法施工示意图

图4.21 切削形成的一期混凝土表面

(4)成槽工法组合

在复杂地层中的成槽施工,由单一的纯抓、纯冲、纯钻、纯铣工法等发展到采用多种成槽工法的组合工艺,主要的工法组合有抓斗,还可以和冲击钻或钻机配合使用形成"抓冲法"或"钻抓法"(如两钻一抓、三钻两抓或四钻三抓等)。"抓冲法"(图4.22)以冲击钻钻凿主孔,抓斗抓取副孔,这种方法可以充分发挥两种机械的优势,冲击钻可以钻进软硬不同的地层,而抓斗取土效率高,抓斗在副孔施工遇到坚硬地层时可换上冲击钻或重凿("抓凿法")克服。此法比单用冲击钻成槽显著提高工效1~3倍,地层适应性也广。"钻抓法"是以钻机(如潜水电钻)在抓斗幅宽两侧先钻两个导孔,再以抓斗抓取两孔间土体,效果较好。早期的蚌式抓斗由于没有纠偏装置,多是利用钻抓法来进行成槽的,以导孔的垂直度来控制成槽的垂直度。

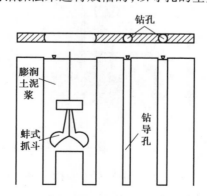

图4.22 钻抓法示意图(三钻两抓)

随着铣槽机的应用,出现了"抓铣结合""钻铣结合""铣抓钻结合"等新工法组合。如上海500 kV世博变电站地下连续墙施工中(墙深57.5 m、墙厚1.2 m)就采用了"抓铣结合"工法组合(图4.23)。该工艺对上部软弱土层采用抓斗成槽机成槽,进入硬土层(或软岩层)后采用铣槽机铣削成槽,大幅度提高了成槽掘进效率,并在铣槽机下槽的过程中对上部已完成的槽壁进行修整,确保整个槽壁垂直度达到要求。三峡二期上游围堰防渗墙深达 73.5 m 的槽段,采用的就是"铣抓钻结合"工法组合,即上部风化砂用液压铣铣削,中部砂卵石用抓斗抓取,下部块球体及基岩用冲击反循环钻进,三种工法扬长避短,确保了成槽质量和进度。

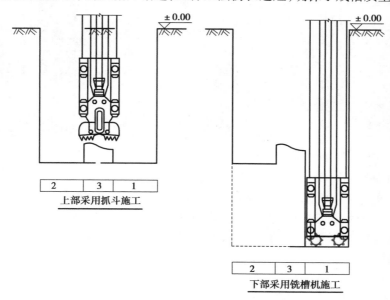

图 4.23  抓铣结合示意图

### 4)清底

清底

槽段挖至设计标高后,用钻机的钻头或超声波等方法测量槽段断面,如误差超过规定的精度则需修槽,修槽可用冲击钻或锁口管并联冲击。对于槽段接头处亦需清理,可用刷子清刷或用压缩空气压吹。此后就应进行清底(有的在吊放钢筋笼后,浇筑混凝土前再进行一次清底)。

挖槽结束后,悬浮在泥浆中的土颗粒将逐渐沉淀到槽底,此外,在挖槽过程中未被排出而残留在槽内的土渣,以及吊放钢筋笼时从槽壁上刮落的泥皮等都堆积在槽底。在挖槽结束后清除以沉渣为代表的槽底沉淀物的工作称为清底。

清底一般有沉淀法和置换法两种。沉淀法是在土渣基本都沉淀到槽底之后再进行清底;置换法是在挖槽结束之后,对槽底进行清理,然后在土渣还没有再沉淀之前就用新泥浆把槽内的泥浆置换出来,使槽内泥浆的相对密度在 1.15 以下,我国多用置换法进行清底。

### 5)地下连续墙接头

地下连续墙
接头

地下连续墙接头可以分为结构接头和施工接头两大类。结构接头是指"两墙合一"地下连续墙与主体结构构件(底板、楼板、墙、梁及柱等)相连的接头。通过结构接头的连接,地下连续墙与主体结构连在一体,共同承担上部结构的荷载及侧向水土荷载。

施工接头是指单元墙段间的接头,它使地下连续墙成为一道完整的连续墙体,因此要求连接部位既要防渗止水,又要承受荷载,同时便于施工。

目前,我国地下连续墙施工接头形式主要有接头管(图4.24)、接头箱、止水钢板接头(图4.25)、预制混凝土接头等,各种接头形式均有其相应的优缺点。

图4.24 接头管

图4.25 H型钢

(1)接头管(锁口管)接头

接头管(图4.26)是当前地下连续墙施工中应用最多的一种接头施工时,待一个单元槽段土方挖好后,于槽段端部用吊车放入接头管,然后吊放钢筋笼并浇筑混凝土,在混凝土浇筑达到一定强度后拔出接头管,单元槽段的端部形成半圆形,继续施工即形成两相邻单元槽段的接头,它可以增强整体性和防水抗渗能力(图4.27)。

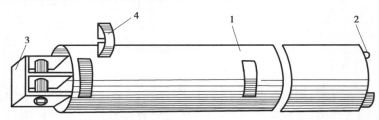

图4.26 钢管式接头管

1—管体;2—下内销;3—下外销;4—月牙垫块

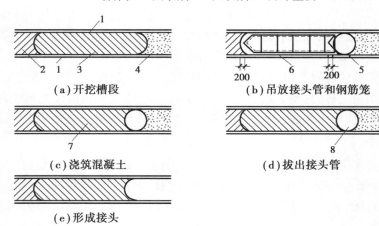

（a）开挖槽段　　　　　　　　　（b）吊放接头管和钢筋笼

（c）浇筑混凝土　　　　　　　　（d）拔出接头管

（e）形成接头

图4.27 接头管接头的施工过程

1—导墙;2—已浇筑混凝土的单元槽段;3—开挖的槽段;4—未开挖的槽段;5—接头管;

6—钢筋笼;7—正在浇筑混凝土的单元槽段;8—接头管拔出后形成的圆孔

（2）接头箱接头

接头箱接头的施工方法与接头管接头相似，只是以接头箱代替接头管。一个单元槽段挖土结束后，吊放接头箱，再吊放钢筋笼。接头箱在浇筑混凝土的一面是开口的，所以钢筋笼端部的水平钢筋可插入接头箱内。浇筑混凝土时，接头箱的开口面被焊在钢筋笼端部的钢板封住，因而浇筑的混凝土不能进入接头箱。混凝土初凝后，与接头管一样逐步吊出接头箱，待后一个单元槽段再浇筑混凝土时，由于两相邻单元槽段的水平钢筋交错搭接，而形成整体接头（图4.28）。

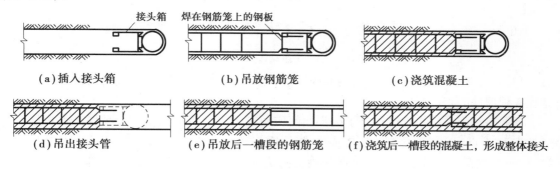

**图4.28　接头箱接头的施工顺序**
1—接头箱;2—焊在钢筋笼上的钢板

（3）止水钢板接头

止水钢板接头目前工程上使用较为流行的主要有"十"字型、"H"字型（图4.29）或"王"字型（图4.30），属于一次性的刚性接头，止水效果和整体性好、方便施工，但造价相对较高。"H"或"王"字型钢与槽段钢筋笼焊接成整体吊放，"H"或"王"字型钢后侧空腔内采用不同的处理方式，例如"锁口管+黏土"方式、"泡沫板+砂包"方式、"接头钢塞+砂包"方式、"散装碎石+止浆铁皮"方式等。不管采用哪种方式，应采取措施防止混凝土从型钢侧面缝隙的绕流，又要方便后续槽段的施工。

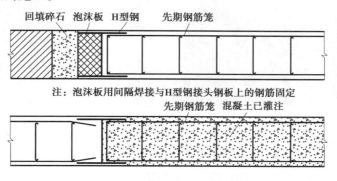

**图4.29　H型钢接头示意图**

## 6）钢筋笼加工和吊放

根据成槽设备的数量及施工场地的实际情况，在工程场地设置钢筋笼安装平台，现场加工钢筋笼，平台尺寸不能小于单节钢筋笼尺寸。钢筋笼平台以搬运搭建方便为宜。平台采用槽钢制作，钢筋平台下需铺设地坪。为便于钢筋放样

钢筋笼加工和吊放

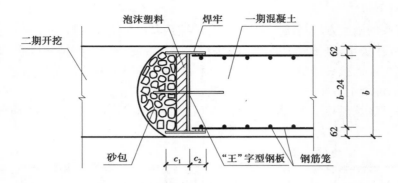

图4.30 "王"字型钢板接头组装示意图

布置和绑扎,在平台上根据设计的钢筋间距、插筋、预埋件的位置画出控制标记,以保证钢筋笼和各种埋件的布设精度。

钢筋笼端部与接头管或混凝土接头面间应留有 15～20 cm 的空隙。主筋净保护层厚度通常为 7～8 cm,一般用薄钢板制作垫块,焊于钢筋笼上,垫块厚 5 cm,在垫块和墙面之间留有 2～3 cm 的间隙。制作钢筋笼时要预先确定浇筑混凝土用导管的位置,由这部分空间要上下贯通,因而周围需增设箍筋和连接筋进行加固。加工钢筋笼时,要根据钢筋笼重量、尺寸以及起吊方式和吊点布置,在钢筋笼内布置一定数量(一般 2～4 榀)的纵向桁架(图4.31)。

钢筋笼根据地下连续墙墙体配筋图和单元槽段的划分来制作。钢筋笼最好按单元槽段做成一个整体。如果地下连续墙很深或受起重设备起重能力的限制,可分段制作,在吊放时再逐段连接(图4.32)。

图4.31 钢筋笼制作

图4.32 钢筋笼吊装

## 7)混凝土浇筑

地下连续墙混凝土用导管法进行浇筑,由于导管内混凝土和槽内泥浆的压力不同,在导管下口处存在压力差使混凝土可从导管内流出(图4.33)。

为便于混凝土向料斗供料和装卸导管,我国多用混凝土浇筑机架进行地下连续墙的混凝土浇筑。机架跨在导墙上沿轨道行驶。导管在首次使用前应进行气密性试验,保证密封性能。地墙开始浇筑混凝土时,导管应距槽底 0.5 m。在混凝土浇筑过程中,导管下口总是埋在混凝土内 1.5 m 以上,使从导管下口流出的混凝土将表层混凝土向上推动而避免与混浆直接接触,否则混凝土流出时会把混凝土上升面附近的泥浆卷人混凝土内。但导管插入太深会使混凝上在导管内流动不畅,有时还可能产生钢筋笼上浮,因此无论何种情况下导管最大插人深度亦不宜超过 9 m(图 4.33)。

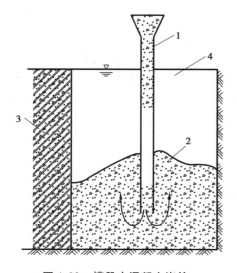

图 4.33　槽段内混凝土浇筑
1—导管;2—正在浇筑的混凝土;
3—已浇筑混凝土的槽段;4—泥浆

图 4.34　地连墙混凝土浇筑现场

当混凝上浇筑到地下连续墙顶部附近时,导管内混凝土不易流出,可采取降低浇筑速度,将导管的最小埋入深度减为 1 m 左右,并将导管上下抽动,但上下抽动范围不得超过 30 cm。

在浇筑过程中,导管不能横向运动,导管横向运动会把沉渣和泥浆混入混凝土内。在混凝土浇筑过程中,不能使混凝土溢出料斗流入导沟,否则会使泥浆质量恶化,反过来又会给混凝土的浇筑带来不良影响,在混凝土浇筑过程中,应随时掌握混凝土的浇筑量、混凝土上升高度和导管埋人深度,防止导管下口暴露在泥浆内,造成泥浆涌入导管。

在浇筑过程中需随时量测混凝土面的高程,量测的方法可用测锤,由于混凝土非水平,应量测 3 个点取其平均值。也可根据泥浆、水泥浮浆和混凝土温度不同的特性,利用热敏电阻温度测定装置测定混凝土面的高程。浇筑混凝土置换出来的泥浆,要送入沉淀池进行处理,勿使泥浆溢出在地面上。

## 4.2　逆作法施工技术

### 4.2.1　逆作法概述

逆作法概述

地下工程通常的施工方法是"顺作法",即先进行基坑支护、开挖土方,达到设计标高后自下而上地施工地下结构。所用基坑支护可根据工程条件采取土钉墙、重力式水泥土墙以及排桩、地下连续墙等。这种地下工程施工方法在我国已较为成熟,但当地下工程的埋置深度较大,或周边环境保护要求较高时,就显出其不足之处,诸如支撑(或锚杆)数量过多、拆除困难,支护结构变形大、难以满足环境保护要求等。在多层地下室等埋置深度较大的地下工程中采用逆作法可有效克服传统"顺作法"的缺陷。

**1)逆作法工艺原理**

地下工程"逆作法"是一种自上而下的施工方法,其施工原理为先沿建筑物地下室轴线或周围施工地下连续墙或其他支护结构,同时建筑物内部的有关位置浇筑或打下中间支承桩和柱,作为施工期间于底板封底之前承受上部结构自重和施工荷载的支撑(a)。然后施工地面一层的梁板楼面结构,作为地下连续墙刚度很大的支撑(b,c),随后逐层向下开挖土方和浇筑各层地下结构,直至底板封底。同时,由于地面一层的楼面结构已完成,为上部结构施工创造了条件,所以可以同时向上逐层进行地上结构的施工(d~i)。如此地面上、下同时进行施工,直至工程结束(图4.35)。

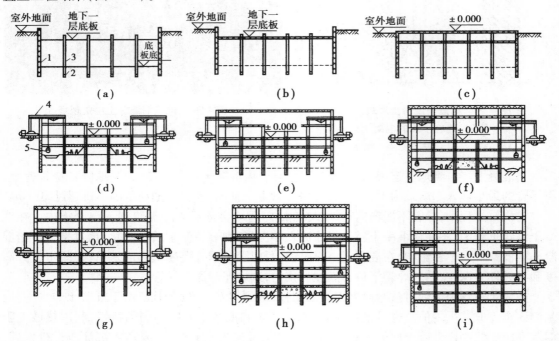

**图4.35 逆作法施工多层地下室**

1—地下连续墙支护结构;2—立柱桩;3—中间支承柱;4—专用挖掘机;5—挖土抓斗

**2)逆作法的特点**

地下工程逆作法建造具有显著优越性,主要体现在以下几方面:

(1)缩短工程施工的总工期

多层地下室的高层建筑,如采用传统方法施工,其总工期为地下结构工期加地上结构工期,再加装修等所占之工期。而用"逆作法"施工,一般情况下只有-1层占绝对工期,其他各层地下室可与地上结构同时施工,不占绝对工期,因此可以缩短工程的总工期。如日本读卖新闻社大楼,地上9层,地下6层,用封闭式"逆作法"施工,总工期只有22个月,比传统施工方法缩短工期6个月。又如有6层地下室的法国巴黎拉弗埃特百货大楼,用"逆作法"施工,工期缩短1/3。地下结构层数愈多,用"逆作法"施工则工期缩短愈显著。

（2）基坑变形小，相邻建筑物等沉降少

采用"逆作法"施工，是利用逐层浇筑的地下室结构作为周围支护结构地下连续墙的内部支撑。由于地下室结构与临时支撑相比刚度大得多，所以地下连续墙在侧压力作用下的变形就小得多。此外，由于中间支承柱的存在使底板增加了支点，浇筑后的底板成为多跨连续板结构，与无中间支承柱的情况相比跨度减小，从而使底板的隆起也减少。因此，"逆作法"施工能减少基坑变形，使相邻的建（构）筑物、道路和地下管线等的沉降减少，在施工期间可保证其正常使用。

（3）使底板设计趋向合理

钢筋混凝土底板要满足抗浮要求。用传统方法施工时，底板浇筑后支点少，跨度大，上浮力产生的弯矩值大，有时为了满足施工时抗浮要求而需加大底板的厚度，或增强底板的配筋。而当地下和地上结构施工结束，上部荷载传递下来后，为满足抗浮要求而加厚的混凝土，反过来又作为自重荷载作用于底板上，因而使底板设计不尽合理。用"逆作法"施工，在施工时底板的支点增多，跨度减小，较易满足抗浮要求，甚至可减少底板配筋，使底板的结构设计趋向合理。

（4）可节省支护结构的支撑

深度较大的多层地下室，如用传统方法施工，为减少支护结构的变形需设置强大的内部支撑或外部拉锚，不但需要消耗大量钢材，施工费用亦相当可观。如上海电信大楼的深 11 m、地下 3 层的地下室，用传统方法施工，为保证支护结构的稳定，约需临时钢围檩和钢支撑 1 350 t。而用"逆作法"施工，土方开挖后利用地下室结构本身来支撑作为支护结构的地下连续墙，可省去支护结构的临时支撑。

但"逆作法"是自上而下施工，上面已覆盖，施工条件较差，且需采用一些特殊的施工技术，对保证施工质量的要求更加严格。

### 3）逆作法的类型

根据不同的工程对象，从不同角度出发，逆作法可有多种类型。

从上、下结构是否同步施工的角度，逆作法分为全逆作法和半逆作法。人们将地下结构逆作的同时也进行地面结构方法称为"全逆作法"（图 4.36），而将只进行地下工程逆作施工而地面结构不施工的方法称为"半逆作法"（图 4.37）。

从平面区域是否全部逆作施工的角度，逆作法分为全平面逆作法、局部逆作法。一般工程的逆作法施工都是全平面逆作施工。但当地下结构工程面积很大，或地面结构高度很大、地下工程面积与地面工程面积之比较大时，可采用局部平面逆作法，利用坑边 3—4 跨主体结构（必要时增设部分临时支撑）抵抗围护墙传来的水平力，而中央区域则运用大开挖方法，大大提高了土方开挖效率和整个地下工程的施工进度（图 4.38）。这类高层建筑塔楼的施工是关键线路，塔楼施工工期一般都是工程的控制目标，但塔楼的占地面积通常较小，而裙楼面积较大，因此，先进行塔楼局部的基坑支护，采用顺作法施工，当塔楼地下室施工顶板的同时完成裙楼顶板施工，而后，塔楼向上施工主体结构，而裙楼向下逆作施工，给施工现场创造了良好的作业环境。上海金茂大厦、环球金融大厦、上海中心都采用了"塔楼顺作、裙楼逆作"的方法。

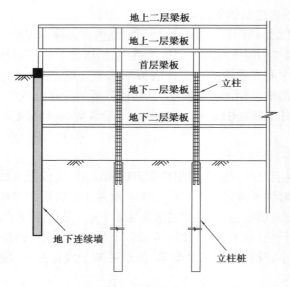

图 4.36　全逆作法示意图

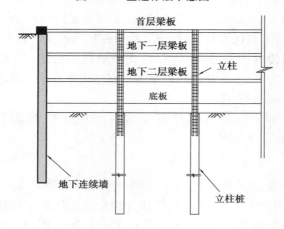

图 4.37　半逆作法示意图

图 4.38　大型深基坑的"坑边逆作法"

图 4.39　某工程 B1 板开始的逆作施工

从逆作起始层是否从顶板开始,可分为 B0 板开始逆作和 B1(B2)板开始逆作。B0 板开始逆作对构建现场作业环境有很大好处,施工材料堆场、机械设备等可设置在 B0 板上,B0 板还可作为运输通道,十分便利。而采用从 B1(B2)板开始逆作的方法,则有利于首层土方开挖加快速度和提高效率。图 4.39 为某工程采用从 B1 板开始逆作的照片,此时土方已开挖至地下一层楼板的位置。

从顶板以下结构是否采用逆作的角度,可分为地下结构逆作法和地下结构"盖挖法"。盖挖法是逆作法的一种演变,它在顶板下并不采用逆作的方法,而是按顺作法施工。盖挖法主要适用城市道路下的地下工程施工,如地铁车站、地下商业街等,它可缩短施工期间道路封密的时间。图 4.40 是上海长风临铁地下空间开发项目盖挖施工的案例,该工程路面完成,道路运行,但其下面的地下工程施工还在进行。

**道路路面恢复交通**

**道路地下结构施工**

**图 4.40　上海某临铁地下空间开发项目的盖挖法施工**

从围护结构是否兼作主体结构外墙的角度可分为"两墙合一"的逆作法(图 4.41)和"临时围护墙、水平结构逆作"方法(图 4.42)。如前所述,逆作法主要适应超深地下工程,支护墙体多用地下连续墙。由于地下连续墙结构连续,工程中常利用地下连续墙作为永久结构,为解决地下连续墙施工质量离散性较大、易渗漏等缺陷,因此在地下连续墙内侧增设后浇(后砌)的衬墙,衬墙与地下连续墙"两墙合一",组成结构外墙。由于地下连续墙的造价较高、施工复杂,因此在灌注桩、型钢水泥土搅拌墙等排桩类围护墙足以抵抗水平力时,采用排桩类临时围护墙、水平结构的逆作法也不失为一个很好的选择,它既体现了逆作法的优越性,又避免了地下连续墙过高的造价和复杂的施工。

图 4.41 地下连续墙的"两墙合一"　　　　图 4.42 灌注桩"临时围护墙、水平结构逆作"

## 4.2.2 逆作法建造的结构设计特点

地下工程的逆作法建造在结构设计方面不同于常规结构设计,它不仅要考虑正常使用阶段的结构承载力、稳定、构造及变形(沉降),而且要分析施工阶段的结构承载力、稳定、构造及变形(沉降),这是逆作法建造的结构设计特点。

**1)施工阶段的荷载的传力路径**

施工阶段应对不同工况分别计算结构进行受力分析,并满足工程要求。由于施工阶段结构的不完整性,因此,其荷载传力路径也与常规施工不同。

(1)竖向荷载及其传力路径

逆作法施工阶段竖向荷载包括已施工的地下结构荷载、全逆作法已施工的地面结构荷载;作用在楼面上挖土机械和运土车辆荷载(这是主要的活荷载);施工材料、设备、人员以及其他附加荷载。设计中应考虑结构的不完整性及荷载的不均匀性。

在结构底板未完成前,竖向荷载的传力路径为:楼面板→楼面梁→临时立柱→桩。当结构底板完成后,方可计入底板在承载中的作用。当采用"一柱多桩"时,在结构永久柱的位置,一般需设置托梁,荷载传递则由楼面板→楼面梁→托梁→临时立柱→桩。

(2)水平荷载及其传力路径

逆作法建造时结构所受的水平荷载包括支护结构传来的水、土侧压力;坑外影响区内的建(构)筑物荷载以及其他附加荷载。

逆作法依靠地下主体结构的水平楼板作为基坑的水平支撑,因此,当采用"两墙合一"方法施工时,水平荷载的传力路径由基坑围护墙直接传至水平楼板;当采用"临时围护墙、水平结构逆作"时,传力路径由基坑围护墙先传至边缘构件,再由边缘构件传至水平楼板。边缘构件是指围护墙与楼板边之间设置的围檩、支撑或平板等水平传力构件。边缘构件需满足水平力的传递,其形式则可根据工程的特点确定。

**2)桩基础和临时立柱**

逆作法建造的地下结构,在施工阶段因地下结构尚未完成或未全部完成,因此,施工阶段的地下(地面)结构荷载、施工荷载及其他荷载都传至工程桩,而基础筏板或箱基等都无法参与工作,因此柱下桩的承载力应满足施工阶段所承受荷载。

逆作法理想的桩的布置是与地下结构的柱子相对应,即"一柱一桩",在尚未施工的柱中设置临时立柱。临时立柱多为格构式钢立柱或钢管混凝土立柱,在施工阶段作为承载柱。当无法布置"一柱一桩"或柱下"一桩"难以满足承载要求,则可采用"一柱两桩"或"一柱三桩"等形式。当采用一柱多桩时,与桩对应设置多根临时立柱,立柱在楼板处设置托梁,通过托梁将楼面荷载传递到临时立柱,再传给到桩。图4.43是逆作法一柱一桩的布置形式,图4.44为上海长风临铁地下空间开发项目"一柱两桩"的实况照片。

图4.43 "一柱一桩"布置 图4.44 "一柱两桩"的布置

临时立柱和工程桩之间需满足上部荷载的传递,这在全逆作法地面施工层数较多、上部荷载较大时尤为重要。因此,临时钢立柱插入工程桩的长度应满足受力要求,并宜在临时钢立柱底部设置栓钉、环箍等方法增强抗剪的构造。

### 3)地下水平楼(底)板

逆作法建造的地下水平楼板有如下特点:

①水平楼板除要承受竖向荷载外,在施工阶段还需承受水平荷载,而此时地下结构是不完整的,而且楼板往往需要留设一定数量的挖土孔。当然,地下室楼板与明挖法支撑相比,其截面面积和水平刚度都很大,一般情况下,都能满足承受围护墙传来的水平荷载。

②水平楼板的支承与常规结构不同,它是在临时立柱上,而非永久柱。有些临时立柱因其下无对应的工程桩而需调整到非永久柱的位置,此处的原结构梁的支点发生了变化,梁的截面和配筋往往需作调整或另设置"托梁",使结构梁既能满足使用阶段的受力状态,又能满足施工阶段的受力状态。

③临时立柱多为格构式或钢管混凝土,因此梁的钢筋在梁、柱节点处难以贯通,此处的节点需做特殊处理。目前常用的方法是梁作水平加腋以贯通钢筋(图4.45(a)),或采用型钢混凝土的梁柱节点形式,如设置牛腿(图4.45(b))、环梁图4.45(c)等,梁在临时立柱上的竖向剪力传递,则需设置栓钉、钢筋箍、牛腿等措施。

④地下结构的水平楼板需要留设一定数量的挖土孔,留孔处的次梁一般需要后浇,因此,这部位的主次梁的"切断"处需做好节点处理。为满足挖土机械作业,挖土孔的面积需数十平方米甚至更大,为此,需进行楼板开孔处的水平受力和变形分析,必要时,应在留孔处采取支撑等加固措施。

（a）水平加腋　　　　　　（b）钢牛腿　　　　　　（c）钢筋环梁

**图4.45　梁、柱节点处处理**

⑤对建筑设计有不同标高楼板的情况，在标高不同楼板的交界处需设计竖向加腋梁，以保证水平荷载的传递连续性（图4.46）。

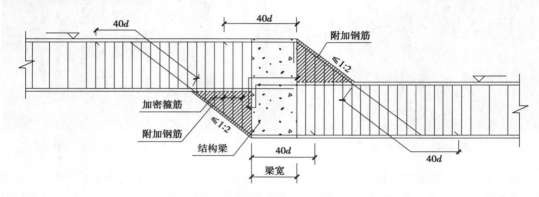

**图4.46　水平标高不同的梁的竖向加腋**

⑥采用"两墙合一"逆作施工的楼（底）板需与地下连续墙连接，板-墙的连接方式既要满足结构受力的要求，同时还需满足建筑的防水要求。

⑦工程桩、立柱、"两墙合一"的地下连续墙等均有从临时结构到永久结构的转换过程，要求进行临时-永久结构的分析，特别是施工阶段的沉降。要尽可能减小工程桩、立柱、"两墙合一"地下连续墙等在施工阶段的沉降，避免产生附加内力和裂缝，因此对施工阶段的沉降进行详细计算，并采取技术措施如桩底、墙底注浆等予以控制。

**4）结构柱**

逆作法结构柱是在上、下楼板完成后施工的，柱顶和柱底均有施工缝，柱钢筋在柱顶和柱底也都需连接。对"一柱一桩"的工程柱，还需包裹临时立柱，为此，结构柱的截面一般较大，除满足正常使用阶段的受力外，还需满足逆作柱的内部临时立柱、立柱外柱钢筋及保护层厚度等。采用一柱多桩的结构柱，其设计只需考虑后浇的因素，而不需考虑包裹临时立柱的问题。

## 4.2.3　逆作法施工的关键技术

逆作法施工的关键技术主要有以下几方面：立柱桩和临时立柱的定位和垂直度调整；水平结构板封闭条件下的土方开挖（暗挖）；逆作水平结构（楼板）的模板支撑；逆作竖向结构（墙、柱）的混凝土浇筑等。

中间支承立柱
施工

### 1)立柱桩和临时立柱的垂直度调整

逆作法施工中立柱桩和临时立柱的位置和垂直度至关重要,由于临时立柱在施工阶段作为承载柱,而后期又需在其外面后浇包裹混凝土,其位置及垂直度都影响结构受力和施工,《建筑基坑支护技术规程》(JGJ120—2012)规定立柱桩及立柱的平面位置允许偏差为 10 mm,立柱桩和立柱的垂直度允许偏差分别为 1/20 和 1/30,其要求均远高于常规施工方法。

目前钢立柱的垂直度调整有调垂架调垂、气囊法调垂、导向套筒调垂等方法等。调垂架调垂较为简单,在立柱的位置设置高度 3 m 左右的调垂架,调垂架上下设置两个方向的夹持器,立柱伸入夹持器内,通过夹持器内的调节螺栓校正立柱的垂直度。该方法操作方便,但因上下夹持器的间距仅 3 m 左右,校正长柱的精度较低。气囊法则是在立柱两端的两个方向设置气囊,通过气囊的充气和放气调节立柱垂直度,因两气囊的距离接近柱长,其校正精度较高,但气囊的施工较为复杂。导向套筒调垂法是在立柱位置先设置与立柱长度相当的钢套筒,然后通过套筒内的调节器对立柱进行调整,该方法精度高、施工方便,但造价较高(图4.47)。

| (a)调垂架调垂 | (b)气囊法调垂 | (c)导向套筒调垂 |

图 4.47　钢立柱的垂直度调整方法

### 2)逆作法土方开挖

一般情况下与常规明挖法相比,逆作法土方开挖的效率较低,主要因为土方开挖是处于水平结构板封闭的条件下。因此,如何提高土方开挖的效率不仅是施工方案选择的问题,也是逆作法设计应考虑的一个问题。

逆作法土方开挖及地下结构施工

早期的逆作法挖土多用抓斗,由于抓斗作业直上直下,因此只需在楼板上留设很小的取土孔,直接用抓斗挖掘机将土提升至地面装车运出,或在地面上设置取土架用抓斗挖土。随着高性能长臂挖掘机的运用,挖土效率有很大提高。在一些砂土、粉土地区,采用皮带运输机运土也是很好的方法(图4.48)。

| (a)取土加抓斗 | (b)加长臂液压抓斗 | (c)加长臂液压反铲 | (d)皮带运输机 |

图 4.48　逆作法挖土方法

加大取土孔面积、增加取土孔数量,是提高挖土效率的根本方法,它比挖土机械、方法的改进更为有效,但需要结构设计采取技术措施。图 4.49 是某工程逆作过程中整个楼板只施工梁,而楼板暂不施工,由此留出了很大的挖土空间,使逆作挖土效率与设内支撑的基坑明挖法几乎完全相当。

图 4.49　某工程楼板后浇形成取土孔

### 3)楼面模板支撑

区别于一般楼板施工,逆作法楼板施工时其下是土而无结构板,无法按常规支模,因此需解决土体上楼板模板支撑问题。

砖胎模[图 4.50(a)]是楼板模板的一种形式,它类似于梁板式基础底板的砖胎模,因此施工较为方便,但砖胎膜表面难以满足混凝土表面质量要求。在砖胎模外增加木模板[图 4.50(b)]可改善这一状况,采用附加木模板的混凝土表面完全可达到要求。胎模的方法要求楼板下的土层具有较好的承载力、施工过程中变形小,以防止楼板沉降和开裂。

低排架支撑法[图 4.50(c)]是在施工楼板层的下部超深开挖 2 ~ 2.5 m 左右的土方,在开挖的土面上浇筑混凝土垫层,再设置传统的高度较低(2 左右)的排架支撑。这一施工方法属于常规楼板施工方法,但需要增设垫层,成本较高,因需超深开挖,对控制基坑支护结构的变形不利。

(a)砖胎模　　　　　　　　(b)砖胎模+木模板　　　　　　　(c)低排架支撑

图 4.50　逆作法楼板模板

楼面的模板拆除是在下层土方开挖的同时进行,砖胎模在挖土过程中清理,木模板可用吊模方法,先通过吊杆将模板临时吊挂在完成的混凝土楼板上,在其下挖土完成后再进行模板拆除,吊杆在模板设置后、混凝土浇筑前安装在模板的主次肋上(图4.51)。

图4.51 逆作楼面模板吊杆设置

### 4)竖向结构的后浇施工

逆作法结构柱、墙等后浇混凝土的施工是在上层板、梁等已完成的条件下进行的,难以直接向模板内浇筑混凝土,因此需在与上层楼板、梁的交界位置设置"喇叭形"模板(图4.52、图4.53),以便浇筑混凝土。如"喇叭形"模板的上口离上层板、梁底距离较小的时候,则需在楼板上设置浇筑孔,从楼板上向下浇筑。为方便浇筑,可在上层楼板施工的同时向下施工一段(约500 mm)柱、墙,放大柱、墙的"喇叭形"模板上口离上层板、梁底的距离,混凝土便可直接从板下的喇叭口侧进行浇灌,无须在楼板上另设浇筑孔。

逆作法施工结构柱、墙与上层板、梁的施工缝因混凝土的沉实和收缩往往会出现水平裂缝,可采用下述几种方法解决:①适当降低柱、墙混凝土的坍落度,采用低收缩混凝土;②采用高强度钢模板,用模板下端泵送混凝土顶升施工法,此方法成本较高;③提高"喇叭形"模板的上口的高度,使其高于施工缝30~50 mm,这样可明显减少甚至消除裂缝;④在出现裂缝后采用环氧树脂密封胶进行封闭。

图4.52 柱的上口模板

图4.53 墙的上口模板

## 4.3　工程案例——上海浦东三林城居住区中心西块工程

### 4.3.1　工程简况及基坑周边环境情况

上海浦东三林城居住区中心西块工程为两栋框架结构的地上 5 层商业购物中心和 3 层地下车库,基坑东西占地面积 17 620 m²,基坑开挖深度为 13.5 m,根据地质报告,工程土层性质属于软弱土层。

基坑东侧另有一面积约 11 000 m²、挖深 13.5 m 的基坑,采用"顺作法"施工,与本基坑最近处的距离为 75 m;基坑北侧为空地;基坑西、南侧均为已建成的高层住宅区,离基坑 45 m 以外。基坑周边的道路均已形成,市政配套管线齐全,用地范围内地势平坦。

### 4.3.2　基坑围护设计概况

工程采用"中心岛顺作,周边一明两暗顺逆作结合"的围护设计方案。基坑中心岛全部采用顺作法施工,周边地下 1 层结构采用顺作法,而周边地下 2 层、地下 3 层结构采用逆作法施工。在中心岛地下结构向上施工过程中,需将中心岛结构与周边逆作结构逐层连接封闭,形成基坑开挖阶段的水平支撑系统。

围护结构采用地下连续墙,墙厚 800 mm,有效深度近 30 m 左右,既为围护结构又兼作主体结构外墙。地下连续墙混凝土设计强度为 C30(水下提高一级),槽段按 6 m 长划分,接头采用圆形锁口管柔性接头方式。竖向支撑系统采用一柱一桩格构柱形式,桩为混凝土钻孔灌注桩,桩径为 1 000 mm。

由于夹层的存在,所以本工程在标高为 -0.900 m ~ 12.900 m,沿基坑外侧 4.7 m 宽度范围进行水泥土搅拌桩土体加固,水泥掺量为 13%;标高在 -5.500 m ~ 14.000 m 范围内,沿基坑内测 4.2 m 范围进行水泥土搅拌桩土体加固,水泥掺量为 8%;标高在 -14.000 m ~ -19.000 m 范围内,水泥掺量为 13%(图 4.54)。

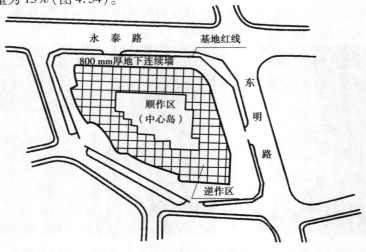

**图 4.54　基坑围护结构平面布置**

### 4.3.3  关键施工技术

**1）φ1 000 mm 一柱一桩工程逆作法**

桩基采用一柱一桩、桩基为钻孔灌柱桩:桩径为 1 000 mm,垂直度控制在 1/300 以内,为了使钢格构柱安装能满足设计要求,采用特制加工的格构柱校正架,对格构柱的垂直度与水平位移进行校正。

**2）地下连续墙施工**

地下连续墙施工流程为:定位、挖导沟→浇筑导墙→铺轨、钻机就位→泥浆配制→挖槽→清槽、刷接头→吊放接头管→吊放钢筋笼→浇灌架就位、吊放混凝土导管→浇筑水下混凝土→拔接头管。

**3）基坑降水施工**

在基坑开挖前15d 应进行井点降水施工,水位在基坑开挖前需降至基坑底标高0.5～1.0 m 以下。采用深井为主,辅助护坡轻型井点降水,在中心岛区域布置20 口深井,逆作法施工区域布置31 口深井。

**4）一明两暗半逆作法地下结构施工**

工程开挖深度为 13.5 m,共进行 4 次挖土,土方开挖及地下结构施工共分 10 个施工工况。

施工工况1:所有地下连续墙、搅拌桩、工程桩、格构柱和深井降水施工完毕(图4.55)。

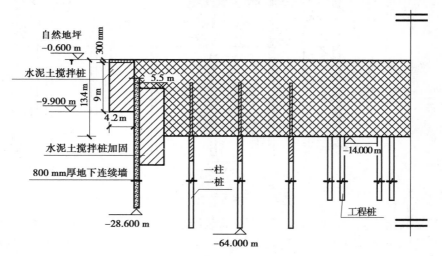

图 4.55  施工工况 1

施工工况2:为减少暗挖土方工作量,同时在确保周围环境安全的前提下,对第一批土采用大面积明挖施工。第一次开挖至-5.50 m 标高,浇筑地下连续墙顶圈梁(图4.56)。

施工工况3:为施工周边逆作区地下 2 层顶梁板结:(图4.57)。

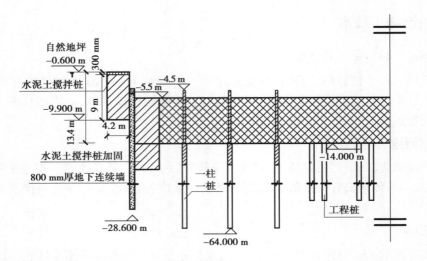

图 4.56　施工工况 2

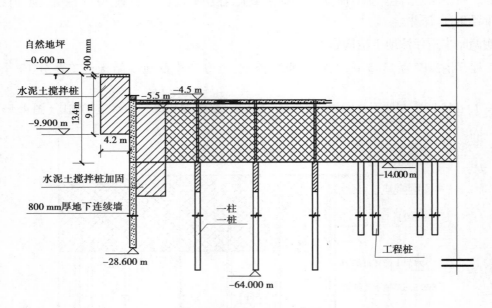

图 4.57　施工工况 3 示意图

施工工况 4：施工周边逆作区地下 1 层顶梁板结构和地下 1 层竖向构件(图 4.58)。

施工工况 5：为逆作区地下 1 层梁板强度达到 100% 后进行第二次挖土,这次挖土为 −5.50 m ~ −14.00 m 大开挖,逆作区按三级放坡,中心顺作区土方开挖完后浇筑基础底:(图 4.59)。

施工工况 6：中心顺作区地下 3 层施工(图 4.60)。

施工工况 7：为中心顺作区地下 2 层施工,地下 2 层顶梁板结构与周边连接,形成封闭结:(图 4.61)。

施工工况 8：中心顺作区地下 1 层施工和地上 1 层结构施工(图 4.62)。

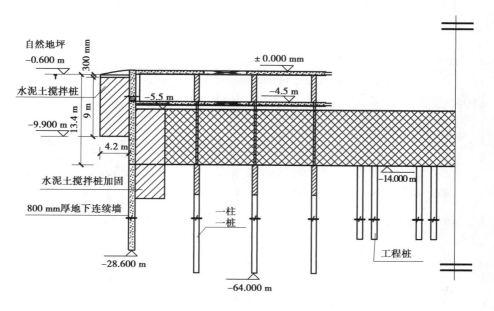

图 4.58　施工工况 4 示意图

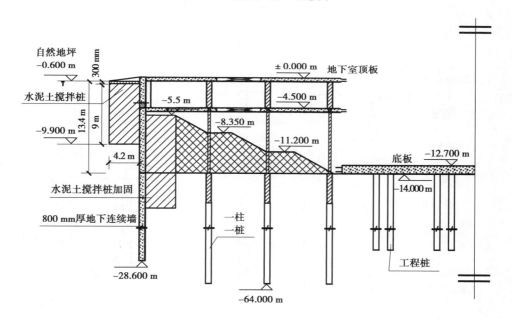

图 4.59　施工工况 5

　　施工工况 9:进行第三次挖土,即挖去逆作区 -5.50 m ~ -9.60 m 的土方,逆作区地下 3 层顶板和地下 2 层竖向结构施工(图 4.63)。

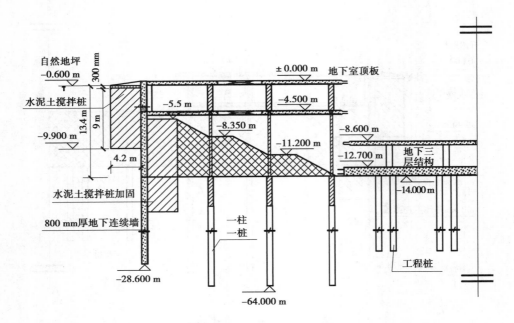

图 4.60　施工工况 6

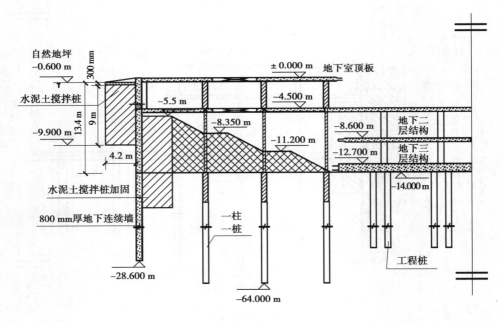

图 4.61　施工工况 7

施工工况 10:进行第四次挖土,即挖去逆作区-9.60 m~-14.00 m 的土方,逆作区地下 3 层底板和竖向结构施工(图 4.64)。

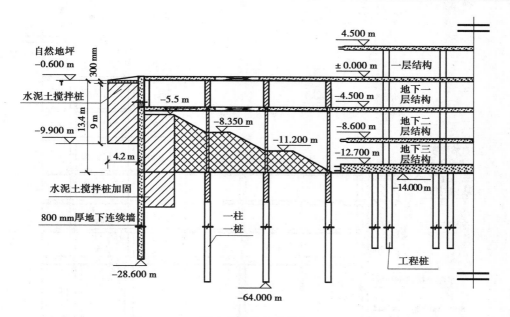

图 4.62　施工工况 8

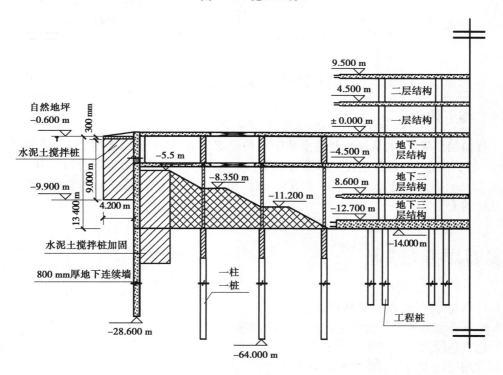

图 4.63　施工工况 9

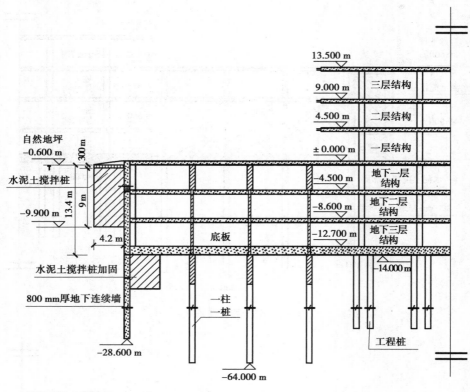

图4.64　施工工况10

### 4.3.4　施工效果

工程监测结果显示,从基坑开挖至地下结构全部完成,地下连续墙顶最大水平位移累计达35mm(向基坑内),最大垂直位移累计达15 mm(向下),基坑周边地下管线累计沉降量最大处达22mm,满足安全要求。工程采用顺-逆作相结合的施工方法,既加快了施工进度,又确保了基坑的安全。

# 复习思考题

1. 什么是地下连续墙,其特点是什么?
2. 地下连续墙的施工方案包含哪些主要内容?
3. 地下连续墙的关键施工技术有哪些?
4. 常用的地下连续墙挖槽机械有哪些?
5. 什么是顺作法?什么是逆作法?
6. 简述逆作法施工工艺原理。
7. 逆作法有哪些类型?
8. 与传统顺作法比较,逆作法有何优点?
9. 逆作法的关键施工技术有哪些?

# 5

# 深基坑地下水控制

**[本章基本内容]**

介绍深基坑地下水层及对深基坑施工影响,重点讲述深基坑工程的地下水控制方法。

**[学习目标]**

(1)了解:深基坑工程的地下水控制的重要性;深基坑地下水层及对深基坑施工的影响。

(2)熟悉:地下水控制方法及其适用条件。

(3)掌握:降水的方法;截水和回灌技术。

随着我国城市地下空间的开发利用,地下综合体、地下交通枢纽、地铁车站、人防工程等大量兴建,深基坑越来越多。高层建筑由于上部荷载大,大多采用补偿性基础,因此一般都设一层或多层地下室,这样有利于建筑物的稳定,也可充分利用地下空间。但由于其基础埋深较大,基坑开挖较深,给施工增大了难度。尤其在地下水位较高的地区进行基坑开挖,当开挖面低于地下水位时,土的含水层被切断,地下水不断渗入基坑,造成基坑浸水,使地基土承载力下降,压缩性增加,恶化了施工条件,增加了施工难度。对于放坡开挖,增加了流砂、边坡失稳出现的可能性;对于支护结构,使其所承受的荷载增加,约束减小,对支护体系的强度、变形和稳定性十分不利。因此,在深基坑施工时必须做好地下水控制工作:一方面在地下水位较高的地区,当开挖面低于地下水位时,需采取降低地下水位措施;另一方面也需采取排水措施以排除坑内滞留水,使基坑处于干燥状态,以利于施工。

深基坑地下水概述

## 5.1 深基坑地下水层

要治理好高层建筑的地下水,就必须了解场地的地层结构,查明含水层厚度、渗透性和水量,研究地下水的性质、补给和排水条件,分析地下水的动态特征及其与区域地下水的关系,寻找人工降水的有利条件,从而制订出切实可行的最佳降水方案。与深基坑工程有关的地下水一般分为上层滞水、潜水和承压水三类。图5.1为地下水埋藏示意图。

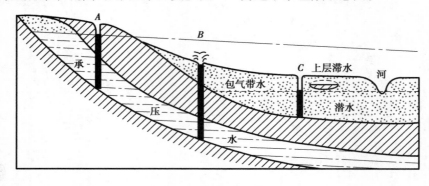

**图5.1　地下水埋藏示意图**

①上层滞水,分布于上部松散地层的包气带之中,含水层多为微透水至弱透水层。无统一水面,水位随季节变化,不同场地不同季节的地下水位各不相同,涌水量很小,且随季节和含水层性质的变化而有较大的变化。上层滞水是深基坑降水的第一个含水层,由于其埋藏浅、水量小,采取合适的降水措施后,治水效果较好,对深基坑施工影响不大。

②潜水,分布在松散地层、基岩裂隙破碎带及岩溶等地区,含水层可为弱透水层、强透水层。一般无压,局部为低压水;具有统一自由面,水位受气象因素影响变化明显,同一场地的水位在一定区域内基本相同或变化具有规律性;水量变化较大,由含水的岩性、厚度和渗透性等决定;地下水补给一般以降雨为主,同时接受上部含水层的渗入和场地外同层地下水的径流补给,当与地表水有联系时可接受地表水的补给。潜水对深基坑施工具有一定的影响,需要采取有效降水措施。

③承压水,分布于松散地层、基岩构造盆地、岩溶地区,是充满两个隔水层之间的含水层中的地下水。地下水具有承压性,一般不受当地气候因素影响,水质不易受污染。地下水的补给及水压大小和与其具有水力联系的河流、湖泊等水位高低有关。承压水对基坑底板和基坑施工的危害较大,一般由于其埋深大、水头高、水量大等原因,给深基坑的治水工作带来一定的困难,但经过精心设计和治理,仍可以保证基坑的顺利施工。

## 5.2　地下水控制方法的选择

地下水控制是指在基坑工程施工过程中,地下水要满足支护结构和挖土施工的要求,并且不因地下水位的变化,对基坑周围的环境和设施带来危害。

地下水的控制方法主要有降水、截水和集水明排。地下水回灌不作为独立的地下水控制方法,但可作为一种补充措施与其他方法一同使用。地下水控制方法的选用要根据场地及周边水文地质条件、环境条件并结合基坑支护和基础施工方案综合分析后确定。这几种方法可以单独选用,也可以组合选用。地下水控制方法适用条件参见表5.1。

地下水控制方
法选择

表5.1　地下水控制方法适用条件

| 控制方法 | | 土质类别 | 渗透系数（m/d） | 降水深度 | 水文地质特征 |
|---|---|---|---|---|---|
| 集水明排 | | | <20.0 | <5 | 上层滞水或水量不大的潜水 |
| 井点降水 | 轻型井点 | 填土、砂土、粉土、黏性土 | 0.1～20.0 | 单级<6 多级<20 | |
| | 喷射井点 | | 0.1～20.0 | <20 | |
| | 电渗井点 | 黏性土、淤泥及淤泥质土 | <0.1 | 根据选用井点确定 | |
| | 管井井点 | 粉质黏土、粉土、砂土、碎石土、可溶岩、破碎带 | 0.1～200.0 | 不限 | 含水丰富的潜水、承压水、裂隙水 |
| | | 砂土、碎石土 | 10.0～250.0 | >10 | |
| | 深井井点 | 粉砂、粉土、富含薄层粉砂的粉质黏土、黏土、淤泥质土 | 0.001～0.5 | 8～18 | 上层滞水、潜水、承压水 |
| 截水 | | 黏性土、粉土、砂土、碎石土、岩溶岩 | 不限 | 不限 | |
| 回灌 | | 填土、粉土、砂土、碎石土 | 0.1～200.0 | 不限 | |

## 5.3　降水

降水的方法有集水明排和井点降水两类。

（1）集水明排

集水明排属重力降水，它是在开挖基坑时沿坑底周围开挖排水沟，并每隔一定距离设置集水井，使基坑内挖土时渗出的水经排水沟流向集水井，然后用水泵将水排出坑外的方法。它的缺点是：地下水会沿边坡面或坡脚或坑底渗出，使坑底软化或泥泞；当基坑开挖深度较大、坑内外水头差大时，如果土的组成较细，在地下水动水压力的作用下还可能引起流砂、管涌、坑底隆起和边坡失稳。因此，集水明排这种地下水控制方法虽然设备简单、施工方便，但在深基坑工程中单独使用此方法时，降水深度不宜大于5 m；与其他方法结合使用时，其主要功能是收集基坑中和坑壁局部渗出的地下水的地面水。

（2）井点降水

井点降水属强制性降水，是应用最广泛的降水方法，是高地下水位地区基坑工程施工的重要措施之一。井点降水主要是将带有滤管的降水工具沉设到基坑外四周或坑内的土中,利用各种抽水工具,在不扰动土体结构的情况下将地下水抽出,使地下水位降低到坑底以下,保证基坑开挖能在较干燥的施工环境中进行。井点降水的作用是:

①通过降低地下水位,消除基坑坡面及坑底的渗水,改善施工作业条件。

②增加边坡稳定性,防止坡面和基底的土体流失,以避免出现流砂现象。

③降低承压水位,防止坑底隆起与破坏。

④改善基坑的砂土特性,加速土的固结。

井点降水法主要有轻型井点法、电渗井点法、喷射井点法、管井井点法和深井井点法等,各种井点的适用范围参见表5.1,下面简要介绍后三种降水法。

## 5.3.1 喷射井点降水

当基坑开挖较深或降水深度超过 6 m 时,必须使用多级轻型井点才能达到预期效果,这样就要求基坑四周需要足够的空间,也需增大基坑的挖土量、延长工期并增加设备数量,故不够经济。因此,当降水深度超过 8 m 时,可采用喷射井点,其一层井点可把地下水位降低 8 ~ 20 m。

喷射井点降水是在井点管内部装设特制的喷射器,用高压水泵或空气压缩机通过井点管中的内管向喷射器输入高压水(喷水井点)或压缩空气(喷气井点)形成水气射流,使地下水经井点外管与内管之间的缝隙抽出排走。其设备主要由喷射井管、高压水泵(或空气压缩机)和管道系统组成(图5.2)。

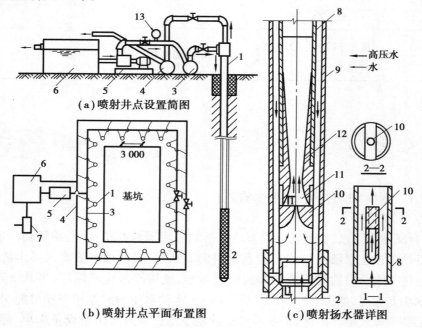

（a）喷射井点设置简图

（b）喷射井点平面布置图　　（c）喷射扬水器详图

**图5.2　喷射井点设备及平面布置图**

1—喷射井管;2—滤管;3—供水总管;4—排水总管;5—高压离心水泵;6—水池;
7—排水泵;8—内管;9—外管;10—喷嘴;11—混合室;12—扩散管;13—压力表

**1）布置与使用**

喷射井点的布置、井点的埋设与轻型井点基本相同。当基坑面积较大时,宜环形布置;当基坑宽度小于 10 m 时可单排布置,大于 10 m 时则双排布置。井点间距一般为 2~4 m。采用环形布置时,施工设备进出口(道路)处的井点间距为 5~7 m,埋设时冲孔直径 400~600 mm,深度应大于滤管底 1 m。

每根喷射井点管埋设完毕,必须及时进行单井试抽,排出的浑浊水不得回入循环管道系统,试抽时间要持续到水由浑浊变清为止。喷射井点系统安装完毕后也需进行试抽,不应有漏气或翻砂冒水现象。工作水应保持清洁,在降水过程中应视水质浑浊程度及时更换。

**2）施工工艺流程**

施工工艺流程为:测量定位→布置井点总管→安装喷射井点管→接通总管→接通水泵或压缩机→接通井点管与排水管,接通循环水箱→启动高压水泵或空气压缩机→排除水箱余水→测量地下水位→喷射井点拆除。

### 5.3.2　管井井点降水

管井井点降水法是围绕开挖的基坑,每隔一定距离(20~50 m)设置一个管井,每个管井单独用一台水泵(离心泵、潜水泵)进行抽水,以降低地下水位。管井由滤水井管、吸水管和抽水机械等组成(图5.3)。管井设备较为简单,排水量大,降水较深,水泵设在地面,易于维护,降水深度为 3~5 m,可代替多组轻型井点作用,适于渗透系数较大,地下水丰富的土层、砂层。但管井属于重力排水范畴,吸程高度受到一定限制,要求渗透系数较大(1~200 m/d)。

### 5.3.3　深井井点降水

深井井点降水是在深基坑周围埋置深于基底的井管,依靠深井泵和深井潜水泵将地下水从深井内扬升至地面排出,使地下水降至基坑以下。

该法的优点有:排水量大,降水深(>15 m),井距大,对平面布置的干扰小,不受土层限制,井点制作、降水设备及操作工艺、维护均较简单,施工速度快,井点管可以整根拔出、重复使用等。但缺点是:一次性投资大,成孔质量要求严格。因此,该法适用于渗透系数较大(10~250 m/d)、土质为砂类土、地下水丰富、降水深、面积大、时间长的情况,降水深可达 50 m 以内。

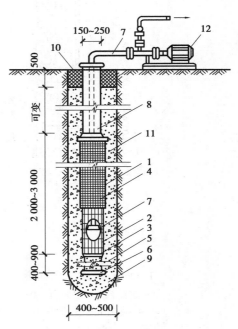

**图 5.3　管井构造**

1—滤水井管;2—$\phi14$ mm 钢筋焊接骨架;
3—6 mm×30 mm 铁环@ 250 mm;
4—10 号铁丝垫筋@ 250 mm 焊于管骨架上,
外包孔眼 1~2 mm 铁丝网;5—沉砂管;
6—木塞;7—吸水管;8—$\phi100~200$ mm 钢管;
9—钻孔;10—夯填黏土;
11—填充砂砾;12—抽水设备

1)井点构造

深井井点系统由深井、井管、水泵和集水井等组成(图5.4)。井管由滤水管(图5.5)、吸水管和沉砂管三部分组成,可用钢管、塑料管或混凝土管制成,管径一般为300 mm,内径宜大于潜水泵外径50 mm。

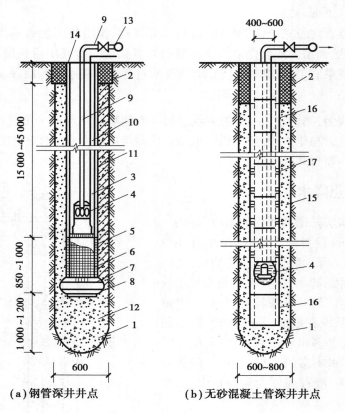

(a)钢管深井井点　　　　　(b)无砂混凝土管深井井点

图5.4　深井井点构造

1—井孔;2—井口(黏土封口);3—φ300~375 mm井管;4—潜水电泵;

5—过滤段(内填碎石);6—滤网;7—导向段;8—开孔底板(下铺滤网);

9—φ50 mm出水管;10—电缆;11—小砾石或中粗砂;12—中粗砂;

13—φ50~75 mm出水总管;14—20 mm厚钢板井盖;15—小砾石;

16—沉砂管(混凝土实管);17—无砂混凝土过滤管

水泵常用长轴深井泵或潜水泵,每井1台,并带吸水铸铁管或胶管,配上一个控制井内水位的自动开关。在井口安装75 mm阀门以便调节流量的大小,阀门用夹板固定。每个基坑井点群应有2台备用泵。集水井用φ325~500 mm钢管或混凝土管,并设3%的坡度,与附近下水道接通。

2)深井布置

深井井点一般沿基坑周围离边坡上缘0.5~1.5 m呈环形布置;当基坑宽度较窄时,也可在一侧呈直线形布置;当有面积不大的独立的深基坑时,也可采取点式布置。井点宜深入到透水层6~9 m,通常还应比所需降水的深度深6~8 m,间距一般相当于埋深,有10~30 m。

### 3）施工工艺程序

①井位放样、定位。

②做井口，安放护筒。井管直径应大于深井泵最大外径 50 mm 以上，钻孔孔径应大于井管直径 300 mm 以上。安放护筒的目的是防止孔口塌方，并为钻孔起到导向作用。

③钻机就位。深井的成孔方法可采用冲击钻、回转钻、潜水电钻等，用泥浆护壁或清水护壁法成孔。清孔后回填井底砂垫层。

④吊放深井管与填滤料。井管应安放垂直，过滤部分应放在含水层范围内。井管与土壁间填充粒径大于滤网孔径的砂滤料。填滤料要一次性完成，从底填到井口下 1 m 左右，上部采用黏土封口。

⑤洗井。若水较混浊，含有泥砂、杂物，会增加泵的磨损，减少泵的寿命，或使泵堵塞。可用空压机或旧的深井泵来洗井，确保抽出的井水清洁后，再安装新泵。

⑥安装抽水设备及控制电路。安装前，应先检查井管内径、垂直度是否符合要求。安放深井泵时，用麻绳吊入滤水层部位，并安放平稳，接电机电缆及控制电路。

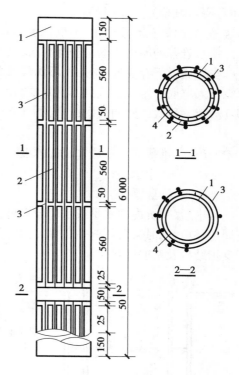

**图 5.5　深井滤水管构造**
1—钢管；2—轴条后孔；3—$\phi 6$ mm 垫筋；
4—缠绕 12 号铁丝与钢筋锡焊焊牢

⑦试抽水。深井泵在运转前，应用清水预润（清水通入泵座润滑水孔，以保证轴与轴承的预润），检查电气装置及各种机械装置，测量深井的静、动水位。达到要求后，即可试抽，一切满足要求后，再转入正常抽水。

⑧降水完毕后拆除水泵、拔井管、封井。降水完毕即可拆除水泵，用起重设备拔除井管。拔出井管所留的孔洞用砂砾填实。

## 5.4　截水和回灌技术

在城市中心区建筑密集的地区开挖深基坑，降水时还要考虑对周围环境的影响。井点降水形成的盆式降水曲线，在使基坑内地下水位下降的同时，也使坑外一定区域内地下水位有所下降，从而使基坑周围的土体发生固结下沉，如沉降较大，将影响地上建筑物和地下管线等的安全与使用。当基坑降水可能危及基坑及周边环境安全时，宜采用截水方法或回灌方法控制地下水位。

### 5.4.1　截水

深基坑工程常用的截水方法是截水帷幕，它是在基坑开挖前沿基坑四周设置隔水围护壁

（也称隔水帷幕）。截水帷幕的类型有水泥土搅拌桩挡墙、高压旋喷桩挡墙、排桩挡墙、地下连续墙等，它们具有双重作用，不仅挡水，同时作为基坑的支护结构用来挡土。

截水帷幕的厚度应满足防渗要求，其渗透系数宜小于 $1.0 \times 10^{-6}$ cm/s。

当坑底以下存在连续分布、埋深较浅的隔水层时，应采用落底式帷幕。落底式帷幕的底部宜深入坑底一定深度或到不透水层，由于围护壁是止水的，这样基坑内外的地下水就不能相互渗流。落底式竖向截水帷幕（图5.6）的底部插入不透水层的深度可按式（5.1）计算：

$$L \geq 0.2h - 0.5b \tag{5.1}$$

式中　$L$——帷幕插入不透水层的深度；

　　　$h$——作用水头；

　　　$b$——帷幕厚度。

截水后，基坑内的水量或水压较大时，可以采用基坑内井点降水，这种方法既有效地保护了周边环境，同时又使坑内一定深度内的土层疏干并排水固结，改善了施工作业条件，也有利于支护结构及基底的稳定。

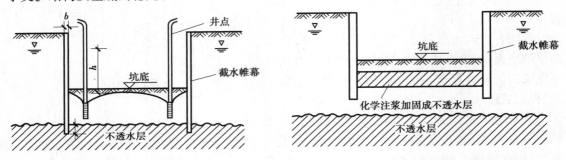

图5.6　落底式竖向截水帷幕　　　　　图5.7　侧向截水与水平封底相结合

当地下含水层渗透性较强、厚度较大时，应计算止水帷幕插入坑底土体的深度 D。对小型深坑，可采用悬挂式竖向截水与坑内井点降水相结合或采用悬挂式竖向截水与水平封底相结合的方案，水平封底可采用化学注浆法或旋喷注浆法（图5.7）。

悬挂式止水帷幕（图5.8）底端位于碎石土、砂土或粉土含水层时，对均质含水层，地下水渗流的流土稳定性应符合式（5.2）规定。因此，根据式（5.2）即可求出止水帷幕插入坑底土体的深度：

$$\frac{(2D + 0.8D_1)\gamma'}{\Delta h \gamma_w} \geq K_{se} \tag{5.2}$$

式中　$K_{se}$——流土稳定性安全系数，安全等级为一、二、三级的支护结构，分别不应小于1.6、1.5、1.4；

　　　$D$——止水帷幕底面至坑底的土层厚度，m；

　　　$D_1$——潜水水面或承压水含水层顶面至基坑底面的土层厚度，m；

　　　$\gamma'$——土的浮重度，kN/m³；

　　　$\Delta h$——基坑内外的水头差，m；

　　　$\gamma_w$——水的重度，kN/m³。

对渗透系数不同的非均质含水层，宜采用数值方法进行渗流稳定性分析。

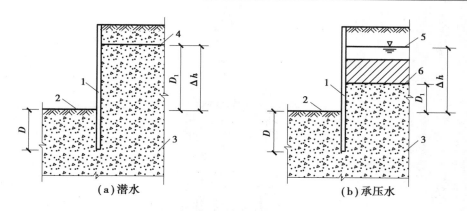

**图5.8 采用悬挂式帷幕截水时的流土稳定性验算**
1—止水帷幕;2—基坑底面;3—含水层;4—潜水水位;
5—承压水测管水位;6—承压含水层顶面

## 5.4.2 回灌

降水对周边建筑物的影响控制

井点降水对周围建(构)筑物等的影响是由于周围地下水流失造成的,因此,当基坑周围建筑物或地下管线需要保护或坑外水位降低过多时,宜采用回灌措施控制地下水位的变化。回灌措施包括回灌井点、回灌砂井、回灌砂沟和水位观测井等。回灌砂井、回灌砂沟一般用于浅层潜水回灌,回灌井点一般用于承压水回灌。

### 1)回灌井点

回灌井点就是在降水井点与要保护的已有建(构)筑物之间打一排井点(图5.9),在井点降水的同时,向土层中灌入一定数量的水,形成一道隔水帷幕,使井点降水的影响半径不超过回灌井点的范围,从而阻止回灌井点外侧的建(构)筑物下地下水的流失,使地下水基本保持不变,这样就不会因降水使地基自重应力增加而引起地面沉降。

回灌井点可采用一般轻型井点降水的设备和技术,仅增加回灌水箱、闸阀和水表等少量设备。回灌井点的工作方式与降水井点系统相反,将水灌入井点后,水从井点周围土层渗透,在土层中形成一个和降水井点相反的倒转降落漏斗。回灌井点的设计主要考虑井点的配置以及计算其影响范围。回灌井点的井管滤管部分宜从地下水位以上 0.5 m 处开始一直到井管底部,其构造与降水井点基本相同。

回灌井可分为自然回灌井与加压回灌井。自然回灌井的回灌压力与回灌水源的压力相同,一般可取 0.1~0.2 MPa。加压回灌井通过管口处的增压泵提高回灌压力,一般可取 0.3~0.5 MPa。回灌压力不宜超过过滤管顶端以上的覆土重量,以防止地面处回灌水或泥浆混合液的喷溢。

回灌井施工结束至开始回灌,应至少有 2~3 周的时间间隔,以保证井管周围止水封闭层充分密实,防止或避免回灌水沿井管周围向上反渗及地面泥浆水喷溢。井管外侧止水封闭层顶至地面之间,宜用素混凝土充填密实。

采用回灌井点时,为使注水形成一个有效的补给水幕,避免注水直接回到降水井点管,造成两井相通,应使两者间保持一定距离。回灌井点与降水井点的距离应根据降水、回灌水位

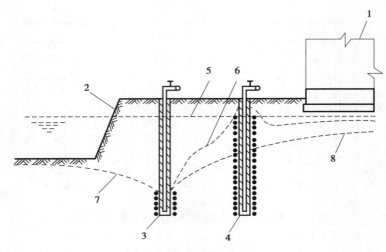

**图5.9 回灌井点布置**

1—原有建筑物;2—开挖的基坑;3—降水井点;4—回灌井点;
5—原有地下水位线;6—降水和回灌井点间水位线;
7—降水后的地下水位线;8—仅设降水井点的水位线

曲线和场地条件而定,一般不宜小于6 m。回灌井点的间距应根据降水井点的间距和被保护建(构)筑物的平面位置确定。

回灌井点埋设深度可控制在降水水位线以下1 m,且位于渗透性较好的土层中。回灌井点滤管的长度应大于降水井点滤管的长度。

回灌水量可通过观测孔中水位变化进行控制和调节,回灌宜不超过原水位标高。回灌水箱的高度可根据灌入水量决定,回灌水宜用清水,回灌水量要适当,过小无效,过大会从边坡或钢板桩缝隙流入基坑。实际施工时,应协调控制降水井点与回灌井点。

许多工程实例证明,用回灌井点回灌水能产生与降水井点相反的地下水降落漏斗,能有效地阻止被保护建(构)筑物下的地下水流失,防止产生有害的地面沉降。

**2)回灌砂沟、砂井**

回灌砂井、砂沟就是在降水井点与被保护建(构)筑物之间设置砂井作为回灌井,沿砂井布置一道砂沟,将井点抽出的水适时、适量地排入砂沟,再经砂井回灌到地下。实践证明,此措施也能收到良好的效果。回灌砂井的灌砂量,应取井孔体积的95%,填料宜采用含泥量不大于3%、不均匀系数为3~5的纯净中粗砂。

如果建筑物离基坑远,且为均匀透水层,中间无隔水层时,则可采用最简单、最经济的回灌砂沟方法;如果建筑物离基坑近,且为弱透水层或者有隔水层时,则必须采用回灌井点或回灌砂井降水。

另外可通过减缓降水速度减少对周围建筑物的影响。在砂质粉土中降水影响范围可达80 m以上,降水曲线较平缓,为此可将井点管加长,减缓降水速度,防止产生过大的沉降。也可在井点系统降水过程中调小离心泵阀,减缓抽水速度。还可在邻近被保护建(构)筑物一侧将井点管间距加大,需要时甚至可暂停抽水。为防止抽水过程中将细微土粒带出,可根据土的粒径选择滤网。另外,确保井点管周围砂滤层的厚度和施工质量,能有效防止降水引起的地面沉降。

## 5.5 工程案例——重庆来福士广场

### 5.5.1 工程概况

重庆来福士广场位于长江与嘉陵江交汇口,项目总占地面积为9万平方米,总建筑面积约113万平方米,由三层地下车库、六层商业裙楼和八栋超高层塔楼以及连接四个塔楼的空中连廊组成(图5.10)。

**图5.10 重庆来福士广场**

### 5.5.2 工程地质及水文地质条件

项目基坑距离长江仅30 m,地质条件复杂,主要为滩涂回填场地,砂卵石透水层厚薄不均,地下水与江水联系密切,基坑内水位与江水持平。项目塔楼及裙楼部分桩基为大直径人工挖孔桩,类似连通器,项目地下水位远高于桩基底部标高,且桩基施工需要穿过透砂卵石层进入中风化岩,极易产生涌水、流砂等水患。

### 5.5.3 降水方案设计

国内深基坑地下水治理主要有两种思路:一是以高压旋喷桩为代表的注浆止水帷幕,二是以深井降水为代表的降水系统。高压旋喷注浆止水帷幕施工经验相对成熟,但注浆止水帷幕较适用于含水层厚度及分布较均匀的土质条件,在地质条件复杂的情况下,地下水治理效果不理想。来福士项目结合基坑深井降水的理念,采用"连续降水帷幕+坑内深井疏干排水"的治理方法(图5.11),在长滨路沿线以及T6靠朝东路侧每隔8~12 m设置降水井,形成降水帷幕(图5.12)。在场区内根据砂层厚度布置坑内深井,疏干砂卵石含水层水体,降低水头高度,防止人工挖孔桩施工过程中发生突涌冒砂等现象。

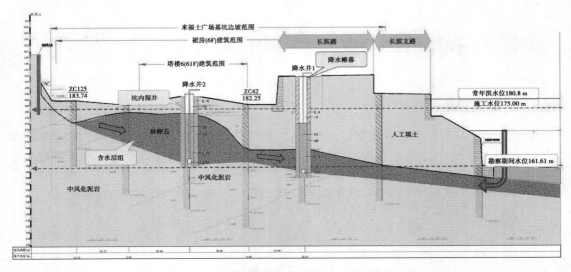

图 5.11　连续降水帷幕+坑内深井疏干排水

### 1)基坑涌水量的估算

采用《建筑基坑支护技术规程》(JGJ 120-2012)附录 E 中 E.0.1 公式,按均质含水层潜水完整井基坑涌水量考虑。计算公式如式 5.3 所示。

$$Q = \pi k \frac{(2H - s_d) s_d}{\ln\left(1 + \dfrac{R}{r_0}\right)} \tag{5.3}$$

式中　$Q$——基坑降水的总涌水量($\mathrm{m^3/d}$);

　　　　$K$——渗透系数(按抽水试验计算结果,取 31.3 m/d);

　　　　$S_d$——基坑地下水位的设计降深($S_d = 180.8 - 157 = 23.8$ m);

　　　　$H$——潜水含水层厚度($H = 15.9$ m);

　　　　$R$——降水影响半径(按抽水试验计算结果,取 187.4 m);

　　　　$r_0$——基坑等效半径$\left( r_0 = \sqrt{\dfrac{A}{\pi}} = \sqrt{26\,208.99/\pi} = 91.34 \text{ m} \right)$。

因场区含水层分布起伏较大,各区厚薄不一,故相关参数选取时大部分按不利因素取值考虑,上式中地下水位按长江洪水期水位 180.8 选取,设计降深参照含水层底板较深的钻孔考虑,基坑等效半径计算中 $A$ 为基坑范围内含水层分布的平面范围面积。

经设计验算,$Q = 26\,106.02$ $\mathrm{m^3/d} = 1\,087.75$ $\mathrm{m^3/h}$,考虑丰水期水位较高,同时考虑一定的安全储备,共设置 88 口降水井,水泵采用 20 $\mathrm{mm^3/h}$、32 $\mathrm{mm^3/h}$,部分采用 50 $\mathrm{m^3/h}$,以保证合理的降水深度要求。

### 2)基坑降水井的平面布置

根据基坑降水设计方案,共设置降水井 90 口,降水井大部分均沿基坑东侧周边(紧邻长江侧)布置,以便形成有效的基坑侧壁抽水帷幕,防止地下水渗入坑内,影响人工挖孔桩的施工。因长滨路北侧通行需要,无法完全封闭开挖,故在临时支护周边增设部分降水井,主楼区域布置降水井以疏干坑内水(图 5.12)。

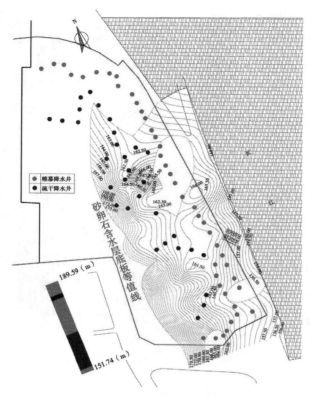

图 5.12　降水井平面布置

**3）基坑降水井结构**

针对场区水文地质条件的不同,分别采用不同降水井结构(图 5.13),井口绝对标高按 180.85 m 考虑,实际井深可根据成井取芯情况适当调整,井底均以穿过含水层底板并进入底部基岩 6 m 为终孔原则。

**4）三维数值模拟**

根据场地水文地质条件,利用 Visual Modflow 建立渗流数值模型,对工程中基坑内降水井抽水时地下水水位变化情况进行三维数值模拟计算,由于整个工程的施工过程需要跨越该区域的洪水期季节,因此模型模拟分析是考虑该地区洪水期的最高水位 180.8 m,即考虑工程最不利的工况下深基坑降水情况。

通过数值分析表明,坑内所用降水井和坑边抽水帷幕降水井全部开启至运行稳定期后,形成降水帷幕,限制了长江水对坑内含水层的水源补给,含水层内的地下水基本疏干,满足桩基施工要求(图 5.14)。

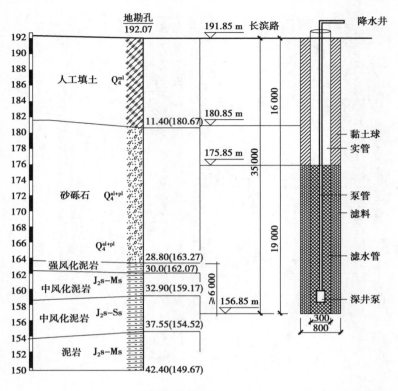

图例：　□ 井管　▨ 滤水管　□ 中粗砂及碎石　▨ 黏土球

图 5.13　典型降水井结构图

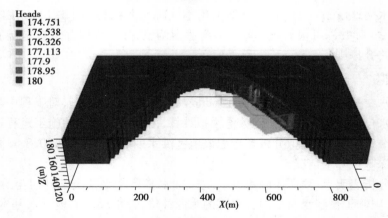

图 5.14　降水运行后降深等值线三维云图

### 5.5.4　降水系统施工技术

#### 1)降水井成孔

采用液压振动锤埋设护筒,旋挖钻机成孔,选用"钢滤管+钢丝网+尼龙滤网"的滤水管工艺,保证地下水的渗透汇集(图5.15)。全钢护筒采用直缝钢管制作,管径 900 mm,壁厚 1.5

mm,单节长度 3 m,降水井成孔孔径为 800 mm。

图 5.15 过滤管及滤网处理

**2)井管加工及安装**

井管下置前根据设计对滤水管和实管的长度进行配置,并逐节进行编号,采用履带吊按编号逐节吊装,井管接长处采用焊接,最下面一节管底部采用钢板封底,井管上端口高出地面至少 500 mm(图 5.16)。

图 5.16 履带吊吊装井管　　　　图 5.17 人工围填滤料

**3)滤料回填**

井管与钻孔间隙填入粒径 2~6 mm 砾石滤料,填料时井管居中,用铁锹将滤料均匀地抛撒在井管四周,滤料回填至井管口顶面标高以下 5 m,井中剩余深度填入黏土封闭(图 5.17)。

**4)清孔洗孔**

填料完成后应采用活塞抽拉和空压机送风联合洗井,洗井完毕后立即放入深井潜水泵进行抽水,疏通水路,确保抽排出的地下水水清砂净,肉眼观察无混浊和可见颗粒。

**5)水泵安装和管路连接**

根据数值模拟分析及抽水试验确定的降水深度要求,降水井采用 20 m³/h、32 m³/h、50 m³/h 高强潜水泵,泵管采用成品钢泵管,直径 70 mm、90 mm,采用法兰螺栓连接,泵管连接后,采用履带吊安装(图 5.18)。

在降水区域内设置排水主管和集水池,排水主管用法兰盘连接(图 5.19)。

图5.18　高强潜水泵、泵管连接及吊装

图5.19　排水主管

**6)降水系统使用及维护**

　　安装好排水系统和配备有安全装置的供配电系统后开启水泵抽排地下水,抽水期间根据实测地下水位高度调节抽水力度,采用分段分级降水,以砂卵石层干燥无水为控制标准,按降水要求确定降水井开启数量,以控制降水对周边环境造成的沉降影响。

## 复习思考题

　　5.1　简述地下水控制的方法及适用条件。
　　5.2　简述喷射井点的工作原理及施工工艺。
　　5.3　简述截水帷幕的类型和要求。
　　5.4　简述回灌的原因。

# 6

# 深基坑工程监测

**[本章基本内容]**

重点介绍深基坑工程监测的目的、监测方案、监测项目、测点布置、监测设备以及监测数据的整理和报警标准。

**[学习目标]**

(1)了解:深基坑工程监测的目的。

(2)熟悉:监测项目、测点布置及监测设备工作原理及使用方法。

(3)掌握:深基坑工程监测方案的主要内容。

深基坑工程具有受地质条件影响大、施工速度快、施工技术复杂、不可预见因素多、对周边环境影响大等特点,是一项高风险的建设工程。目前,风险管理已成为国内外大型地下工程施工中的例行程序,其中对施工安全风险的监控是风险管理中的重要手段。安全风险是一个动态的过程,国外先进的理念是提出地下工程"迭代"式设计、施工和管理,目的就是适应地下工程与工程地质条件、环境条件相互影响的复杂性,以期最大限度地规避安全风险。我国近年来在基坑工程中也提出了"动态设计、信息化施工"的理念,强化了对施工风险的辨识、分析与评价,这一措施的落实依赖于对基坑工程安全风险的监控。基坑工程安全风险具有独特性,事故的发生看似具有偶然性,但实际上,多数基坑安全事故的发生具有明显的征兆,是完全可以监控的。

基坑工程监测是保证基坑安全、保护周边环境的有效手段,也是动态设计、信息化施工的重要依据。《建筑基坑工程监测技术标准》(GB 50497—2019)对基坑工程风险监控发挥了重要作用。

# 6.1　监测目的

　　基坑工程设计虽然根据地质勘探资料和使用要求对支护结构等进行了较为详细的计算，但由于地质条件、荷载、材料性质、施工条件和外界其他因素的复杂影响，很难仅从理论上预测工程中可能遇到的问题，而且理论预测值还不能全面、准确地反映工程的各种变化，所以在理论分析指导下有计划地进行现场工程监测就显得十分必要。

　　监测的目的有以下几点：

　　①通过监测随时掌握土层和支护结构内力的变化情况，以及邻近建筑物、地下管线和道路的变形情况，将监测数据与预测值进行对比、分析，以判断前步施工是否符合预期要求，确定和优化下一步的施工参数，以此达到信息化施工的目的。监测成果是现场工程技术人员做出正确判断的依据，是及时指导施工、避免事故发生的必要措施。

　　②为基坑周围环境（地下管线、建筑物、道路等）进行及时、有效的保护提供依据。

　　③监测结果可用于反馈及优化设计，为改进设计提供依据。

　　④通过对监测结果与理论预测值的比较、分析，可以检验设计理论的正确性，因此，监测工作还是发展设计理论的重要手段。

# 6.2　监测方案

　　根据标准要求，所有深基坑工程均需实施基坑工程监测。基坑工程设计中应明确提出监测要求，主要包括监测项目、测点布置、监测报警值等。基坑工程监测方根据规范、设计要求和现场实际情况，编制基坑工程监测方案。基坑工程监测方案的主要内容包括：

　　①工程概况；②场地工程地质、水文地质条件及基坑周边环境状况；③监测目的；④编制依据；⑤监测范围、对象及项目；⑥基准点、工作基点、监测点的布设要求及测点布置图；⑦监测方法和精度等级；⑧监测人员配备和使用的主要仪器设备；⑨监测期和监测频率；⑩监测数据处理、分析与信息反馈；⑪监测预警、异常及危险情况下的监测措施；⑫质量管理、监测作业安全及其他管理制度。

# 6.3　监测项目

　　基坑工程的现场监测应采用仪器监测与巡视检查相结合的方法，多种观测方法互为补充、相互验证。

　　仪器监测可以取得定量的数据，进行定量分析；以目测为主的巡视检查更加及时，可以起到定性、补充的作用，从而避免片面地分析和处理问题。例如，观察周边建筑和地表的裂缝分布规律、判别裂缝的新旧区别等，对于我们分析基坑工程对邻近建筑的影响程度有着重要作用。基坑周边超堆荷载、雨季地表水排水不畅、超挖等违规现象，往往是先通过巡视检查发现并及时得以纠正的。实践证明，仪器监测与巡视检查相结合的方法是行之有效的。

　　基坑工程应建立全方位的监测系统,以保证基坑及周边环境的安全。基坑工程现场监测的对象分为七大类:支护结构,包括围护墙、支撑或锚杆、立柱、冠梁和围檩等;地下水状况,包括基坑内外原有水位、承压水状况、降水或回灌后的水位;基坑底部及周边土体,是指基坑开挖影响范围内的坑内、坑外土体;周边建筑,是指在基坑开挖影响范围之内的建筑物、构筑物;周边管线及设施,主要包括供水管道、排污管道、通信、电缆、煤气管道、人防、地铁、隧道等,这些都是城市生命线工程;周边重要的道路,是指基坑开挖影响范围之内的高速公路、国道、城市主要干道和桥梁等;此外,根据工程的具体情况,可能会有一些其他应监测的对象,由设计和有关单位共同确定。

　　根据《建筑基坑工程监测技术标准》(GB 50497—2019)的规定,土质基坑工程仪器监测项目应根据表6.1进行选择,岩体基坑工程仪器监测项目应根据表6.2进行选择。

表6.1　土质基坑工程仪器监测项目表

| 监测项目 | | 基坑工程安全等级 | | |
|---|---|---|---|---|
| | | 一级 | 二级 | 三级 |
| 围护墙(边坡)顶部水平位移 | | 应测 | 应测 | 应测 |
| 围护墙(边坡)顶部竖向位移 | | 应测 | 应测 | 应测 |
| 深层水平位移 | | 应测 | 应测 | 宜测 |
| 立柱竖向位移 | | 应测 | 应测 | 宜测 |
| 围护墙内力 | | 宜测 | 可测 | 可测 |
| 支撑轴力 | | 应测 | 应测 | 宜测 |
| 立柱内力 | | 可测 | 可测 | 可测 |
| 锚杆轴力 | | 应测 | 宜测 | 可测 |
| 坑底隆起 | | 可测 | 可测 | 可测 |
| 围护墙侧向土压力 | | 可测 | 可测 | 可测 |
| 孔隙水压力 | | 可测 | 可测 | 可测 |
| 地下水位 | | 应测 | 应测 | 应测 |
| 土体分层竖向位移 | | 可测 | 可测 | 可测 |
| 周边地表竖向位移 | | 应测 | 应测 | 宜测 |
| 周边建筑 | 竖向位移 | 应测 | 应测 | 应测 |
| | 倾斜 | 应测 | 宜测 | 可测 |
| | 水平位移 | 宜测 | 可测 | 可测 |
| 周边建筑裂缝、地表裂缝 | | 应测 | 应测 | 应测 |
| 周边管线变形 | 竖向位移 | 应测 | 应测 | 应测 |
| | 水平位移 | 可测 | 可测 | 可测 |
| 周边道路竖向位移 | | 宜测 | 宜测 | 可测 |

表6.2　岩体基坑工程仪器监测项目表

| 监测项目 | | 基坑工程安全等级 | | |
|---|---|---|---|---|
| | | 一级 | 二级 | 三级 |
| 坑顶水平位移 | | 应测 | 应测 | 应测 |
| 坑顶竖向位移 | | 应测 | 宜测 | 可测 |
| 锚杆轴力 | | 应测 | 宜测 | 可测 |
| 地下水、渗水与降雨关系 | | 宜测 | 可测 | 可测 |
| 周边地表竖向位移 | | 应测 | 宜测 | 可测 |
| 周边建筑 | 竖向位移 | 应测 | 宜测 | 可测 |
| | 倾斜 | 应测 | 可测 | 可测 |
| | 水平位移 | 宜测 | 可测 | 可测 |
| 周边建筑裂缝、地表裂缝 | | 应测 | 宜测 | 应测 |
| 周边管线变形 | 竖向位移 | 应测 | 宜测 | 可测 |
| | 水平位移 | 宜测 | 可测 | 可测 |
| 周边道路竖向位移 | | 应测 | 宜测 | 可测 |

　　基坑工程监测项目应与基坑工程设计、施工方案相匹配。应针对监测对象的关键部位，做到重点观测、项目配套，并形成有效的、完整的监测系统。基坑工程监测是一个系统，系统内的各项目监测有着必然的、内在的联系。基坑在开挖过程中，其力学效应是从各个侧面同时展现出来的，例如支护结构的挠曲、支撑轴力、地表位移之间存在着相互间的必然联系，它们共存于同一个集合体中，即基坑工程内。限于测试手段、精度及现场条件，某一单项的监测结果往往不能揭示和反映基坑工程的整体情况，必须形成一个有效的、完整的、与设计施工工况相适应的监测系统并跟踪监测，才能提供完整、系统的测试数据和资料，才能通过监测项目之间的内在联系作出准确的分析、判断，为优化设计和信息化施工提供可靠的依据。当然，选择监测项目还必须注意控制费用，应在保证监测质量和基坑工程安全的前提下，通过周密地考虑，去除不必要的监测项目。

　　巡视检查宜以目测为主，以锤、钎、量尺、放大镜等工器具以及摄像、摄影等设备进行测量为辅。这种检查方法速度快、周期短，可以及时弥补仪器监测的不足。

# 6.4　测点布置

　　测点的位置应尽可能地反映监测对象的实际受力及变形状态，以保证对监测对象的状况做出准确的判断。在监测对象内力和变形变化大的代表性部位及周边环境重点监护部位，监测点应适当加密，以便更加准确地反映监测对象的受力和变形特征。

　　应在充分现场踏勘和收集资料的基础上，认真分析基坑工程设计图纸、计算书和周边环境布置图，结合支护结构内力包络图及受力变形特征、周边环境的特点，寻找最能反映基坑工程受力和变形的关键特征点,从而合理地布置监测点。

测点标志不应妨碍结构的正常受力,不应降低结构的变形刚度和承载能力,尤其是在布设围护结构、立柱、支撑、锚杆、土钉等的应力应变观测点时应注意这一点。管线的观测点布设不能影响管线的正常使用和安全。

在满足监控要求的前提下,应尽量减少在材料运输、堆放和作业密集区埋设的测点,以减少对施工作业产生的不利影响,同时也可以避免测点遭到破坏,提高测点的成活率。监测标志应稳固、明显、结构合理,监测点的位置应避开障碍物,便于观测。

影响监测费用的主要方面是监测项目的多少、监测点的数量以及监测频率的大小。

基坑工程监测点的布置首先要满足对监测对象监控的要求,这就要求必须保证一定数量的监测点。但不是测点越多越好,基坑工程监测工作量通常较大,又受人员、光线、仪器数量的限制,测点过多、当天的工作量过大,会影响监测的质量,同时也增加了监测费用。

围护墙或基坑边坡顶部的水平和竖向位移监测点应沿基坑周边布置,周边中部、阳角处应布置监测点。监测点水平间距不宜大于 20 m,每边监测点数目不宜少于 3 个。水平和竖向位移监测点宜为共用点,监测点宜设置在围护墙顶或基坑坡顶上。

围护墙或土体深层水平位移监测点宜布置在基坑周边的中部、阳角处及有代表性的部位。监测点水平间距宜为 20~60 m,每边监测点数目不应少于 1 个。为了真实地反映围护墙的挠曲状况和地层位移情况,应保证测斜管的埋设深度。用测斜仪观测深层水平位移时,若测斜管埋设在围护墙体内,测斜管长度不宜小于围护墙的深度;若测斜管埋设在土体中,测斜管长度不宜小于基坑开挖深度的 1.5 倍,并应大于围护墙的深度。因为测斜仪测出的是相对位移,若以测斜管底端为固定起算点(基准点),应保持管底端不动,否则就无法准确推算各点的水平位移,所以要求测斜管管底嵌入到稳定的土体中。

围护墙内力监测点应考虑围护墙内力计算图形,布置在围护墙出现弯矩极值的部位,监测点数量和横向间距视具体情况而定。平面上宜选择在围护墙相邻两支撑的跨中部位、开挖深度较大以及地面堆载较大的部位;竖直方向(监测断面)上监测点宜布置支撑处和相邻两层支撑的中间部位,间距宜为 2~4 m。

支撑内力监测点宜设置在支撑内力较大或在整个支撑系统中起控制作用的杆件上,每层支撑的内力监测点不应少于 3 个,各层支撑的监测点位置宜在竖向保持一致。监测截面应选择在轴力较大杆件上受剪力影响小的部位,当采用应力计和应变计测试时,混凝土支撑监测截面宜选择在两相邻立柱支点间支撑杆件的 1/3 部位;当钢管支撑采用轴力计测试时,轴力计宜设置在支撑端头。

立柱的竖向位移(沉降或隆起)监测点应布置在立柱受力、变形较大和容易发生差异沉降的部位,例如基坑中部、多根支撑交汇处、地质条件复杂处。逆作法施工时,承担上部结构的立柱应加强监测。立柱内力监测点的位置应根据支护结构计算书、计算图形确定,监测截面应选择在轴力较大杆件上受剪力影响小的部位,当采用应力计和应变计测试时,监测截面宜选择在坑底以上各层立柱下部的 1/3 部位。

锚杆的内力监测点应选择在受力较大且有代表性的位置,基坑每边中部、阳角处和地质条件复杂的区段宜布置监测点。每层锚杆的内力监测点数量应为该层锚杆总数的 1%~3%,且基坑每边不应少于 1 根。各层监测点位置在竖向上宜保持一致。每根杆体上的测试点宜设置在锚头附近和受力有代表性的位置。

基坑外地下水位监测点应沿基坑、被保护对象的周边或在基坑与被保护对象之间布置，监测点间距宜为 20～50 m。相邻建筑、重要的管线或管线密集处应布置水位监测点；当有止水帷幕时，宜布置在止水帷幕的外侧约 2 m 处；水位观测管的管底埋置深度应在最低设计水位或最低允许地下水位之下 3～5 m。承压水水位监测管的滤管应埋置在所测的承压含水层中；回灌井点观测井应设置在回灌井点与被保护对象之间。

基坑工程周边环境（建筑、地下管线、道路等）的监测范围既要考虑基坑开挖的影响范围，保证周边环境中各保护对象的安全使用，也要考虑对监测成本的影响。规范规定，基坑边缘以外 1～3 倍基坑开挖深度范围内需要保护的周边环境应作为监测对象，必要时尚应扩大监测范围。位于重要保护对象（地铁、隧道、重要管线、重要文物和设施、近代优秀建筑）安全保护区范围内的监测点的布置，尚应满足相关部门的技术要求。

建筑竖向位移监测点的布置应分析建筑的受力传递和应力分布情况。为了反映建筑竖向位移的特征和便于分析，监测点应布置结构主要传力构件上以及建筑竖向位移差异大的地方。

建筑裂缝、地表裂缝监测点应选择有代表性的裂缝进行布置，当原有裂缝增大或出现新裂缝时，应及时增设监测点。每条需要观测的裂缝应至少设 2 个监测点，且宜设置在裂缝的最宽处和裂缝末端。每个监测点一般设一组观测标志，每组观测标志可使用两个对应的标志分别设在裂缝的两侧。

管线监测点的布置应根据管线修建年份、类型、材料、尺寸及现状等情况，确定监测点设置。监测点宜布置在管线的节点、转角点和变形曲率较大的部位，监测点平面间距宜为 15～25 m，并宜延伸至基坑边缘以外 1～3 倍基坑开挖深度范围内的管线。供水、煤气、暖气等压力管线宜设置直接监测点，在无法埋设直接监测点的部位，可设置间接监测点。

## 6.5 监测设备

支护结构与周围环境的监测主要分为应力监测和变形监测。应力监测仪器用于现场测量的主要有钢筋计、土压力计和孔隙水压力计；变形监测仪器用于现场测量的主要有水准仪、经纬仪和测斜仪。

### 6.5.1 钢筋计

**1)钢筋计的工作原理**

钢筋计有钢弦式和电阻应变式两种，接收仪分别是频率仪和电阻应变仪。

①钢弦式钢筋计[图 6.1(a)]。其工作原理是当钢筋计受轴向力时，引起弹性钢弦的张力变化，改变了钢弦的振动频率，通过频率仪测得钢弦的频率变化即可测出钢筋所受作用力的大小，换算而得混凝土结构所受的力。

②电阻应变式钢筋计[图 6.1(b)]。其工作原理是利用钢筋受力后产生变形，使粘贴在钢筋上的电阻应变片产生应变，从而通过测出应变值得出钢筋所受作用力大小。

在基坑工程中，钢筋计可以用来量测支护桩（墙）沿深度方向的弯矩、支撑的轴力与平面弯矩和结构底板所承受的弯矩。

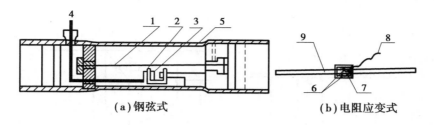

图 6.1 钢筋计构造
1—钢弦;2—铁芯;3—线圈;4—引出线;5—钢管外壳;
6—电阻应变片;7—密封外壳;8—信号线;9—工作钢筋

**2)钢筋计的使用方法**

如图 6.2 所示为钢筋计量测支护桩(墙)弯矩的安装示意图,如图 6.3 所示为钢筋计量测支撑轴力、弯矩的安装示意图。

钢弦式钢筋计安装时与结构主筋轴心对焊,一般是沿混凝土结构截面上下或左右对称布置一对钢筋计,或在四个角处布置 4 个钢筋计(方形截面)。电阻应变式钢筋计不需要与主筋对焊,只要保持与主筋平行,绑扎或点焊在箍筋上。

钢筋计传感器部分和信号线一定要做好防水处理;信号线要采用金属屏蔽式,以减少外界因素对信号的干扰;安装好后,浇筑混凝土前测一次初期值,基坑开挖前再测一次初期值。

## 6.5.2 土压力计

土压力计也称土压力盒,其构造与工作原理与钢筋计基本相同,目前使用较多的是钢弦式双膜土压力计,如图 6.4 所示。它的工作原理是当表面刚性板受到土压力作用后,通过传力轴将作用力传至弹性薄板,使之产生挠曲变形,同时也使嵌固在弹性薄板上的两根钢弦柱偏转,使钢弦应力发生变化,钢弦的自振频率也相应变化,再通过频率仪测得钢弦的频率变化,使用预先标定的压力-频率曲线,即可换算出土压力值。

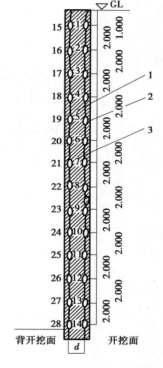

图 6.2 钢筋计量测支护桩(墙)
弯矩安装示意图(单位:m)
1—围护结构;
2—开挖面钢筋计;
3—背开挖面钢筋计

土压力计在基坑工程中可用来量测挖土过程中作用于挡墙上的土压力变化情况,以便及时了解其与土压力设计值的差异,保证支护结构的安全。

如图 6.5 所示为土压力计监测安装示意图,基坑内侧、外侧都应设测点,测点离挡墙一般为 0.5 ~ 2.0 m。土中安装土压力计需钻孔埋设,在孔中需要监测的部位设置土压力盒,压力盒接触面朝土体一侧,并在孔中注入与土体性质基本一致的浆液,填充空隙。

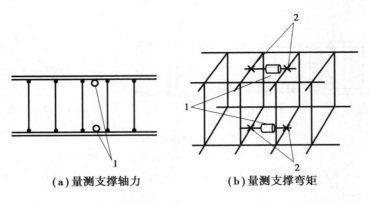

(a) 量测支撑轴力　　　　　(b) 量测支撑弯矩

**图 6.3　钢筋计量测支撑轴力、弯矩安装示意图**
1—钢筋计;2—绑扎或焊接

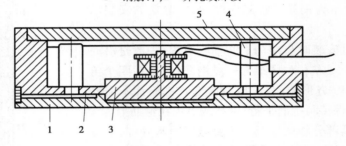

**图 6.4　钢弦式双膜土压力计构造**
1—刚性板;2—弹性薄板;3—传力轴;4—弦夹;5—钢弦

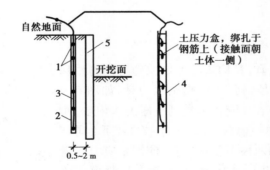

**图 6.5　土压力计安装**
1—土压力盒;2—钻孔;3—回填土;4—钢筋;5—挡土墙

### 6.5.3　孔隙水压力计

　　孔隙水压力计使用较多的是钢弦式孔隙水压力计,其构造与工作原理与土压力计极为相似,只是孔隙水压力计多了一块透水石,如图 6.6 所示。土体中的孔隙水压力和土压力均作用于压力计接触面上,只有孔隙水能够经过透水石将其压力传到弹性薄板上。弹性薄板的变形引起钢弦应力的变化,从而可根据钢弦频率的变化测得孔隙水压力值。

　　孔隙水压力计可用于量测土体中任意位置的孔隙水压力值大小,监控基坑降水情况及基坑开挖对周围土体的扰动范围和程度。在预制桩、套管桩、钢板桩的沉设中,还可根据孔隙水压力消散速率,用来控制沉桩速度。

埋设仪器前,首先在选定位置钻孔至要求深度,并在孔底填入部分干净的砂,然后将压力计放到测点位置,再在其周围填入中砂,砂层应高出压力计位置0.20~0.50 m为宜,最后用黏土封口。

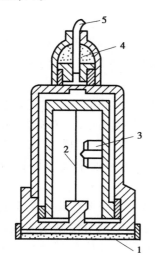 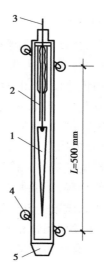

图6.6 钢弦式孔隙水压力计构造

1—透水石;2—钢弦;3—线圈;
4—防水材料;5—导线

图6.7 测斜仪的构造

1—重力摆锤;2—簧铜片(内侧贴电阻应变片);
3—电缆线(标有刻度);4—导向轮;
5—防震胶座

## 6.5.4 测斜仪

如图6.7所示为一个测斜仪的构造示意图,其工作原理是利用重力摆锤始终保持铅直方向的性质,测得仪器中轴线与摆锤垂线的倾角(倾角的变化可由电信号转换而得),从而可以获得被测构筑物的位移变化值。在摆锤上端固定一个弹簧铜片,铜片上端固定,下端靠着摆线。当测斜仪倾斜时,摆线在摆锤的重力作用下保持铅直,压迫簧片下端,使簧片发生弯曲,由粘贴在簧片上的电阻应变片输出电信号,测出簧片的弯曲变形,即可得知测斜仪的倾角,从而推出测斜管(即挡墙)的位移。

测斜仪在基坑工程中用来量测挡墙的水平位移以及土层中各点的水平位移。

使用测斜仪量测前,先在土层中钻孔,然后埋设测斜管(塑料管、铝管等),测斜管与钻孔之间的空隙应回填水泥和膨润土拌和的灰浆。测量时,连接测斜仪与标有刻度的信号传输线,将信号线另一端与读数仪连接。测斜仪上有两对导向轮,可以沿测斜管的定向槽滑入管底,然后每隔一段距离向上拉线读数,测定测斜仪与垂直线之间的倾角,从而得出不同标高位置处的水平位移。

如果是测试挡墙的位移,一般将测斜管垂直埋入挡墙内,测斜管与钢筋笼应绑扎牢固。

## 6.6 监测数据的整理和报警标准

**1)监测数据的整理**

监测数据的整理是监测工作中十分重要的一个方面,它要求监测人员要有较高的综合分析能力,能够去伪存真、去粗取精,正确判断,准确表达,及时提供出高质量的综合分析报告,真正起到反馈优化设计、正确指导施工的作用。

对监测项目的分析,不能仅观察其表面现象,要用联系的观点、发展的观点对监测数据进行分析研究。例如,对挡墙变形的监测数据进行分析时,应把位移的大小与位移速率结合起来,考察其发展的趋势,如果位移发展很快,基坑安全将受到严重威胁。同样,在分析基坑开挖对周围环境影响的位移问题时,也要把位移(包括沉降)大小与位移速率结合起来,考虑考察其发展的趋势,不能孤立地进行分析。

对大量的测试数据进行综合整理后,应制出结果表格,通常情况下还要绘出各类变化曲线,这样有利于发现问题和分析问题。例如,将位移的大小和位移速率同时绘制成曲线的变化形式,有助于有经验的工程技术人员判断基坑内外可能发生的问题,并便于其及时采取措施,消除隐患。

现场的监测资料应符合下述要求:

①使用正规的监测记录表格。

②监测数据应及时计算整理,并由记录人、校核人签字后,上报现场监理和有关部门。

③监测记录必须有相应的工况描述。

④对监测值的发展及变化情况应有评述,当接近报警值时应及时通报现场监理,提请有关部门关注。

⑤工程结束时应有完整的监测报告。

**2)监测项目的报警标准**

在工程监测中,应根据周围环境的承受能力和设计计算书要求,事先确定每一监测项目的报警值,以判断变形或受力状况是否超出允许的范围,判断工程施工是否安全可靠,以及是否需要调整施工方案或施工措施,是否需要进一步优化原设计方案。因此,监测项目报警值的确定十分重要。

报警标准应符合下列要求:

①不可超出设计值。

②满足监测对象的安全要求。

③满足各保护对象的主管部门提出的要求。

④满足现行规范、规程要求。

⑤在保证安全的前提下,综合考虑工程质量与经济等因素,减少不必要的资金投入。

每个报警值都应包括两部分,即总允许变化量和单位时间内允许变化量(即变化速率)。当监测项目的监测值接近报警值或变化速率较大时,应加密观测次数;当出现事故征兆时,应连续监测。

## 复习思考题

6.1 深基坑工程监测的目的是什么?
6.2 基坑工程监测方案的主要内容包括哪些?
6.3 基坑工程监测项目有哪些?
6.4 常用监测设备工作原理及作用是什么?

# 桩基础施工技术

**[本章基本内容]**

介绍桩基础的分类、桩型选择的基本原则、桩基几何尺寸的选择、常用桩设桩工艺选择以及常用桩施工方法的优缺点，并通过案例重点展示灌注桩和旋挖桩施工技术。

**[学习目标]**

（1）了解：桩基础的分类依据和主要类型。

（2）熟悉：桩型选择的基本原则；桩基础施工方法及其适用条件。

（3）掌握：灌注桩和旋挖桩施工技术。

桩是基础中的柱形构件，其作用在于穿过弱的压缩性土层或水，把来自上部结构的荷载传递到更硬或更密实且压缩性较小的土层或岩石上。

高层建筑采用桩基础的具体条件如下：浅层土软弱且承载力较低而在较深处或深层处有承载力较高的持力层时，上部结构传给基础的垂直荷载与水平荷载很大时，建筑物对不均匀沉降敏感或要求严格控制时，上部结构体型复杂时，拟建场地的工程地质条件变化较大时。

## 7.1 桩基分类

### 1）按荷载传递机理分

按荷载传递机理可分为摩擦桩、端承摩擦桩、摩擦端承桩和端承桩四种类型。前两类合称为摩擦型桩，后两类合称为端承型桩。单桩的荷载传递机理，如图7.1所示。

对于挤土桩（打入桩等），按式（7.1）计算

$$Q_u = Q_{su} + Q_{pu} - W_p \tag{7.1}$$

对于非挤土桩（钻孔桩等），按式（7.2）计算

$$Q_u = Q_{su} + Q_{pu} - W_p + W_s \qquad (7.2)$$

式中　$Q_u$——单桩竖向极限承载力;

　　　$Q_{su}$——单桩总极限侧阻力;

　　　$Q_{pu}$——单桩总极限端阻力;

　　　$W_p$——桩的重量;

　　　$W_s$——相应于入土桩体积的土柱重。

一般情况下,$W_p$ 和 $W_s$ 与 $Q_u$ 相比是很小的,可略去不计,所以以上两式可以改为:

$$Q_u = Q_{su} + Q_{pu} \qquad (7.3)$$

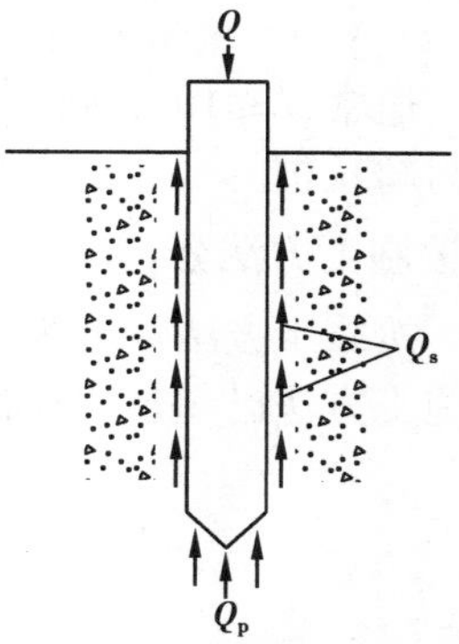

①摩擦桩:在承载能力极限状态下,桩顶竖向荷载由桩侧阻力承受,桩端阻力小到可以忽略不计;

图 7.1　单桩的荷载传递

②端承摩擦桩:在承载力极限状态下,桩顶竖向荷载主要由侧阻力承受,$Q_{su} > Q_{pu}$;

③摩擦端承桩:在承载能力极限状态下,桩顶竖向荷载主要由桩端阻力承受,$Q_{su} < Q_{pu}$;

④端承桩:在承载能力极限状态下,桩顶竖向荷载由桩端阻力承受,桩侧阻力小到可以忽略不计。

这四种类型桩的具体分类见表 7.1。

表 7.1　按桩荷载传递机理分类

| 参数 | 摩擦桩 | 端承摩擦型 | 摩擦端承型 | 端承型 |
|---|---|---|---|---|
| $Q_{su}/Q_u(\%)$ | 100~95 | 95~50 | 50~5 | 5~0 |
| $Q_{pu}/Q_u(\%)$ | 0~5 | 5~50 | 50~95 | 95~100 |

**2)按材料分**

按材料可分为木桩、钢筋混凝土桩、钢桩和组合材料桩等。其中,钢筋混凝土桩又可分为普通钢筋混凝土桩(简称 R.C 桩,混凝土强度等级为 C15~C40)、预应力钢筋混凝土桩(简称 P.C 桩,混凝土强度等级为 C40~C80)和预应力高强混凝土桩(简称 PHC 桩,混凝土强度等级不低于 C80);钢桩又可分为钢管桩和 H 型钢桩;组合材料桩中有钢管外壳加混凝土内壁的合成桩。

**3)按形状分**

按形状可分为圆形桩(实心圆、空心圆断面桩和管桩)、角形桩(三角形、四角形、六角形、八角形和外方内圆空心桩及外方内异形空心桩等)、异形桩(十字形、X 形、楔形、扩底形、树根形、梯形、锥形、T 形及波纹形桩等)、螺旋桩(螺纹桩及螺杆桩等)、多节桩(多节扩孔灌注桩、多节挤扩灌注桩及节桩等)。

**4)按直径或断面大小分**

按直径或断面大小可分为小桩(又称微型桩,$d \leqslant 250$ mm)、中等直径桩($250$ mm $< d < 800$ mm)和大直径桩($d \geqslant 800$ mm)。

**5)按长度比 $\alpha$ 分**

按桩的长度比可分为短桩($\alpha = 1.5 \sim 3.0$)和长桩($\alpha > 3$)。

$$\alpha = L/\lambda \qquad (7.4)$$

式中　$L$——桩长;

$\lambda$——桩特征长。

通常,$L \le 10$ m 称为短桩;$10$ m$< L \le 30$ m 称为中长桩;$30$ m$< L \le 60$ m 称为长桩;$L > 60$ m 称为超长桩。

### 6)按施工方法分

按施工方法可分为非挤土桩、部分挤土桩和挤土桩三大类型,如图 7.2 所示。再细分,桩的施工方法已超过 300 种。

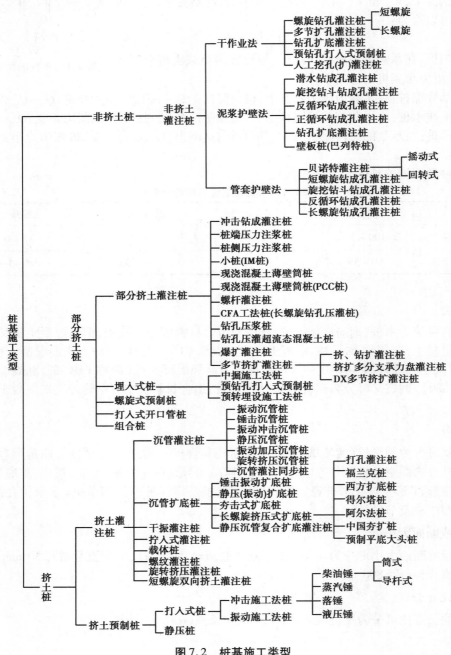

图 7.2　桩基施工类型

# 7.2 桩型选择

## 7.2.1 桩型选择基本原则

在选择桩型与工艺时,应在对建筑物的特征(建筑结构类型、荷载性质、桩的使用功能、建筑物的安全等级等)、地形、工程地质条件(穿越土层、桩端持力层岩土特性)、水文地质条件(地下水类别、地下水位)、施工机械设备、施工环境、造价以及工期等进行技术经济分析后选定。表7.2为三大类型桩的比较,表7.3为三大类型桩施工方法的选择。

表7.2 三大类型桩的比较

| 类 型 | | 优 点 | 缺 点 | 施工管理难度 | 不适合的地层 |
|---|---|---|---|---|---|
| 预制桩 | 打入式桩 | 施工容易;施工质量较易保证;在相同直径的情况下,承载力最大;暂时设立容易,工期短 | 振动大,噪声大,截桩量大,直径大时施工较难,造价高 | 比较容易 | 地层倾斜时,桩易产生破坏、弯曲;打入含石块的地层时,桩易产生破坏、弯曲;对于密度大的粉砂、细砂等土层,桩打入困难 |
| | 埋入式桩 | 振动小;噪声低;可进行从小直径到大直径(约1 m)桩的施工 | 由于施工方法及施工者的因素,成桩偏差比较大;泥土、泥水的处理困难;属于比较新的工法,技术熟练者较少,桩的承载力较小;必须根据地层条件选择施工方法 | 比较难 | 在带有承压水的砂层中施工易发生涌砂现象;在含有石块的地层中施工时成孔费时,且往往不能施工 |
| 灌注桩 | | 振动小;噪声低;可进行大直径桩的施工,可获得很高的单桩承载力;容易确认土质;容易变更桩长;即使地层的中间为坚硬层,也可进行施工 | 由于施工方法及施工者的因素,偏差比较大;泥土、泥水的处理困难;淤泥处理困难;有时会发生施工质量问题;必须根据地层条件选择施工方法;桩周土或桩底土容易松弛 | 比较难 | 在带有承压水的砂层中施工易发生涌砂现象;地层倾斜时会造成桩的弯曲;在含有石块的地层中施工时成孔费时 |

表 7.3 三大类型桩施工方法选择

| 选择条件 | 桩 型 | | | | | | | |
| --- | --- | --- | --- | --- | --- | --- | --- | --- |
| | 打入桩 | | | 埋入桩 | 灌注桩 | | | |
| | RC 桩 | PC (PHC)桩 | 钢管桩 | | 旋挖钻 斗钻法 | 贝诺 特法 | 反循 环法 | 人工挖 孔桩 |
| 市区、住宅 区等 | × | × | × | ○ | ○ | △ | ○ | ○ |
| 地下水位高 | ○ | ○ | ○ | △ | ○ | △ | ○ | × |
| 桩端持力层深 | × | △ | ○ | △ | △ | △ | ○ | × |
| 贯通含石块的 中间地层 | × | × | △ | △ | × | ○ | △ | ○ |

注:○合适;△需要十分注意;×困难。

## 7.2.2 桩基几何尺寸的选择

### 1)桩径与桩长

(1)确定桩长的参考标准

确定桩长首先应根据土层的竖向分布特征,选择地基土持力层(包括摩擦持力层和桩端持力层)。对于按实体基础考虑的群桩,还应考虑桩端压缩层深度。一般应选择较硬土层作为桩端持力层。桩端全断面进入持力层的深度,对于黏性土、粉土不宜小于 $2d$( $d$ 为桩的直径),砂土不宜小于 $1.5d$,碎石类土,不宜小于 $1d$。当存在软弱下卧层时,桩端以下硬持力层厚度不宜小于 $3d$。

当硬持力层较厚且施工条件许可时,桩端全断面进入持力层的深度宜达到桩端阻力的临界深度。

强风化岩的力学性质一般与碎石类土相似,用它作为桩端持力层时,桩进入该层的深度不宜小于 $1d$。

对于嵌岩桩,嵌岩深度应综合荷载、上覆土层、基岩、桩径、桩长等因素确定。对于嵌入倾斜的完整和较完整岩的全断面深度,不宜小于 $0.4d$ 且不应小于 $0.5$ m,倾斜度大于 30% 的中风化岩,还宜根据倾斜度及岩石完整性适当加大嵌岩深度;对于嵌入平整、完整的坚硬岩和较硬岩的全断面深度,不宜小于 $0.2d$ 且不应小于 $0.2$ m。

桩长的选择,应考虑在基础附近已埋入地下的建(构)筑物等。群桩桩长的选择还要考虑土的扩散角,避免应力重叠。承受水平荷载的桩,其入土深度应大于有效桩长,即对水平荷载发挥有效抗力的那部分长度。对于挤土桩,尚应考虑贯穿硬夹层深度的可能性。

（2）确定桩径的参考标准

首先应考虑各种桩成型的最小直径要求（不包括微型桩，即 JM 桩）。例如，打入式预制桩不应小于 25 cm×25 cm，干作业钻孔桩不小于 30 cm，泥浆护壁钻孔桩和冲孔桩不小于 50 cm，人工挖孔桩不小于 80 cm 等。

其次，要充分利用桩身材料强度来确定桩截面。例如，当作用在桩上的外力小于桩在土中的承载力时，一般应采用小截面桩。

下述情况，应扩大桩截面：

①有较大的集中荷载和桩端在密实土中时；

②当有较大的水平荷载或上拔荷载作用时；

③为了穿过较厚的软弱土层而增大侧表面时；

④长度不大时。

对于排架柱或框架柱下的桩基，当建筑场地埋藏有基岩、砂卵石等坚硬持力层时，可采用一柱一桩，以节省承台用料，但此时必须确保桩的施工质量。

（3）选择长径比（$L/d$）的参考标准

对于摩擦桩和端承摩擦桩，由于其大部分桩身轴向压力通过桩侧阻力向下和向四周传递，使轴向压力随深度递减，事实上不存在桩身压屈失稳问题，因此，其长径比可不作限制，宜采用细长桩。对于摩擦端承桩和端承桩，在其桩端持力层强度低于桩身材料强度的情况下，一般宜优先考虑采用扩底灌注桩。

按不出现压屈失稳条件来确定桩的长径比，一般说来，仅当高承台桩露出地面的长度较大，或桩侧土为可液化土、超软土时，才需考虑这一问题。对于一般土中的桩，其压屈临界荷载值很高，远大于由土体强度控制的极限承载力，因此，要根据施工条件适当考虑桩身稳定问题，来确定最大长径比。

按施工垂直度偏差控制桩长径比，主要是考虑不致出现桩端交会而降低桩端阻力。

桩的设计最小中心距一般为 $2.5d$，桩的水平容许偏差为 $d/4$，垂直度容许偏差为 $1\%$，由此可得到保证相邻桩端不会交会的条件是 $L/d \leqslant 60$。

## 2）桩的中心距

群桩基础中心距的确定需考虑下列因素：

①考虑挤土桩成桩过程的挤土效应。对于打入桩、压入桩、沉管灌注桩等挤土桩，其成桩过程的挤土效应，是确定这类桩最小中心距的主导因素。

对于沉管灌注桩，要考虑成桩过程中桩间土体不至于因桩距过小而发生过大的隆起，或对邻桩产生过大的侧向挤压力，而造成颈缩或断桩；对于饱和土中的预制桩，沉桩过程中产生较大的超静水孔压，土体将出现隆起和侧移，如果桩中心距过小，会对已入土的桩产生上拔力和水平推力，使其向上抬起和倾斜，导致桩端阻力降低，桩身拉断和折断；当预制桩接头焊接质量差、桩距过小时，沉桩的挤土效应会造成接头拉断并脱离。粉土和砂土中的挤土桩，当桩距过小时，由于挤土效应可能使沉桩阻力逐步增大，以至于无法沉至设计标高，在地面上形成高低不等的"桩林"。为此，对挤土桩的最小中心距应严加限制。

我国《建筑桩基技术规范》(JGJ 94—2008)规定的基桩最小中心距见表7.4。当施工中采取减小挤土效应的可靠措施时,表中数值可根据当地经验适当减小。

表7.4　基桩的最小中心距

| 土类与成桩工艺 | | 排数不少于3排且不少于9根的摩擦型桩 | 其他情况 |
|---|---|---|---|
| 非挤土灌注桩 | | 3.0$d$ | 3.0$d$ |
| 部分挤土桩 | 非饱和土、饱和非黏性土 | 3.5$d$ | 3.0$d$ |
| | 饱和黏性土 | 4.0$d$ | 3.5$d$ |
| 挤土桩 | 非饱和土、饱和非黏性土 | 4.0$d$ | 3.5$d$ |
| | 饱和黏性土 | 4.5$d$ | 4.0$d$ |
| 钻、挖孔扩底桩 | | 2$D$ 或 $D$+2.0 m（当$D$>2 m） | 1.5$D$ 或 $D$+1.5 m（当$D$>2 m） |
| 沉管夯扩、钻孔挤扩桩 | 非饱和土、饱和非黏性土 | 2.2$D$且4.0$d$ | 2.0$D$且3.5$d$ |
| | 饱和黏性土 | 2.5$D$且4.5$d$ | 2.2$D$且4.0$d$ |

注:①$d$为圆桩设计直径或方桩设计边长,$D$为扩大端设计直径;
　　②当纵横向桩距不相等时,其最小中心距应满足"其他情况"一栏的规定;
　　③当为端承桩时,非挤土灌注桩的"其他情况"一栏可减小至2.5$d$。

浙江省《建筑软弱地基基础设计规范》(DBJ 10—1—90),对沉管灌注桩基的最小中心距和最大布桩平面系数,见表7.5。所谓布桩平面系数,是指同一建筑物内,桩的横截面面积之和与边桩外缘线所包围的场地面积之比。在考虑打入式桩的挤土效应时,可参考表7.5中数据。

表7.5　沉管灌注桩的最小中心距和最大布桩平面系数

| 土的类别 | 一般情况 | | 排列超过2排、桩数超过9根的摩擦桩基础 | |
|---|---|---|---|---|
| | 最小中心距 | 最大布桩平面系数 | 最小中心距 | 最大布桩平面系数 |
| 穿越饱和土 | 4.0$d$ | 5% | 4.5$d$ | 4% |
| 穿越非饱和土 | 3.5$d$ | 6.5% | 4.0$d$ | 5% |

注:表中$d$为桩身设计直径。

②考虑群桩效应。一般说来,从承载能力和经济效果综合来看,群桩由整体破坏转变为刺入破坏的桩距界限值,可以认为是最优的设计桩距。对于软弱地基中的群桩,增大桩距和桩长是提高单桩承载力取值的手段。

③考虑邻桩干扰效应。对于在黏性土、粉土和密砂中的摩擦桩和端承摩擦桩,要考虑不致因桩距过小而产生过大的邻桩干扰效应,从而降低承载力。

④确定桩距时,应考虑承台分担荷载的作用。

### 3)桩设桩工艺选择

常用桩设桩工艺选择参见表7.6。

表 7.6　常用桩设桩工艺选择参考表

| 桩型 | 桩型或桩宽(mm) | 桩长(mm) | 穿越土层 | | | | | | | | | | | 桩端进入持力层 | | | | 地下水位 | | 对环境影响 | | 孔(桩)底有无挤密 |
|---|---|---|---|---|---|---|---|---|---|---|---|---|---|---|---|---|---|---|---|---|---|---|
| | | | 一般性黏土及其填土 | 非自重失陷(黄土) | 自重失陷(黄土) | 季节性冻土、膨胀土 | 淤泥和淤泥质土 | 粉土 | 砂土 | 碎石土 | 中间有硬夹层 | 中间有砂夹层 | 中间有砾石夹层 | 硬黏性土 | 密实砂土 | 碎石土 | 软质岩石和风化岩石 | 以上 | 以下 | 振动和噪声 | 排浆 | |
| 长螺旋钻孔灌注桩 | 300~1 500 | ≤30 | ○ | ○ | △ | ○ | × | ○ | △ | × | △ | △ | × | ○ | ○ | △ | △ | ○ | × | 低 | 无 | 无 |
| 短螺旋钻孔灌注桩 | 300~3 000 | ≤80 | △ | ○ | △ | △ | × | ○ | △ | △ | △ | △ | △ | ○ | ○ | △ | △ | ○ | × | 低 | 无 | 无 |
| 小直径钻孔扩底灌注桩(干作业) | 桩身300~600 扩大头800~1 200 | ≤30 | ○ | ○ | △ | ○ | × | ○ | △ | × | △ | × | × | ○ | ○ | △ | △ | ○ | × | 低 | 无 | 无 |
| 机动洛阳铲成孔灌注桩 | 270~500 | ≤20 | ○ | ○ | △ | △ | × | ○ | △ | × | △ | × | × | ○ | △ | × | × | ○ | × | 中 | 无 | 无 |
| 人工挖孔灌注桩 | 800~4 000 | ≤60 | ○ | ○ | △ | ○ | × | ○ | △ | △ | ○ | △ | △ | ○ | ○ | △ | ○ | ○ | △ | 无 | 无 | 无 |
| 潜水钻成孔灌注桩 | 450~4 500 | ≤80 | ○ | △ | × | ○ | ○ | ○ | △ | × | △ | △ | × | ○ | ○ | △ | × | ○ | ○ | 低 | 有 | 无 |
| 旋挖钻斗钻成孔灌注桩 | 800~4 000 | ≤130 | ○ | ○ | △ | ○ | ○ | ○ | ○ | △ | ○ | ×/△ | ○ | ×/△ | △ | ○ | △ | ○ | ○ | 低 | 有 | 无 |
| 反循环钻成孔灌注桩 | 400~4 000 | ≤150 | ○ | ○ | △ | ○ | ○ | ○ | ○ | △ | ○ | ×/△ | ○ | ×/△ | △ | ○ | △ | ○ | ○ | 低 | 有 | 无 |
| 正循环钻成孔灌注桩 | 400~2 500 | ≤90 | ○ | ○ | △ | ○ | ○ | ○ | ○ | × | △ | △ | × | ○ | ○ | △ | × | ○ | ○ | 低 | 有 | 无 |
| 大直径扩底钻孔灌注桩 | 桩身800~4 000 扩大头1 000~4 300 | ≤70 | ○ | ○ | △ | ○ | ○ | ○ | ○ | △ | ○ | ×/△ | ○ | ×/△ | △ | ○ | ×/△ | ○ | ○ | 低 | 有 | 无 |
| 贝诺特灌注桩 | 600~3 000 | ≤90 | ○ | ○ | △ | ○ | ○ | ○ | ○ | △ | ○ | △ | △ | ○ | ○ | △ | △ | ○ | ○ | 低 | 有 | 无 |
| 冲击成孔灌注桩 | 600~2 000 | ≤50 | ○ | × | × | △ | △ | ○ | △ | ○ | △ | △ | ○ | ○ | ○ | ○ | △ | ○ | ○ | 中 | 有 | 无 |
| 桩端压力注浆桩 | 400~2 000 | ≤130 | ○ | ○ | △ | ○ | △ | ○ | △ | × | ○ | ×/△ | ○ | ×/△ | △ | ○ | ×/△ | ○ | ○ | 低 | 有/无 | 有 |
| 钻孔压浆桩 | 400~800 | ≤30 | ○ | ○ | △ | ○ | × | ○ | △ | × | △ | △ | × | ○ | ○ | △ | △ | ○ | ○ | 低 | 无 | 有 |
| 长螺旋钻孔压灌注桩 | 400~1 000 | ≤30 | ○ | ○ | △ | ○ | × | ○ | △ | × | △ | △ | × | ○ | ○ | △ | △ | ○ | ○ | 低 | 无 | 有 |
| 锤击沉管成孔灌注桩 | 270~800 | ≤35 | ○ | ○ | △ | ○ | ○ | ○ | △ | × | △ | × | × | ○ | △ | × | × | ○ | ○ | 高 | 无 | 有 |
| 振动沉管成孔灌注桩 | 270~800 | ≤50 | ○ | ○ | △ | ○ | ○ | ○ | △ | × | △ | × | × | ○ | △ | × | × | ○ | ○ | 高 | 无 | 有 |
| 振动冲击沉管成孔灌注桩 | 270~350 | ≤25 | ○ | ○ | △ | ○ | ○ | ○ | △ | × | △ | × | × | ○ | △ | × | × | ○ | ○ | 高 | 无 | 有 |
| 夯扩桩 | 325~530 | ≤25 | ○ | ○ | △ | ○ | △ | ○ | △ | × | △ | × | × | ○ | △ | × | × | ○ | ○ | 中 | 无 | 有 |
| 福兰克桩 | 325~600 | ≤20 | ○ | ○ | △ | ○ | △ | ○ | △ | × | △ | × | × | ○ | △ | × | × | ○ | ○ | 中 | 无 | 有 |
| 载体桩 | 300~600 | ≤25 | ○ | ○ | △ | ○ | △ | ○ | △ | × | △ | × | × | ○ | △ | × | × | ○ | ○ | 中 | 无 | 有 |
| DX挤扩灌注桩 | 桩身400~1 500 承力盘800~2 500 | ≤60 | ○ | △ | △ | ○ | △ | ○ | △ | ×/△ | △ | △ | ×/△ | △ | △ | △ | △ | ○ | ○ | 高 | 无 | 有 |
| 预钻孔打入式预制桩 | 300~1 200 | ≤70 | ○ | ○ | △ | ○ | △ | ○ | △ | × | △ | △ | × | ○ | ○ | △ | △ | ○ | ○ | 低 | 有/无 | 有 |
| 中掘施工法桩 | 300~1 500 | ≤80 | ○ | ○ | △ | ○ | △ | ○ | △ | △ | △ | △ | △ | ○ | △ | ×/△ | △ | ○ | ○ | 低 | 有 | 有 |
| 打入式钢管桩(开口) | 300~1 500 | ≤80 | ○ | ○ | △ | ○ | △ | ○ | △ | △ | △ | △ | △ | ○ | △ | △ | △ | ○ | ○ | 高 | 无 | 有 |
| 打入式RC桩 | 250~800 | ≤60 | ○ | ○ | △ | ○ | △ | ○ | △ | × | △ | △ | × | ○ | △ | × | × | ○ | ○ | 高 | 无 | 有 |
| 打入式管桩 | 300~1 000 | ≤60 | ○ | ○ | △ | ○ | △ | ○ | △ | × | △ | △ | × | ○ | △ | × | × | ○ | ○ | 高 | 无 | 有 |
| 静压桩 | 300~600 | ≤70 | ○ | ○ | △ | ○ | △ | ○ | △ | × | △ | × | × | ○ | △ | × | × | ○ | ○ | 高 | 无 | 有 |

注:①表中符号○表示比较适合,即在大多数情况下适合,施工实绩较多;△表示有可能采用,或在某些情况下适合,或施工实绩不多;×表示不宜采用,或在大多数情况下不适合,或几乎没有施工实绩。

②表中设桩工艺选择的可能性及桩径、桩长参数随着设桩工艺进步而有所突破或变化。

③钻机、成孔机的成孔深度往往比实际桩长大得多,如正、反循环钻孔机最大深度分别可达到600 m和650 m,但最大桩长分别为90 m和150 m。

表 7.7　常用桩施工方法的优缺点

| 桩　型 | 优　点 | 缺　点 |
|---|---|---|
| 打入式预制桩（简式柴油锤沉桩方式） | 安装方便,施工准备周期短,暂时架设容易;施工质量容易控制;成桩不受地下水影响;生产效率高,施工速度快,工期短;相同土层地质条件下,单方承载力最高;无泥浆排放 | 振动大,噪声高,扰民严重;在 $N>30$ 的砂层中沉桩困难;在厚大的软土层中打长桩,常因拉应力而造成桩拉裂;直径大时施工困难;造价高;挤土效应显著 |
| 调频调幅液压（或电驱式）振动桩锤 | 安装方便,施工准备周期短,暂时架设容易;可调节偏心力矩,实现激振力由小到大可控调节;能实施零启动,在力矩不为零的情况下不能启动振动桩锤,保证在启动过程中无共振出现;能实施零停机,在停止振动前偏心力矩先自动回到零,保证在停机过程中无共振出现;施工质量容易控制;成桩效率高,施工速度快,工期短 | 在 $N>30$ 的砂层中沉桩困难,但可以借助射水法冲刷硬层以克服沉桩困难;存在挤土效应 |
| 静压桩 | 无噪声,无振动,无冲击力,施工应力小,桩顶不易破坏;沉桩精度较高,不易产生偏心沉桩;比打入式桩减少钢筋和水泥用量;能自动记录和显示压桩力,可预估和验证单桩承载力;送桩后桩身质量较可靠 | 压桩设备较笨重;要求边桩中心到已有建筑物的间距较大;压桩力受一定限制;贯穿中间硬夹层困难;挤土效应仍然存在,需视不同工程情况采取措施以减少其公害 |
| 沉管灌注桩 $d<500$ mm | 设备简单,施工方便,操作简单;造价低;施工速度快,工期短;随地质条件变化的适应性强;无泥浆排放 | 由于桩管口径的限制,影响单桩承载力;振动大,噪声大;因施工方法及施工者的因素,偏差较大;施工方法和工艺不当会造成缩颈、隔层、断桩、夹泥、空底等情况;遇淤泥层时处理较困难;在 $N>30$ 的砂层中沉桩困难 |
| 夯扩桩 | 在桩端处夯出扩大头,单桩承载力较高;借助于内夯管和桩锤的重量夯击灌入的混凝土,桩身质量高;可按土层地质条件调节施工参数、桩长和夯扩头直径,以提高单桩承载力;施工机械轻便,机动灵活,适应性强;施工速度快,工期短,造价低,无泥浆排放 | 遇中间硬夹层时桩管很难沉入;遇承压水层时成桩困难;振动较大,噪声较大 |
| 载体桩 | 可通过夯击填充料挤密土体形成复合载体,大大提高单桩承载力;可根据不同的设计要求,通过调整施工参数来调节单桩承载力;施工机械轻便,移动方便;施工中无须降水;可减少土方开挖的工程量;施工中无泥浆产生,还可消耗大量建筑垃圾和工业废料,有利于环境保护;可穿透杂填土层成孔成桩;施工造价低廉,施工速度快;夯扩体形状可控且边界较清楚 | 遇承压水层成孔成桩困难;因属于挤土桩,视具体工艺不同,将或多或少地对周边建筑物和地下管线产生挤土效应;护筒式夯扩工艺实施中,在夯扩填充料最后阶段有低振感 |

续表

| 桩 型 | 优 点 | 缺 点 |
|---|---|---|
| 预钻孔打入式预制桩 | 预制孔时振动和噪声减小；预钻孔后可充分打入，保证桩端阻力；预钻孔可穿越较密实砂层；可对桩端加固或设扩大头，以提高桩端阻力 | 打桩时振动和噪声值与打入式桩一样，但打入深度浅、影响小；桩侧阻力明显降低，但可在孔与桩间注浆，提高桩侧阻力 |
| 中掘施工法桩 | 振动小，噪声小；孔径不大于桩径，可保障桩侧阻力；可穿越坚硬中间层及较厚的固结层；可在倾斜地层中施工；可在易坍塌的地层中施工；桩起护筒作用，对周围建筑影响小；可进行大直径桩的施工；可对桩端加固或设扩大头，以提高桩端阻力 | 与预钻孔打入桩相比，施工速度降低；大深度桩施工时，不仅桩需焊接，螺旋钻杆也需接长，施工较麻烦；桩机较长，狭窄场地施工困难 |
| 螺旋钻孔灌注桩（干作业） | 设备简单，施工方便；振动小，噪声小，不扰民；钻进速度快，工期短；无泥浆污染；因是干作业成孔，故混凝土灌注质量较好；造价低 | 桩端或多或少留有虚土；单方承载力较低；地下水位以下无法成孔；适用范围限制较大 |
| 钻孔扩底灌注桩 | 振动小，噪声小；造价低；单方承载力与打入式预制桩相当；桩身直径缩小和桩数减少，可缩小承台面积；大直径钻扩桩可适应高层建筑"一柱一桩"的要求 | 桩端有时留有虚土；干作业钻扩孔法在地下水位以下无法成孔；水下作业钻扩孔法需处理废泥浆 |

# 7.3 工程案例

## 7.3.1 天津117大厦钻孔灌注桩施工技术

### 1）工程概况

天津117大厦（图7.3）地上总建筑面积约370 000 m²，建筑高度为597 m，共117层。工程桩由941根成孔深度100 m的钻孔灌注桩组成，其中两根试验桩为120.6 m，直径为1 m，混凝土设计强度为C50，桩底、桩侧采用后注水泥浆，垂直度控制为1/300，单桩极限承载力42 000 kN，采用静载试验检测。场地为海相与陆相交互沉积地层，120.6 m长试验桩穿越5个承压含水层。

### 2）超大长径比试验桩施工技术

（1）深厚砂土超深钻孔泥浆控制技术

试桩钻孔泥浆采用反循环工艺，选用PHP低固相膨润土泥浆。基浆由膨润土、纯碱（NaCO）和水拌制而成，其配合比根据水质、膨润土性质试验确定。在此基础上加入一定量的由聚丙烯酰胺（PAM）在NaOH中水解形成的PHP胶体，即为新浆。泥浆通过循环系统重复利用，并可通过调节性能指标，满足不同土层的钻进及清孔需求（图7.4）。

图 7.3　天津 117 大厦

图 7.4　泥浆配制

（2）超大长径比桩孔垂直度控制技术

①钻机技术要求。经综合分析，选用 ZSD2000 型钻机（图 7.5）。主要技术要求如下：
a. 整套钻具的总质量≥25 t，增强了钻机工作稳定性；b. 采用笼式双腰带技术，钻杆采用法兰连接，并加设导正器；c. 在钻头设 800 kg 配重加压，使钻具重心尽量下移至钻头部位。

图 7.5　ZSD2000 型钻机

②成孔钻进控制。a.开钻时慢速钻进,待导向部分或主动钻杆全部进入底层方可加速;b.采用减压钻进,使加在孔底的钻压小于粗径钻具总重(扣除泥浆浮力)的80％;c.根据不同地层调整钻进速度,遇到软硬底层交界处时轻压慢钻。

(3)超长超重钢筋笼制作安装技术

①钢筋笼制作、吊装。钢筋笼采取现场整体制作(图7.6),预拼装后分节吊装。分节长度按25 m左右控制。钢筋笼吊装采用双机抬吊,直立后由100 t履带式起重机吊放入孔。通过法兰式圆盘定位胎架(图7.7)、"F"形限位钳、组合式吊具等机具的合理使用,以有效控制钢筋笼主筋定位、转运和吊装过程中的变形(图7.8)。

图7.6　钢筋笼制作

图7.7　法兰式圆盘定位胎架

图7.8　钢筋笼吊装

②钢筋笼孔口连接。钢筋笼上下节间23根主筋在孔口处采用分体式直螺纹套筒连接,12根预埋管道在孔口处采用套管连接,均可在一定偏差范围内调整就位,实现了钢筋笼孔口的快速、可靠连接(图7.9)。

图7.9　钢筋笼孔口连接

（4）超深水下浇筑高性能自密实混凝土技术

①原材料选择。选用质地坚硬、无碱活性、级配合理、空隙小、粒形良好的优质粗、细骨料；选用优质减水剂降低混凝土单位用水量；掺加优质磨细矿物粉掺和料，改善混凝土的工作性能和内部结构；控制骨料、粉料和水的温度，保证混凝土入模温度为 10～30 ℃。

②混凝土配合比设计。混凝土强度等级为 C55，按耐久年限 100 年、自密实设计，经试配、调整优化后，选定施工配合比。混凝土拌合物实测（图 7.10）主要性能指标如下：坍落扩展度为 610～640 mm；L 形仪间歇通过性及抗离析性试验测得 $H_2/H_1 \geqslant 0.82$；初凝时间约 10 h，终凝时间约 16 h；7 d 抗压强度为 55.2 MPa，28 d 抗压强度为 65.7 MPa；氯离子扩散系数为 3.7，56 d 电通量为 380 C。混凝土配合比（单位为 kg/m³）：P·O42.5 水泥：Ⅱ级粉煤灰：S95 磨细矿渣：中砂：5～25 mm 碎石：聚羧酸外加剂：水 = 330：100：110：670：1 010：6.4（含固量 18%）：173。

图 7.10　混凝土性能测试

③混凝土浇筑。通过计算分析，确定浇筑数量、时间和标高的对应关系，以指导混凝土供应、浇筑和导管提升作业控制。导管下放前应进行密闭性检验，确认接头顺直、通畅、严密（图 7.11）。混凝土浇筑应连续进行，初灌保证导管一次埋入混凝土顶面 ≥1 m，整个过程中持续探测混凝土顶面高度，适时提升和逐级拆卸导管，保持导管在混凝土内埋深为 2～6 m（图 7.12）。

图 7.11　导管下放前检验　　　　图 7.12　混凝土浇筑

（5）可塑-硬塑土层竖向高密度点位环形注浆技术

①主要技术参数。注浆管数量及位置应通过注浆作用机理分析，综合考虑钢筋笼净空、保护层等影响因素来确定。120 m 长试验桩桩侧注浆管设置 5 根，桩端注浆管设 3 根（兼超声

波检测用),均沿桩周对称布置。采用单向注浆阀,其逆向抗压桩端≥1.5 MPa,桩侧≥1.2 MPa。桩侧注浆阀采用环形布置,第1道设置在有效桩顶以下20 m,最下1道距桩端15 m,中间均匀设置3道(图7.13)。

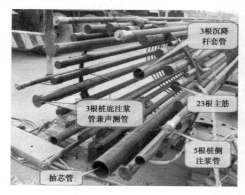

3根沉降杆套管

3根桩底注浆管兼声测管

23根主筋

5根桩侧注浆管

抽芯管

**图7.13 注浆管布置**

②注浆管安装。注浆管均采用镀锌钢管,桩端注浆管设置在钢筋笼内侧,桩侧竖向注浆管安放在钢筋笼外侧,与钢筋笼主筋绑扎固定,随钢筋笼分节采用套管焊接连接。桩侧注浆阀在钢筋笼下放过程中绑扎安装,注浆阀与竖向注浆管采用三通连接。

③开塞与注浆。针对土层特点,为防止单向注浆阀开塞后泥水回流沉淀、固结而堵塞,故未采用通常的清水开塞工艺,直接利用注浆开塞。为保证开塞与注浆效果,应重点控制桩孔垂直度和孔底、钢筋笼底标高,使钢筋笼底、底注浆阀不被混凝土包裹。注浆采用压力与注浆量双控,采用P·O42.5水泥,水灰比为0.6~0.7,注浆流量为75 L/min。

超大长径比工程试验桩经成孔质量检测,桩孔垂直度偏差小于1/300,桩孔沉渣厚57~84 mm,泥皮厚0.5~2 mm;经超声波检测,加载至42 000 kN,桩身未发生破坏,桩沉降位移为50.4~58.9 mm。结果表明,主要质量控制指标均达到预期目的和设计要求。

### 7.3.2 重庆来福士广场灌注桩施工技术

**1)工程概况**

重庆市来福士广场项目A标段共有桩基1 532根,其中塔楼及部分裙楼桩基为椭圆异形桩,最大桩径5.8 m,扩大头9.4 m,平均桩长22 m,采用挖孔方式成孔;裙楼抗拔桩最长38 m,最大桩径2.2 m,平均桩长26 m,采用旋挖钻全套管掘进方式成孔。所有桩基均为端承桩,由于项目位于长江与嘉陵江交汇处,距离长江最近仅30 m,属于典型临江复杂地层。

**2)大直径挖孔灌注桩施工技术**

(1)土方开挖

桩基按跳挖的原则进行开挖,大直径桩表层1~3 m土层利用反铲挖掘机在地面开挖,4~6 m土层将小型挖掘机吊入孔内作业(图7.14)。

下层石方采用水钻掘进,水钻钻孔将挡土桩桩芯与四周基岩分离,钻完后用锤子把楔形錾子沿钻缝打进,岩芯挤压断裂后取出,基底人工修平(图7.15)。

采用龙门式人字桁车吊出土(图7.16)。

图 7.14　大直径桩土方开挖

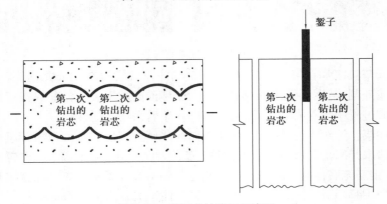

图 7.15　岩层水钻施工示意图

（2）护壁施工

①护壁模板支设。一级土方开挖完成后，按设计要求绑扎钢筋，支设模板。内模采用 6 mm 厚组合钢模板拼装而成，拆上节支下节，循环周转使用，以 A48 钢管与螺旋顶托作为内支撑（图 7.17）。

图 7.16　人字桁车吊

图 7.17　护壁模板

②护壁钢筋绑扎。椭圆桩主筋安装前预先吊垂线确定 1#、2#圆心点，根据纵筋中心至圆心点的距离，放出圆弧部分纵筋位置，得出 3#、4#、5#、6#基点，再根据纵筋间距划分出直线段纵筋位置（图 7.18）。

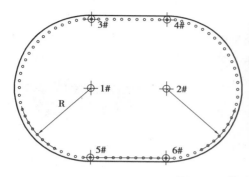

图 7.18　护壁钢筋绑扎

③护壁混凝土浇筑。护壁混凝土采用小型振动棒振捣,无法使用振动棒的位置人工敲击钢模板振实(图 7.19)。

(3)桩基扩大头施工

桩基扩大头开挖斜率有 1∶2 和 1∶3 两种类型。扩大头段开挖时,桩基已入岩,采用可调角度水钻分层掘进(图 7.20),桩孔验收后浇筑封底混凝土(图 7.21)。

图 7.19　护壁浇筑成型　　　图 7.20　可调角度水磨钻　　　图 7.21　终孔混凝土浇筑

(4)钢筋笼绑扎

在孔外进行双层钢筋笼骨架及操作架的制作及搭设,钢筋笼纵向每隔 3 m 设置一道加强环,加强环内设置加强钢筋,在钢筋笼骨架中穿插搭设操作架骨架,利用汽车吊辅助塔吊将钢筋笼骨架和操作架骨架吊入孔内后对操作架加固,完成剩余钢筋的绑扎(图 7.22)。

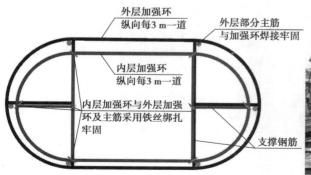

图 7.22　钢筋笼及操作架制作

（5）混凝土灌注

桩基在成孔后，因桩底基岩裂隙水涌水及桩壁渗水量过大，采用双导管进行水下混凝土浇筑，混凝土超灌高于设计高度 1 m，浇筑完成后水面上升进行蓄水养护（图 7.23）。

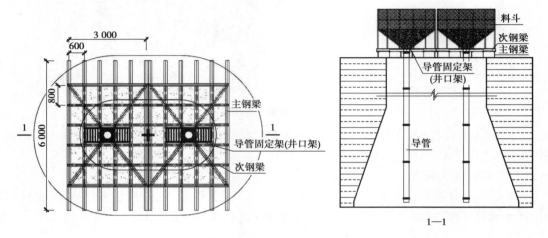

图 7.23　双导管料斗支架

**2）旋挖钻全套管掘进灌注桩施工技术**

项目场区内砂卵石层厚度大、透水强、分布不均匀，地质条件复杂，重庆地区常用的钢护筒护壁成孔方式大多先用大直径钻头成孔，然后采用钻头按压的方式下放钢护筒，对于砂卵石较厚、土层稳定性较差的工程，成孔后护筒往往难以下放，埋设深度有限。来福士项目采用全套管掘进的方式成孔，利用旋挖钻机改造后的动力头（图 7.24），将套管驱动器与套管连接，把套管钻进埋置于易塌孔地质中，再用小于套管直径的钻头掏出套管内土石渣，如此循环通过套管护壁成孔。后期下放钢筋笼、浇筑混凝土时利用拔管机一节一节拔出套管，完成整个成桩工序（图 7.25、图 7.26）。

（a）改造前的动力头

（b）改造后的动力头

图 7.24　动力头

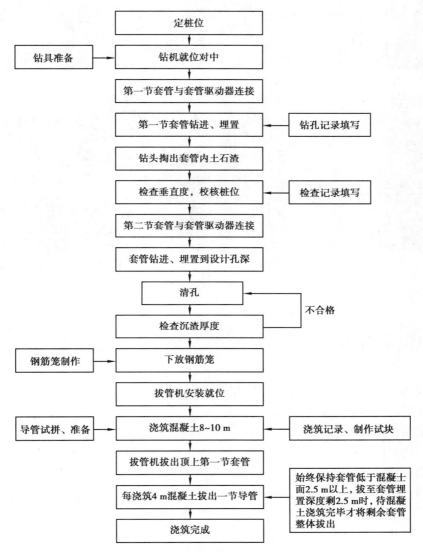

图 7.25　旋挖钻全套管施工流程

（a）第一节套管与套管驱动器连接

（b）第一节套管已钻进到位

（c）第二节套管与第一节套管连接

（d）钻机出渣

图7.26　钢套管埋设及钻进

## 复习思考题

7.1　简述桩基础的分类依据和主要类型。

7.2　简述桩型选择的基本原则。

7.3　常用桩基础施工方法有哪些？

7.4　简述灌注桩施工工艺。

7.5　简述旋挖桩施工工艺。

8

# 大体积混凝土施工技术

**[本章基本内容]**

　　介绍大体积混凝土的定义、特点、裂缝产生的原因以及控制裂缝开展的基本方法,重点阐述大体积混凝土内外约束裂缝控制施工计算方法、混凝土表面温度裂缝计算方法、混凝土所需保温(隔热)材料厚度计算方法、大体积混凝土结构伸缩缝间距计算方法,并对控制大体积混凝土温度裂缝的技术措施进行了总结。

**[学习目标]**

　　(1)了解:大体积混凝土控制温度裂缝的技术措施。

　　(2)熟悉:大体积混凝土控制裂缝开展的基本方法。

　　(3)掌握:大体积混凝土内外约束裂缝控制施工计算方法、混凝土表面温度裂缝计算方法、混凝土所需保温(隔热)材料厚度计算方法、大体积混凝土结构伸缩缝间距计算方法。

## 8.1　大体积混凝土概述

　　高层的基础形式多采用箱形基础、筏式基础和桩基础,这些基础常设计有厚大的混凝土底板或体积较大的承台,都是体积较大的钢筋混凝土结构。尤其是在高层或超高层建筑的塔楼基础范围内,常设计厚度达 1.0~1.5 m 且面积较大的整体钢筋混凝土筏板或承台。不同于一般混凝土结构,这些体积较大的混凝土结构在施工中会因水泥水化热引起混凝土浇筑体内部温度剧烈变化,使混凝土浇筑体的早期塑性收缩和混凝土硬化过程中的收缩增大,使混凝土浇筑体内部的温度收缩应力发生剧烈变化,从而导致混凝土浇筑体或构件发生裂缝,影响结构的耐久性。如何防控水

大体积混凝土概述

泥水化热产生的温度应力和混凝土收缩变形而产生的有害裂缝,是大体积混凝土施工的关键。

美国混凝土学会(ACI)规定:任何就地浇筑的大体积混凝土,因其尺寸之大,必须要采取措施解决水化热及随之引起的体积变形问题,以最大限度地减少开裂。日本建筑学会标准(JASS5)规定:结构断面最小尺寸在 80 cm 以上,水化热引起混凝土内的最高温度与外界气温之差预计超过 25 ℃ 的混凝土,称为大体积混凝土。我国《大体积混凝土施工标准》(GB 50496—2018)中规定:大体积混凝土是指混凝土结构物实体最小几何尺寸不小于 1 m 的大体积混凝土,或预计会因混凝土中胶凝材料水化引起的温度变化和收缩而导致有害裂缝产生的混凝土。

对于大体积混凝土的温差控制,我国《大体积混凝土施工标准》(GB 50496—2018)规定:大体积混凝土工程施工前,应对施工阶段大体积混凝土浇筑体的温度、温度应力及收缩应力进行试算,并确定施工阶段大体积混凝土浇筑体的温升峰值,以及里表温差及降温速率的控制指标,制订相应的温控技术措施。温控指标的规定是:混凝土浇筑体在入模温度基础上的温升值不宜大于 50 ℃,混凝土浇筑体的降温速率不宜大于 2.0 ℃/d,大体积混凝土浇筑块体的里表温差(不含混凝土收缩的当量温度)不宜大于 25 ℃,混凝土浇筑体表面与大气温差不宜大于 20 ℃。

## 8.2 结构物裂缝的种类

工程结构的裂缝问题是具有一定普遍性的技术问题。虽然结构物的设计建立在极限承载力基础上,但有些工程的使用标准都是由裂缝控制的。因此,按裂缝的宽度不同,混凝土裂缝可分为微观裂缝和宏观裂缝两种。

**1)微观裂缝**

20 世纪 60 年代以来,混凝土的现代试验研究设备(如各种实体显微镜、X 光照相设备等),可以证实在尚未承受荷载的混凝土结构中存在着肉眼看不见的微观裂缝,其宽度在 0.05 nm 以下。微观裂缝主要有三种(图 8.1):

①黏着裂缝,即沿着骨料周围出现的骨料与水泥石粘面上的裂缝。

②水泥石裂缝,即分布在骨料间水泥浆中的裂缝。

③骨料裂缝,即存在于骨料本身的裂缝。

三种微观裂缝中,黏着裂缝和水泥石裂缝较多,而骨料裂缝较少。

微观裂缝在混凝土结构中的分布是不规则的,沿截面是不贯穿的,因此,有微观裂缝的混凝土可以承受拉力。但在结构物的某些受拉较大的薄弱环节处,微观裂缝在拉力作用下很容易串联贯穿全截面,最终导致较早的断裂。

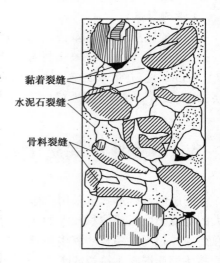

黏着裂缝
水泥石裂缝
骨料裂缝

**图 8.1 微裂示意图**

**2)宏观裂缝**

宽度不小于0.05 mm的裂缝是肉眼可见裂缝,也称为宏观裂缝,宏观裂缝是微观裂缝扩展的结果。

在建筑工程中,微观裂缝对防水、防腐、承重等不会引起危害,故将具有微观裂缝的结构假定为无裂缝结构。设计中所谓不允许出现裂缝,也是指不允许出现宽度大于0.05 mm的初始裂缝。因此,有裂缝的混凝土是绝对的,无裂缝的混凝土是相对的。

产生宏观裂缝的起因一般有外荷载、次应力和变形变化三种,前两者引起裂缝的可能性较小,后者是导致混凝土产生宏观裂缝的主要原因。宏观裂缝又可分为表面裂缝、深层裂缝和贯穿裂缝,如图8.2所示。

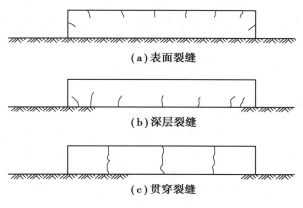

**(a)表面裂缝**

**(b)深层裂缝**

**(c)贯穿裂缝**

**图8.2　宏观裂缝**

(1)表面裂缝

大体积混凝土浇筑初期,水泥水化热大量产生,使混凝土的温度迅速上升。由于混凝土表面散热条件较好,热量可向大气中散发,故其温度上升较少;而混凝土内部由于散热条件较差,热量不易散发,其温度上升较多。混凝土内部温度高,表面温度低,则形成温度梯度,使混凝土内部产生压应力,表面产生拉应力,当拉应力超过混凝土的极限抗拉强度时,混凝土表面就会产生裂缝。

表面裂缝虽不属于结构性裂缝,但在混凝土收缩时,由于表面裂缝处的断面已削弱,易产生应力集中现象,促使裂缝进一步开展。国内外对裂缝宽度都有相应的规定,如我国的《混凝土结构设计规范》(GB 50010—2010)对钢筋混凝土结构的最大允许裂缝宽度就有明确的规定:室内正常环境下的一般构件为0.3 mm;露天或室内高湿度环境下为0.2 mm。

(2)贯穿裂缝

大体积混凝土浇筑初期,混凝土处于升温阶段及塑性状态,弹性模量很小,变形变化所引起的应力很小,故温度应力一般可忽略不计。混凝土浇筑一定时间后,水泥水化热已基本释放完毕,混凝土从最高温逐渐降温。降温的结果是引起混凝土收缩,再加上混凝土多余水分蒸发等引起的体积收缩变形,在受到地基和结构边界条件的约束不能自由变形时,导致产生拉应力。当该拉应力超过混凝土极限抗拉强度时,混凝土整个截面就会产生贯穿裂缝。

贯穿裂缝切断了结构断面,破坏了结构整体性、稳定性、耐久性、防水性等,影响正常使用。因此,应当采取一切措施,坚决控制贯穿裂缝的开展。

（3）深层裂缝

基础约束范围内的混凝土处在大面积拉应力状态，在这种区域若产生了表面裂缝，则极有可能发展为深层裂缝，甚至发展成贯穿性裂缝。深层裂缝部分切断了结构断面，具有很大的危害性，施工中是不允许出现的。如果设法避免基础约束区的表面裂缝，且混凝土内外温差控制适当，则基本可避免出现深层裂缝和贯穿裂缝。

# 8.3 大体积混凝土裂缝产生的原因

大体积混凝土施工阶段产生的温度裂缝，是其内部矛盾发展的结果。一方面是混凝土由于内外温差产生应力和应变，另一方面是结构物的外约束和混凝土各质点的约束阻止了这种应变，一旦温度应力超过混凝土能承受的极限抗拉强度，就会产生不同程度的裂缝。总结大体积混凝土产生裂缝的工程实例，产生裂缝的主要原因有以下几种。

**1）水泥水化热的影响**

水泥在水化过程中会产生大量的热量，这是大体积混凝土内部温升的主要热量来源。试验证明，每克普通水泥放出的热量可达 500 J。由于大体积混凝土截面的厚度大，水化热聚集在结构内部不易散发，会引起混凝土内部急剧升温。水泥水化热引起的绝热温升，与混凝土厚度、单位体积水泥用量和水泥品种有关，混凝土厚度越大，水泥用量越多，水泥早期强度越高，混凝土内部的温升越快。大体积混凝土测温试验研究表明：水泥水化热在 1~3 d 放出的热量最多，大约占总热量的 50%；混凝土浇筑后的 3~5 d，混凝土内部的温度最高。

混凝土的导热性能较差，浇筑初期混凝土的弹性模量和强度都很低，对水化热急剧温升引起的变形约束不大，温度应力自然也比较小。随着混凝土龄期的增长，其弹性模量和强度相应提高，对混凝土降温收缩变形的约束越来越强，即产生很大的温度应力，当混凝土的抗拉强度不足以抵抗该温度应力时，便产生温度裂缝。

**2）内外约束条件的影响**

各种结构的变形变化中，必然受到一定的约束阻碍其自由变形，阻碍变形因素称为约束条件。约束又分为内约束与外约束，结构产生变形变化时，不同结构之间产生的约束称为外约束，结构内部各质点之间产生的约束称为内约束。外约束分为自由体、全约束和弹性约束三种。建筑工程中的大体积混凝土，相对水利工程来说体积并不算很大，它承受的温差和收缩主要是均匀温差和均匀收缩，故外约束应力占主要地位。

大体积混凝土与地基浇筑在一起，温度变化时受到下部地基的限制，因而产生外部的约束应力。混凝土在早期温度上升时，产生的膨胀变形受到约束面的约束而产生压应力，此时混凝土的弹性模量很小，徐变和应力松弛大，混凝土与基层连接不太牢固，因而压应力较小。但当温度下降时，则产生较大的拉应力，若超过混凝土的抗拉强度，混凝土将会出现垂直裂缝。

在全约束条件下，混凝土结构的变形应是温差和混凝土线膨胀系数的乘积，即 $\varepsilon = \Delta T \cdot \alpha$，当 $\varepsilon$ 超过混凝土的极限拉伸值 $\varepsilon_p$ 时，结构便出现裂缝。由于结构不可能受到全约束，况且混凝土还有徐变变形，所以温差在 25~30 ℃情况下也可能不产生裂缝。由此可见，降低混凝土的内外温差和改善约束条件，是防止大体积混凝土产生裂缝的重要措施。

**3）外界气温变化的影响**

大体积混凝土结构在施工期间，外界气温的变化对防止大体积混凝土开裂有重大影响。混凝土的内部温度是由浇筑温度、水泥水化热的绝热温升和结构的散热温度等各种温度的叠加之和。浇筑温度与外界气温有着直接关系，外界气温越高，混凝土的浇筑温度也越高；如外界温度下降，会增加混凝土的温度梯度，特别是气温骤降，会大大增加外层混凝土与内部混凝土的温度梯度，因而会造成过大温差和温度应力，使大体积混凝土出现裂缝。

大体积混凝土不易散热，其内部温度有时竟高达 90 ℃以上，而且持续时间较长。温度应力是由温差引起的变形所造成的，温差越大，温度应力也越大。因此，研究合理的温度控制措施，控制混凝土表面温度与外界气温的温差，也是防止裂缝产生的重要措施。

**4）混凝土收缩变形影响**

（1）混凝土塑性收缩变形

在混凝土硬化之前，混凝土处于塑性状态，如果上部混凝土的均匀沉降受到限制（如遇到钢筋或大的混凝土骨料），或者平面面积较大的混凝土，其水平方向的减缩比垂直方向更难时，就容易形成一些不规则的混凝土塑性收缩性裂缝。这种裂缝通常是互相平行的，间距为 0.2～1.0 m，并且有一定的深度，它不仅可以发生在大体积混凝土中，而且可以发生在平面尺寸较大、厚度较薄的结构构件中。

（2）混凝土的体积变形

混凝土在水泥水化过程中要产生一定的体积变形，但多数是收缩变形，少数为膨胀变形。掺入混凝土中的拌合水，约有 20%的水分是水泥水化所必需的，其余 80%都要被蒸发，最初失去的自由水几乎不引起混凝土的收缩变形。

混凝土干燥收缩的机理比较复杂，其主要原因是混凝土内部孔隙水蒸发引起的毛细管引力所致，这种干燥收缩在很大程度上是可逆的，即混凝土产生干燥收缩后，如再处于水饱和状态，混凝土还可以膨胀恢复到原有的体积。

除上述干燥收缩外，混凝土还会产生碳化收缩，即空气中二氧化碳（$CO_2$）与混凝土中的氢氧化钙[$Ca(OH)_2$]反应生成碳酸钙和水，这些结合水会因蒸发而使混凝土产生收缩。

# 8.4　大体积混凝土控制裂缝开展的基本方法

从控制裂缝的观点来讲，表面裂缝危害较小，而贯穿性裂缝危害很大，因此，在大体积混凝土施工中，重点是控制混凝土贯穿裂缝的开展，常采用的控制裂缝开展的基本方法有如下三种。

大体积混凝土
控制裂缝开展
的基本方法

**1）放的方法**

所谓放的方法，即减小约束体与被约束体之间的相互制约，设置永久性伸缩缝的方法，也就是将超长的现浇混凝土结构分成若干段，以期释放大部分热量和变形，减小约束应力。

我国《混凝土结构设计规范》（GB 50010—2010）规定：处于室内或土中条件下的伸缩缝间距，现浇混凝土框架结构为 55 m，现浇混凝土剪力墙为 45 m，全现浇地下室墙壁等类结构为 30 m。

目前,国外许多国家也将设置永久性的伸缩缝作为控制裂缝开展的一种主要方法,其伸缩缝间距一般为 30 ~ 40 m,个别规定为 10 ~ 20 m。

**2)抗的方法**

所谓抗的方法,即采取一定的技术措施,通过减小约束体与被约束体之间的相对温差、改善钢筋的配置、减少混凝土的收缩、提高混凝土的抗拉强度等,来抵抗温度收缩变形和约束应力。

**3)放、抗结合的方法**

放、抗结合的方法,又可分为后浇带法、跳仓法和水平分层间歇法等方法。

**(1)后浇带法**

后浇带法是指现浇整体混凝土的结构中,在施工期间保留临时性温度变形缝、收缩变形缝的方法。该缝根据工程的具体条件保留一定的时间,再用混凝土填筑密实后成为连续、整体、无伸缩缝的结构。

在施工期间设置作为临时伸缩缝的后浇带,将结构分成若干段,可有效地削减温度收缩应力;在施工的后期,再将若干段浇筑成整体,以承受约束应力。在正常的施工条件下,后浇带的间距一般为 20 ~ 30 m,后浇带宽为 1.0 m 左右,混凝土浇筑 30 ~ 40 d 后用混凝土封闭。

**(2)跳仓法**

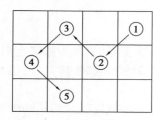

图 8.3　跳仓施工法施工
浇筑示意图

跳仓法,即将整个结构按垂直施工缝分段,间隔一段,浇筑一段(图 8.3),经过不少于 5 d 的间歇后再浇筑成整体。如果条件许可,间歇时间可适当延长。采用此法时,每段的长度应尽可能地与施工缝结合起来,以有效减小温度应力和收缩应力。

在施工后期,在跳仓部分浇筑混凝土,将这若干段浇筑成整体,再承受第二次浇筑的混凝土的温差和收缩。先浇与后浇混凝土两部分的温差和收缩应力叠加后应小于混凝土的设计抗拉强度,这就是利用跳仓法控制裂缝的目的。

**(3)水平分层间歇法**

水平分层间歇法,即以减少混凝土浇筑厚度的方法来增加散热机会,减小混凝土温度的上升,并使混凝土浇筑后的温度分布均匀。此法的实质是:当水化热大部分是从上层表面散热时,可以分为几个薄层进行浇筑。根据工程实践经验,水平分层厚度一般可控制在 0.6 ~ 2.0 m,相邻两浇筑层之间的间隔时间,应以既能散发大量热量,又不引起较大的约束应力为准,一般以 5 ~ 7 d 为宜。

## 8.5　大体积混凝土的温度应力与裂缝控制

### 8.5.1　大体积混凝土温度应力与裂缝分析

大体积混凝土浇筑时的温度取决于它本身所储备的热能,在绝热条件下,混凝土内部的最高温度是浇筑温度与水泥水化热温度的总和。但在实际情况下,由于混凝土的温度与外界环境有温差存在,而结构物四周又不可能做到完全绝热,因此,在新浇筑的混凝土与其四周环境之间就会发生热能交换。模板、外界气候(包括温度、湿度和风速)和养护条件等因素,都会不断改变混凝土所储备的热能,并促使混凝土的温度逐渐发生变动。因此,混凝土内部的最高温度,实际上由浇筑温度、水泥水化热引起的绝对温升和混凝土浇筑后的散热温度三部分组成。

由于混凝土结构的热传导性能差,其周围环境气温以及日辐射等作用将使其表面温度迅速上升(或降低),但结构的内部温度仍处于原来状态,所以在混凝土结构中会形成较大的温度梯度,从而使混凝土结构各部分处于不同的温度状态,由此产生了温度变形。当变形被结构的内、外约束阻碍时,会产生相当大的温度应力。混凝土结构的温度应力,实际上是一种约束应力,与一般荷载应力不同,温度应力与应变不再符合简单的胡克定律关系,而是出现应变小而应力大、应变大而应力小的情况(由于混凝土结构的温度荷载沿板壁厚度方向呈非线性分布,混凝土结构截面上的温度应力分布具有明显的非线性特征)。另外,混凝土结构中的温度应力具有明显的时间性,是瞬时变化的。

建筑工程大体积混凝土结构的尺寸没有水利工程大体积混凝土结构那样厚大,因此,裂缝的出现不仅受水泥水化热和外界气温的影响,而且还显著受到收缩的影响。建筑工程结构多为钢筋混凝土结构,一般不存在承载力的问题,因此在施工阶段,结构产生的表面裂缝危害性较小,主要应防止贯穿性裂缝出现。而外约束不仅是导致裂缝的主要因素,同时也是决定伸缩缝间距(或裂缝间距)的主要条件。

## 8.5.2 大体积混凝土内外约束裂缝控制施工计算

### 1)大体积混凝土自约束裂缝控制施工计算

浇筑大体积混凝土时,由于水化热的作用,中心温度高,与外界接触的表面温度低,当混凝土表面受外界气温影响急剧冷却收缩时,外部混凝土质点与混凝土内部质点之间相互约束,使表面产生拉应力(图8.4)。由于温差产生的最大拉应力和压应力可由下式计算:

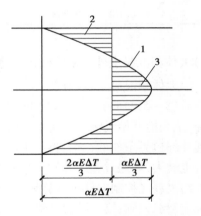

$$\sigma_t = \frac{2}{3} \cdot \frac{E_t \alpha \Delta T_1}{1 - \nu} \qquad (8.1)$$

$$\sigma_c = \frac{1}{3} \cdot \frac{E_t \alpha \Delta T_1}{1 - \nu} \qquad (8.2)$$

**图 8.4  内部温差引起的温度应力**
1—温度分布;2—温度拉应力;
3—温度压应力

式中  $\sigma_t$、$\sigma_c$——混凝土的拉应力和压应力,$N/mm^2$;

　　　　$\alpha$——混凝土的线膨胀系数,$℃^{-1}$,取 $1.0 \times 10\ ℃^{-5}$;

　　　　$\Delta T_1$——混凝土截面中心与表面之间的温差,$℃$;

　　　　$\nu$——混凝土的泊松比,取 $0.15 \sim 0.2$。

上两式中的混凝土的弹性模量 $E_t$ 按式(8.3)计算:

$$E_t = \beta E_c (1 - e^{-0.09t}) \qquad (8.3)$$

式中  $E_c$——混凝土的最终弹性模量,$N/mm^2$,可近似取 28 d 的混凝土弹性模量,可按表8.1取用;

　　　　$e$——常数,为 2.718;

　　　　$t$——龄期,d;

　　　　$\beta$——混凝土中掺合料对弹性模量的修正系数,$\beta = \beta_1 \cdot \beta_2$。其中 $\beta_1$、$\beta_2$ 为混凝土中掺粉煤灰和矿渣粉的掺量对应的弹性模量修正系数。当掺量分别为 0、20%、30%、

40%时,$\beta_1$(掺粉煤灰)为 1、0.99、0.98、0.96;$\beta_2$(掺矿渣粉)为 1、1.02、1.03、1.04。

表8.1　混凝土的弹性模量

| 混凝土强度等级 | C15 | C20 | C25 | C30 | C35 | C40 | C45 | C50 | C55 | C60 | C65 | C70 | C75 | C80 |
|---|---|---|---|---|---|---|---|---|---|---|---|---|---|---|
| $E_c$ | 2.20 | 2.55 | 2.80 | 3.00 | 3.15 | 3.25 | 3.35 | 3.45 | 3.55 | 3.60 | 3.65 | 3.70 | 3.75 | 3.80 |

注:①当有可靠试验依据时,弹性模量值也可根据实测数据确定;

②当混凝土中掺有大量矿物掺合料时,弹性模量可按规定龄期根据实测值确定。

由式(8.1)可知,如果 $\sigma_t$ 小于该龄期混凝土的抗拉强度,则不会出现表面裂缝,否则有可能出现裂缝。同时,由式(8.1)、式(8.2)知,采取措施控制温差 $\Delta T_1$ 就可有效地控制表面裂缝的出现。大体积混凝土一般允许温差宜控制在 20~25 ℃。

若式(8.1)考虑混凝土徐变作用,应乘以 $S_{(t)}$。当结构的变形保持不变时,结构内的应力因徐变而随时间衰减的现象称为松弛。在计算温度应力时,徐变所导致的温度应力松弛有利于防止裂缝的开展。徐变可使混凝土的长期极限抗拉值增加 1 倍左右,提高了混凝土的极限变形能力。因此,在计算混凝土的抗裂性时,需要把松弛考虑进去。其松弛程度同加荷时混凝土的龄期有关,龄期越短,徐变引起的松弛越大。混凝土考虑龄期及荷载持续时间的应力松弛系数见表8.2。

表8.2　混凝土考虑龄期及荷载持续时间的应力松弛系数

| 时间 $t$(d) | 3 | 6 | 9 | 12 | 15 | 18 | 21 | 27 | 30 |
|---|---|---|---|---|---|---|---|---|---|
| $S_{(t)}$ | 0.186 | 0.208 | 0.214 | 0.215 | 0.233 | 0.252 | 0.301 | 0.570 | 1.00 |

**2)大体积混凝土外约束裂缝控制施工计算**

大体积混凝土基础或结构浇筑后,由于水泥水化热使混凝土温度升高,体积膨胀,达到峰值后(3~5 d)将持续一段时间,因内部温度先要慢慢与外界气温相平衡,之后温度将逐渐下降,从表面开始慢慢深入到内部时混凝土已基本结硬,弹性模量很大,降温时温度收缩变形受到外部边界条件的约束,将产生较大的温度应力。一般混凝土内部温升值越大,产生的拉应力也越大,如通过施工计算采取措施控制过大的降温收缩应力出现,即可控制裂缝的发生。外约束裂缝控制的施工计算按不同时间和要求,分以下两个阶段进行:第一阶段是混凝土浇筑前裂缝控制;第二阶段是混凝土浇筑后裂缝控制施工计算。下面仅讲述第一阶段。

在大体积混凝土浇筑前,根据施工拟采取的施工方法、裂缝控制技术措施和已知施工条件,先计算混凝土的最大水泥水化热温升值、收缩变形值、收缩当量温差和弹性模量,然后通过计算,估量混凝土浇筑后可能产生的最大温度收缩应力。如小于混凝土的抗拉强度,则表示所采取的裂缝控制技术措施,能有效地控制裂缝的出现;如超过混凝土的允许抗拉强度,则应采取调整混凝土的浇筑温度,降低水化热温升值及内外温差,改善施工操作工艺和性能,提高混凝土极限拉伸强度或改善约束等技术措施,再重新进行计算,直至计算的降温收缩应力在允许范围以内为止,以达到预防温度裂缝出现的目的。计算步骤和方法如下:

(1)混凝土的绝热温升值计算

混凝土的水化热绝热温升值一般按下式计算:

$$T_{(t)} = \frac{wQ}{C\rho}(1 - e^{-mt}) \tag{8.4}$$

$$T_{max} = \frac{m_c Q}{C\rho} \tag{8.5}$$

式中　　$T_{(t)}$——浇完一段时间 $t$，混凝土的绝热温升值，℃；

　　　　$m_c$——每立方混凝土胶凝材料（水泥、粉煤灰等）用量，kg/m³；

　　　　$Q$——每千克胶凝材料（水泥、粉煤灰等）水化热量，kJ/kg，可查表 8.3 求得；

　　　　$C$——混凝土的比热容为 0.92 ~ 1.0 kJ/(kg·K)，一般取 0.96 kJ/(kg·K)；

　　　　$\rho$——混凝土的质量密度，取 2 400 ~ 2 500 kg/m³；

　　　　$e$——常数，为 2.718；

　　　　$t$——龄期，d；

　　　　$m$——与水泥品种、比面积、浇捣时温度有关的经验系数，由表 8.4 查得，一般取 0.3 ~ 0.5 d⁻¹。

表 8.3　水泥在不同期限内的发热量

| 水泥种类 | 水泥强度等级 | 单位水泥的水化热量 $Q$(kJ/kg) | | |
|---|---|---|---|---|
| | | 3 d | 7 d | 28 d |
| 普通硅酸盐水泥 | 42.5 | 315 | 355 | 375 |
| | 32.5 | 250 | 270 | 335 |
| 矿渣硅酸盐水泥 | 32.5 | 190 | 250 | 335 |
| 火山灰质硅酸盐水泥 | 32.5 | 165 | 230 | 315 |

注：本表按平均温度为+15 ℃编制的，当硬化时的平均温度为 7 ~ 10 ℃，则 Q 值按表内数值。

表 8.4　计算水化热温升时的 $m$ 值

| 浇筑温度 $T$ | 5 | 10 | 15 | 20 | 25 | 30 |
|---|---|---|---|---|---|---|
| $m$(1/d) | 0.295 | 0.318 | 0.340 | 0.362 | 0.384 | 0.406 |

实际大体积混凝土基础或结构外表是散热的，混凝土的实际温升低于绝热温升，计算值偏于安全。

（2）各龄期混凝土收缩变形值的计算

混凝土在水泥水化、胶凝、硬化及随后的碳化过程中，必将引起体积的收缩，将产生一定的收缩变形。

各龄期混凝土的变形值一般可按下式计算：

$$\varepsilon_{y(t)} = \varepsilon_y^0(1 - e^{-bt}) \times M_1 \times M_2 \times M_3 \times \cdots \times M_{11} \tag{8.6}$$

式中　　$\varepsilon_y^0$——标准状态下的最终收缩值（即极限收缩值），取 $(3.24 ~ 4.0) \times 10^{-4}$；

　　　　$\varepsilon_{y(t)}$——非标准状态下混凝土龄期为 $t$ 时的收缩引起的相对变形值；

　　　　$e$——常数，为 2.718；

　　　　$b$——经验系数，取 0.01；

　　　　$t$——龄期，d；

　　　　$M_1, M_2, M_3, \cdots, M_{11}$——考虑各种非标准条件，以及与水泥品种细度、骨料品种、水胶比、水泥浆量、养护条件、环境相对湿度、构件尺寸、混凝土捣实方法、配筋率等有关的修正系数，按表 8.5 取用。

表 8.5 混凝土收缩值不同条件时影响的修正系数

| 水泥品种 | $M_1$ | 水泥细度 ($m^2/kg$) | $M_2$ | 水胶比 | $M_3$ | 胶浆量(%) | $M_4$ | 养护时间(d) | $M_5$ | 环境相对湿度(%) | $M_6$ | $\bar{\gamma}$ | $M_7$ | $\dfrac{E_s A_s}{E_c A_c}$ | $M_8$ | 减水剂 | $M_9$ | 粉煤灰掺量(%) | $M_{10}$ | 矿物粉掺量(%) | $M_{11}$ |
|---|---|---|---|---|---|---|---|---|---|---|---|---|---|---|---|---|---|---|---|---|---|
| 矿渣水泥 | 1.25 | 300 | 1.00 | 0.3 | 0.85 | 20 | 1.00 | 1 | 1.11 | 25 | 1.25 | 0 | 0.54 | 0.00 | 1.00 | 无 | 1.00 | 0 | 1.00 | 0 | 1.00 |
| 低热水泥 | 1.10 | 400 | 1.13 | 0.4 | 1.00 | 25 | 1.20 | 2 | 1.11 | 30 | 1.18 | 0.1 | 0.76 | 0.05 | 0.86 | 有 | 1.30 | 20 | 0.86 | 20 | 1.01 |
| 普通水泥 | 1.00 | 500 | 1.35 | 0.5 | 1.21 | 30 | 1.45 | 3 | 1.09 | 40 | 1.10 | 0.2 | 1.00 | 0.10 | 0.76 | — | — | 30 | 0.89 | 30 | 1.02 |
| 火山灰水泥 | 1.00 | 600 | 1.68 | 0.6 | 1.42 | 35 | 1.75 | 4 | 1.07 | 50 | 1.00 | 0.3 | 1.03 | 0.15 | 0.68 | — | — | 50 | 0.80 | 50 | 1.18 |
| 抗硫酸盐水泥 | 0.78 | — | — | — | — | 40 | 2.10 | 5 | 1.04 | 60 | 0.88 | 0.4 | 1.20 | 0.20 | 0.61 | — | — | — | — | — | — |
| — | — | — | — | — | — | 45 | 2.55 | 7 | 1.00 | 70 | 0.77 | 0.5 | 1.31 | 0.25 | 0.55 | — | — | — | — | — | — |
| — | — | — | — | — | — | 50 | 3.03 | 10 | 0.96 | 80 | 0.70 | 0.6 | 1.40 | — | — | — | — | — | — | — | — |
| — | — | — | — | — | — | — | — | 14～180 | 0.93 | 90 | 0.54 | 0.7 | 1.43 | — | — | — | — | — | — | — | — |

注：①$\bar{\gamma}$ 为水力半径的倒数,是构件截面周长($L$)与截面面积($A$)之比,$\bar{\gamma}=L/A$($cm^{-1}$)；

② $\dfrac{E_s A_s}{E_c A_c}$ 为广义配筋率,$E_s$、$E_c$ 为钢筋、混凝土的弹性模量($N/mm^2$),$A_s$、$A_c$ 为钢筋、混凝土的截面面积($mm^2$)；

③粉煤灰(矿渣粉)掺量指粉煤灰(矿渣粉)掺合料占胶凝材料总量的百分数。

（3）混凝土收缩当量温度计算

混凝土的收缩当量温度是将混凝土干燥收缩与自身收缩产生的变形值，换算成相当于引起等量变形所需要的温度，以便按温差计算温度应力。

混凝土收缩变形会在混凝土内引起相当大的应力，温度应力计算时应把混凝土收缩变形这个因素考虑进去。为方便计算，将混凝土收缩变形合并在温度应力之中换成当量温度，按下式计算：

$$T_{y(t)} = \frac{\varepsilon_{y(t)}}{\alpha} \qquad (8.7)$$

式中　　$T_{y(t)}$——龄期为 $t$ 时的混凝土收缩值当量温度；

$\varepsilon_{y(t)}$——各龄期混凝土的收缩相对变形值；

$\alpha$——混凝土的线膨胀系数，$℃^{-1}$，取 $1.0×10^{-5}$。

（4）各龄期混凝土弹性模量计算

变形变化引起的应力状态随弹性模量的上升而显著增加，计算温度收缩应力应考虑弹性模量的变化，各龄期混凝土弹性模量可按式（8.3）计算。

（5）混凝土温度收缩应力计算

大体积混凝土基础或结构（厚度大于 1 m）贯穿性或深进的裂缝，主要是由平均降温差和收缩差引起过大的温度收缩应力而造成的。混凝土因外约束引起的温度（包括收缩）应力（二维时），一般用约束系数法来计算约束应力，按以下简化公式计算：

$$\sigma = \frac{E_{(t)}\alpha\Delta T}{1 - \nu_c} \cdot S_{(t)}R \qquad (8.8)$$

$$\Delta T = T_0 + \frac{2}{3}T_{(t)} + T_{y(t)} - T_h \qquad (8.9)$$

式中　　$\sigma$——混凝土的温度（包括收缩）应力，$N/mm^2$；

$E_{(t)}$——混凝土从浇筑后至计算时的弹性模量，$N/mm^2$，一般取平均值；

$\alpha$——混凝土的线膨胀系数，$℃^{-1}$，取 $1.0×10^{-5}℃^{-1}$；

$\Delta T$——混凝土的最大综合温差，$℃$，当大体积混凝土基础长期裸露在室外，且未回填土时，$\Delta T$ 值按混凝土水化热最高温升值（包括浇筑入模温度）与当月平均最低气温之差进行计算；

$T_0$——混凝土的入模温度，$℃$；

$T_{(t)}$——浇筑完一段时间 $t$，混凝土的绝热温升值，$℃$，按式（8.4）计算；

$T_{y(t)}$——混凝土收缩当量温差，$℃$，按式（8.7）计算；

$T_h$——混凝土浇筑完达到稳定时的温度，一般根据历年气象资料取当年平均气温，$℃$；

$S_{(t)}$——考虑徐变影响的松弛系数，按照表 8.2 取用，一般取 $0.3 \sim 0.5$；

$R$——混凝土的外约束系数，当为岩石地基时，$R=1$，当为可滑动垫层时，$R=0$，一般土地基取 $0.25 \sim 0.50$；

$\nu_c$——混凝土的泊松比，取 $0.15$。

（6）控制温度裂缝的条件

①混凝土抗拉强度可按下式计算：

$$f_{tk(t)} = f_{tk}(1 - e^{-\gamma t}) \qquad (8.10)$$

式中 $f_{tk(t)}$——混凝土龄期为 $t$ 时的抗拉强度标准值，N/mm²；

　　$f_{tk}$——混凝土抗拉强度标准值，N/mm²，可按表 8.6 取值；

　　$\gamma$——系数，应根据所用混凝土试验确定，当无试验数据时，可取 0.3。

表 8.6　混凝土抗拉强度标准值　　　　　　　　　　单位：N/mm²

| 符号 | 混凝土强度等级 | | | |
| --- | --- | --- | --- | --- |
| | C25 | C30 | C35 | C40 |
| $f_{tk}$ | 1.78 | 2.01 | 2.20 | 2.39 |

②混凝土抗裂性能可按下列公式进行判断：

$$\sigma \leqslant \eta f_{tk(t)}/k \tag{8.11}$$

式中　$\sigma$——大体积混凝土自约束或者外约束拉应力，MPa；

　　$k$——防裂安全系数，取 1.15；

　　$\eta$——掺合料对混凝土抗拉强度影响系数，$\eta = \eta_1 \eta_2$，可按表 8.7 取值。

表 8.7　不同掺量掺合料抗拉强度调整系数

| 掺量 | 0 | 20% | 30% | 40% |
| --- | --- | --- | --- | --- |
| 粉煤灰（$\eta_1$） | 1 | 1.03 | 0.97 | 0.92 |
| 矿渣粉（$\eta_2$） | 1 | 1.13 | 1.09 | 1.10 |

【例 8.1】　轧板厂大型设备基础混凝土采用 C30，用 32.5 级普通硅酸盐水泥配置，水泥用量为 345 kg/mm³，粉煤灰掺量为 3.45 kg/m³，水灰比为 0.52，混凝土坍落度为 180～200 mm。$E_c = 3.0 \times 10^4$ N/mm²，$T_y = 9$ ℃，$S_{(t)} = 0.3$，$R = 0.32$。混凝土浇灌入模温度为 14 ℃，当地平均温度为 15 ℃，由天气预报知养护期间月均最低温度为 3 ℃。试计算可能产生的最大温度收缩应力和露天养护期间（15 d）可能产生的温度收缩应力及抗裂安全度。

【解】（1）计算混凝土的绝热温升值

由表 8.3 可知 $Q = 335$ kJ/kg，$C = 0.96$ kJ/kg，$\rho = 2\,400$ kg/m³，混凝土 15 d 水化热绝热温度及最大的水化热绝热温度为：

$$T_{(t)} = \frac{wQ}{C\rho}(1 - e^{-mt}) = \frac{345 \times 335}{0.96 \times 2\,400}(1 - 2.718^{-0.3 \times 15}) = 49.61 \ ℃$$

$$T_{max} = \frac{345 \times 335}{0.96 \times 2\,400} = 50.17 \ ℃$$

（2）计算各龄期混凝土收缩变形值

由表 8.5 知，$M_1 = 1.0$，$M_4$、$M_7$ 均为 1，$M_2 = 1.06$，$M_3 = 1.25$，$M_5 = 0.93$，$M_6 = 0.7$，$M_8 = 0.95$。则混凝土的收缩变形值为：

$$\varepsilon_{y(15)} = \varepsilon_y^0(1 - e^{-0.01t}) \times M_1 \times M_2 \times M_3 \times \cdots \times M_8$$

$$= 3.24 \times 10^{-4} \times (1 - 2.718^{-0.15}) \times 1.06 \times 1.25 \times 0.93 \times 0.7 \times 0.95 = 0.369 \times 10^{-4}$$

（3）计算混凝土的收缩当量温差

混凝土 15 d 收缩当量温差为：

$$T_{y(t)} = \frac{\varepsilon_{y(t)}}{\alpha} = \frac{0.369 \times 10^{-4}}{1.0 \times 10^{-5}} = 3.69\ \text{℃} \approx 3.7\ \text{℃}$$

（4）计算各龄期混凝土的弹性模量混凝土

混凝土 15 d 弹性模量温差为：

$$E_{(15)} = E_c(1 - e^{-0.09t}) = 3.0 \times 10^4 \times (1 - 2.718^{-0.09 \times 15}) = 2.22 \times 10^4$$

（5）计算混凝土的温度收缩应力及抗裂判断

混凝土的最大综合温差为（$T_{(t)}$ 取最大）：

$$\Delta T_{max} = T_0 + \frac{2}{3}T_{(t)} + T_{y(t)} - T_h = \left(14 + \frac{2}{3} \times 50.17 + 9 - 15\right) = 41.45\ \text{℃}$$

则基础混凝土最大降温收缩应力为（此处取 $E_{(t)}$ 最大）：

$$\sigma_{max} = \frac{E_{(t)}\alpha\Delta T}{1 - \nu_c} \cdot S_{(t)}R = \frac{3.0 \times 10^4 \times 1 \times 10^{-5} \times 41.45}{1 - 0.15} \times 0.3 \times 0.32 = 1.40\ \text{N/mm}^2$$

因为 $f_{tk} = 2.01\ \text{N/mm}^2$（取最大值），$\eta = 1.015$，$k = 1.15$。

代入公式 $\sigma \leqslant \eta f_{tk(t)}/k$ 成立，即 $1.40\ \text{N/mm}^2 \leqslant 1.015 \times 2.01/1.15\ \text{N/mm}^2 = 1.77\ \text{N/mm}^2$，满足抗裂要求。

露天养护期间基础混凝土产生的降温收缩应力为（此处 $T_{(t)}$、$E_{(t)}$、$f_{tk(t)}$ 均取第 15 天的值）：

$$\Delta T = T_0 + \frac{2}{3}T_{(t)} + T_{y(t)} - T_h = \left(14 + \frac{2}{3} \times 49.61 + 3.7 - 3\right) = 47.77\ \text{℃}$$

$$\sigma_{(15)} = \frac{E_{(t)}\alpha\Delta T}{1 - \nu_c} \cdot S_{(t)}R$$

$$= \frac{2.22 \times 10^4 \times 1.0 \times 10^{-5} \times 47.77}{1 - 0.15} \times 0.3 \times 0.32 = 1.20\ \text{N/mm}^2$$

据式（8.10），混凝土的 15 d 抗拉强度：

$$f_{tk(15)} = f_{tk}(1 - e^{-\gamma t})$$

$$= 2.01 \times (1 - 2.718^{-0.3 \times 15}) = 1.99\ \text{N/mm}^2$$

因为 $\eta = 1$，$k = 1.15$，代入公式 $\sigma \leqslant \eta f_{tk(t)}/k$ 成立，即 $1.20\ \text{N/mm}^2 \leqslant 1.015 \times 1.99\ \text{N/mm}^2/1.15 = 1.76\ \text{N/mm}^2$，满足抗裂要求。

假设计算结果不能满足抗裂要求，在此期间混凝土表面应采取养护和保温措施，使养护温度加大（即 $T_h$ 加大），综合温差 $\Delta T$ 减小，使计算的 $\sigma_{(15)}$，满足 $\sigma \leqslant \eta f_{tk(t)}/k$ 的要求，则可控制裂缝出现。

## 8.5.3　混凝土表面温度裂缝计算

大体积混凝土结构施工应使混凝土中心温度与表面温度、表面温度与大气温度之差在允许范围之内（一般取 25 ℃），则可控制混凝土裂缝的出现，混凝土中心温度可按式（8.4）和式（8.5）进行计算，混凝土表面温度，可按下式计算：

$$T_{b(t)} = T_a + \frac{4}{H^2}h'(H - h')\Delta T_t \tag{8.12}$$

式中　$T_{b(t)}$——龄期 $t$ 时，混凝土的表面温度，℃；

$T_a$——龄期 $t$ 时,大气的平均温度,℃;

$H$——混凝土的计算厚度,m,$H = h + 2h'$,其中 $h$ 为混凝土的实际厚度,m;

$\Delta T_{(t)}$——龄期 $t$ 时,混凝土内最高温度与外界气温之差,℃;

$h'$——混凝土的虚铺厚度,m,$h' = K\dfrac{\lambda}{\beta}$,其中 $\lambda$ 为混凝土的导热系数,W/m·K,取 2.33,$K$ 为计算折减系数,可取 0.666,$\beta$ 为模板及保温材料的传热系数,W/m²·K,按下式计算:

$$\beta = \frac{1}{\sum \dfrac{\delta_i}{\lambda_i} + \dfrac{1}{\beta_a}}$$

式中  $\delta_i$——各种保温材料的厚度,m;

$\lambda_i$——各种保温材料的导热系数,W/(m·K),取值见表 8.8;

$\beta_a$——空气层传热系数,可取 23 W/(m²·K);

$$\Delta T_{(t)} = T_{max} - T_a$$

表 8.8  各种保温材料的导热系数

| 材料名称 | 密度 (kg/m) | 导热系数 $\lambda$[W/(m·K)] | 材料名称 | 密度 (kg/m) | 导热系数 $\lambda$[W/(m·K)] |
|---|---|---|---|---|---|
| 木模板 | 500~700 | 0.23 | 水 | 1 000 | 0.58 |
| 钢模板 | | 58 | 矿棉、岩棉 | 110~200 | 0.031~0.06 |
| 草袋 | 150 | 0.14 | 沥青矿棉毡 | 100~160 | 0.033~0.052 |
| 木屑 | | 0.17 | 膨胀蛭石 | 80~200 | 0.047~0.07 |
| 红砖 | 1 900 | 0.43 | 沥青蛭石板 | 350~400 | 0.081~0.105 |
| 普通混凝土 | 2 400 | 1.51~2.33 | 膨胀珍珠岩 | 40~300 | 0.019~0.065 |
| 空气 | | 0.03 | 泡沫塑料 | 25~50 | 0.035~0.047 |

【例 8.2】 某筏形基础厚 1.5 m,混凝土为 C30,采用强度等级为 32.5 的普通硅酸盐水泥,$m_c = 345$ kg/m³($Q = 335$ kJ/kg),粉煤灰 $FA_a = 3.45$ kg/m³($Q_F = 52$ kJ/kg)。混凝土表面采用一层塑料薄膜加两层草袋保温养护,大气温度 $T_a = 24$ ℃。试核算筏形基础混凝土中心温度与表面温度、表面温度与大气温度之差是否符合防裂要求。

【解】(1)水泥水化热引起的混凝土最高温升值计算

由式(8.5)得:

$$T_{max} = 24 + \frac{345 \times 335 + 3.45 \times 52}{0.96 \times 2400} = 74.2 \ ℃$$

(2)混凝土表面温度计算

$$\beta = \frac{1}{\sum \dfrac{\delta_i}{\lambda_i} + \dfrac{1}{\beta_a}} = \frac{1}{\dfrac{0.001}{0.04} + \dfrac{0.02}{0.14} + \dfrac{1}{23}} = 4.73$$

$$H = h + 2h' = (1.5 + 2 \times 0.33) = 2.16 \ m$$

$$T_{b(t)} = T_a + \frac{4}{H^2}h'(H - h')\Delta T_T$$

$$= 24 + \frac{4}{2.16^2} \times 0.33 \times (2.16 - 0.33) \times (74.2 - 24) = 50 \text{ ℃}$$

（3）温度差计算

混凝土中心温度与表面温度之差：

$$T_{max} - T_b = 74.2 - 50 = 24.2 \text{ ℃} < 25 \text{ ℃}$$

混凝土表面温度与大气温度之差：

$$T_b - T_a = 50 - 24 = 26 \text{ ℃} > 25 \text{ ℃}$$

故知，需再增加一层草袋才能确保抗裂安全。

## 8.5.4 混凝土所需保温(隔热)材料厚度计算

混凝土采取保温养护有两种做法：第一种是在冬季寒冷气温下，为使混凝土不被冻坏而保持正常硬化，或在寒潮作用下不致出现温度陡降，使混凝土急剧冷却（或受冻）而产生裂缝（或冻伤），因此对混凝土表面采取的保温措施。第二种是在春秋气温情况下，为了减少混凝土内外温差、延缓收缩和散热时间(使后期缓慢地降温)，使混凝土在缓慢的散热过程中获得必要强度来抵抗温度应力，同时降低变形变化的速度(使其缓慢地收缩)，充分发挥材料徐变松弛特性，有效地削减约束应力，使其小于该龄期抗拉强度，防止内外温差过大并超过允许界限（一般为 20 ~ 25 ℃）而导致出现温度裂缝，从而采取在混凝土裸露表面适当覆盖保温材料的措施。本节主要只介绍第二种情况的保温计算。

保温法温控计算包括选定保温材料，计算保温材料需要的厚度。其计算根据热交换原理，假定混凝土的中心温度向混凝土表面的散热量，等于混凝土表面保温材料应补充的发热量，故混凝土表面保温材料所需厚度可按下式计算：

$$\delta_i = \frac{0.5H\lambda_i(T_b - T_a)}{\lambda(T_{max} - T_b)} \cdot K_b \tag{8.13}$$

式中　$\delta_i$——混凝土表面的保温层厚度，m；

　　　　$H$——混凝土结构的实际厚度，m；

　　　　$\lambda_i$——第 $i$ 层保温材料的导热系数，W/(m·K)，按表8.8取用；

　　　　$\lambda$——混凝土的导热系数，取 2.3 W/(m·K)；

　　　　$T_{max}$、$T_b$、$T_a$——混凝土浇筑体内的最高温度、混凝土浇筑体表面温度、混凝土达到最高温度时（浇筑后 3 ~ 5 d ）的大气平均温度，$T_b - T_a$ 可取 12 ~ 20 ℃，$T_{max} - T_b$ 可取 20 ~ 25 ℃；

　　　　$K_b$——传热系数的修正值，即透风系数。对易于透风的保温材料组成，取 2.6 或 3.0（指一般刮风或大风情况，下同），对不易透风的保温材料，取 1.3 或 1.5，对混凝土表面用一层不易透风材料、上面再用容易透风的保温材料组成，取 2.0 或 2.3。

这种保温养护方法大多采取在表面覆盖 1 ~ 2 层草袋（或草垫，下同），或一层塑料薄膜一层草袋。草袋要上下错开，搭接压紧，形成良好的保温层。

根据实践，如在模板四周盖两层草袋保温，一方面可使混凝土外表与气温差缩小到 10 ℃以内，同时可减少混凝土表面热扩散，充分发挥混凝土强度的潜力松弛作用，使应力小于抗拉强度;另一方面能保持适当的湿养护(或浇少量水湿润),有利于水泥的水化作用顺利进行和弹性模量的增长。前者可提高早期抗拉强度,防止表面脱水;后者可增强抵抗变形能力。大量工程实践证明,保温养护对防止大体积混凝土基础出现有害的、深层的或贯穿性的温度收缩裂缝是有效的。

**【例8.3】** 某大体积混凝土基础底板,厚度$H=2.5$ m。在3 d时混凝土内部中心温度$T_{max}=52$ ℃,实测混凝土表面温度$T_b=25$ ℃,大气温度$T_a=15$ ℃,混凝土导热系数$\lambda=2.3$ W/(m·K),试求表面所需保温材料的厚度。

**【解】** 因$T_{max}-T_b=52-25=27$ ℃$>25$ ℃,故需保温。

设用草袋保温,其导热系数$\lambda_i=0.14$ W/(m·K),属易透风的保温材料,取$K_0=2.6$。保温材料的厚度由式(8.13)计算得:

$$\delta_i = \frac{0.5H\lambda_i(T_b - T_a)}{\lambda(T_{max} - T_b)} \cdot K_b = \frac{0.5 \times 2.5 \times 0.14 \times (25 - 15)}{2.3 \times (52 - 25)} \times 2.6 = 0.07 \text{ m}$$

故知,用7 cm厚草袋覆盖保温可控制裂缝出现。

### 8.5.5 大体积混凝土结构伸缩缝间距计算

合理设置伸缩缝(包括沉降缝)是防止混凝土和钢筋混凝土开裂的重要措施,钢筋混凝土结构的伸缩缝主要使结构不至于由于周围气温变化、水泥水化热温差及收缩作用而产生有害裂缝。现行《混凝土结构设计规范》(GB 50010—2010,2015年版)中对伸缩缝的规定为:挡土墙、地下室墙壁等类,室内或土中钢筋混凝土允许间距为30 m,混凝土为20 m;露天则相应为20 m和10 m。但是在某些情况下(例如在建筑物中不宜设置伸缩缝或规范附注中允许通过计算采取可靠措施扩大伸缩缝间距时,或施工中需要调整伸缩缝位置时,或结构在施工期处于不利的环境条件中),常常需要对结构的伸缩缝间距进行必要的验算或计算。

地下钢筋混凝土(或混凝土)底板或长墙的最大伸缩间距(整体浇筑长度,下同)可按下式计算:

$$L_{max} = 2\sqrt{\frac{HE}{C_x}} \text{arch} \frac{|\alpha T|}{|\alpha T| - |\varepsilon_p|} \tag{8.14}$$

式(8.14)是按混凝土的极限拉伸推导的,是混凝土底板尚未开裂时的最大伸缩缝间距。一旦混凝土底板在最大应力处(结构中部)开裂,就会形成两块板,这种情况下的最大伸缩缝间距只式(8.14)求出的1/2,此时的伸缩缝间距称为最小伸缩缝间距。

$$L_{min} = \frac{1}{2}L_{max} = \sqrt{\frac{HE}{C_x}} \text{arch} \frac{|\alpha T|}{|\alpha T| - |\varepsilon_p|} \tag{8.15}$$

在计算时,一般多采用两者的平均值,即以平均的最大伸缩缝间距$L_{cp}$作为控制整体浇筑长度的依据。如超过$L_{cp}$,则表示需要留伸缩缝;不超过$L_{cp}$,就可整体浇筑,不留伸缩缝。故地下钢筋混凝土(或混凝土)底板或长墙的平均最大伸缩缝间距可按下式计算:

$$L_{cp} = 1.5\sqrt{\frac{\overline{H}E_c}{C_{x1}}} \text{arch} \frac{|\alpha T|}{|\alpha T| - |\varepsilon_p|} \tag{8.16}$$

式中　$L_{cp}$——板或墙允许平均最大伸缩缝间距;

$\overline{H}$——板厚或墙高的计算厚度或计算高度,当实际厚度或高度$H \le 0.2L$时,取$\overline{H}=H$,即实际厚度或实际高度,当$H>0.2L$时,取$\overline{H}=0.2L$;

$L$——底板或长墙的全长；

$E_c$——底板或长墙的混凝土弹性模量，一般按表 8.1 取用；

$C_{x1}$——反映地基对结构约束程度的地基水平阻力系数，可按表 8.9 取用。

表 8.9　地基水平阻力系数 $C_{x1}$

| 项次 | 地基条件 | 承载力（$kN/m^2$） | $C_{x1}$（$N/mm^3$） | $C_{x1}$（$10^{-2}N/mm^2$） |
|---|---|---|---|---|
| 1 | 软黏土 | 80 ~ 150 | 0.01 ~ 0.03 | 1 ~ 3 |
| 2 | 一般砂质黏土 | 250 ~ 400 | 0.03 ~ 0.06 | 3 ~ 6 |
| 3 | 坚硬黏土 | 500 ~ 800 | 0.06 ~ 0.10 | 6 ~ 10 |
| 4 | 风化岩、低强度混凝土垫层 | 5 000 ~ 10 000 | 0.60 ~ 1.00 | 60 ~ 100 |
| 5 | C10 以上混凝土垫层 | 5 000 ~ 10 000 | 1.00 ~ 1.50 | 100 ~ 150 |

$T$——结构相对地基的综合温差，包括水化热温差、气温差和收缩当量温差，当截面厚度小于 500 mm 时，不考虑水化热的影响，有 $T = T_{y(t)} + T_2 + T_3$；

$T_{y(t)}$——收缩当量温差，由收缩相对变形求得，$T_{y(t)} = \dfrac{\varepsilon_{y(t)}}{\alpha_t}$；

$\alpha$——混凝土的线膨胀系数，$℃^{-1}$，取 $1.0 \times 10^{-5}℃^{-1}$；

$\varepsilon_{y(t)}$——各龄期混凝土的收缩变形值，按下式计算求得

$$\varepsilon_{y(t)} = 3.24 \times 10^{-4}(1 - e^{-0.01t}) \times M_1 \times M_2 \times M_3 \times \cdots \times M_{11}$$

式中　$M_1, M_2, \cdots, M_{11}$——不同条件影响系数，按表 8.5 取用；

$T_2$——水化热引起的温差：$T_2 = T_b - 2/3\Delta T_1$；

$T_b$——保温养护条件下混凝土的表面温度，$℃$；

$\Delta T_1$——混凝土截面中心与表面之间的温差，$℃$；

$\Delta T_2$——无实测资料时，其值可按照混凝土水化热绝热温升值计算；

$T_3$——气温差，$T_3 = T_0 - T_h$；

$T_0$——混凝土浇筑、振捣完毕开始养护时的温度，$℃$；

$T_h$——混凝土浇筑完达到稳定时的温度，一般根据历年气象资料取当年平均气温，$℃$；

$t$——龄期；

$\varepsilon_P$——混凝土的极限拉伸值，由瞬时极限拉伸值 $\varepsilon_{Pa}$ 和徐变变形 $\varepsilon_n$（与 $\varepsilon_{Pa}$ 近似相等，若为了安全考虑取 $\varepsilon_n = 1.5\varepsilon_{Pa}$ 两部分组成，一般取

$$\varepsilon_p = \varepsilon_{Pa} + \varepsilon_n = 2\varepsilon_{Pa}$$

$$\varepsilon_{Pa} = 0.5f_{tk}\left(1 + \frac{\rho}{d}\right) \times 10^{-4} \frac{\ln t}{\ln 28}$$

式中　$f_{tk}$——混凝土极限抗拉标准值，$N/mm^2$；

$\rho$——截面配筋率；

$d$——钢筋直径，mm；

arch——双曲余弦函数的反函数，可用下式计算求得

$$\text{arch } x = \ln\left(x \pm \sqrt{x^2 - 1}\right)$$

**【例8.4】** 现浇钢筋混凝土矩形底板厚度为 1.2 m,沿底板横向配置受力筋,纵向配置 $\phi14$ 螺纹筋,间距为 150 mm,配筋率为 0.205%。混凝土强度等级采用 C30,地基为坚硬黏土;施工条件正常,用 32.5 级普通硅酸盐水泥配置,水泥用量为 345 kg/m³,粉煤灰掺量为 3.45 kg/m³,水灰比为 0.52,混凝土坍落度为 180~200 mm,机械振捣,混凝土养护良好;假定 15 d 龄期时混凝土表层温度为 15 ℃,混凝土中心最高温度与混凝土表层混凝土之差为 15 ℃。试计算早期(15 d)不出现贯穿性裂缝的允许间距。

**【解】**分析题意知,求出 $L_{cp} = 1.5 \sqrt{\dfrac{\overline{H} \cdot E_c}{C_{x1}}} \operatorname{arch} \dfrac{|\alpha T|}{|\alpha T| - |\varepsilon_p|}$ 即可。

①求 $\overline{H}$。因为实际厚度或高度 $H \leqslant 0.2L$ 时取 $\overline{H} = H$,即取实际厚度或实际高度,所以 $\overline{H} = 1.2$ m。

②15 d 混凝土的弹性模量由式(8.3)计算得:

$$E_{(15)} = 3.0 \times 10^4 \times (1 - e^{-0.09 \times 15}) = 2.22 \times 10^4 \text{ N/mm}^2$$

③求 $C_{x1}$。据表8.9,取 $C_{x1} = 80 \times 10^{-3}$ N/mm²。

④求综合温差 $T$。

$$T = T_{y(t)} + T_2 + T_3$$

$$T_2 = T_b + \frac{2}{3}\Delta T_1 = 15 + \frac{2}{3} \times 15 = 25 \text{ ℃}$$

由于时间短、养护较好,气温差忽略不计,取 $T_3 = 0$。

由表8.5知,$M_1 = 1.0$,$M_4$、$M_7$ 均为 1,$M_2 = 1.06$,$M_3 = 1.25$,$M_5 = 0.93$,$M_6 = 0.7$,$M_8 = 0.95$,则混凝土的收缩变形值为:

$$\varepsilon_{y(15)} = \varepsilon_y^0 (1 - e^{-0.01t}) \times M_1 \times M_2 \times M_3 \times \cdots \times M_{11}$$

$$= 3.24 \times 10^{-4} \times (1 - 2.718^{-0.15}) \times 1.06 \times 1.25 \times 0.93 \times 0.7 \times 0.95$$

$$= 0.369 \times 10^{-4}$$

收缩当量温度:

$$T_{y(15)} = \frac{\varepsilon_{y(15)}}{\alpha} = \frac{0.369 \times 10^{-4}}{1 \times 10^{-5}} = 3.69 \text{ ℃} \approx 4 \text{ ℃}$$

则

$$T = T_{y(t)} + T_2 + T_3 = 4 + 25 + 0 = 29 \text{ ℃}$$

⑤求混凝土的极限拉伸值。

$$f_{tk(15)} = f_{tk}(1 - e^{-\gamma t}) = 2.01 \times (1 - 2.718^{-0.3 \times 15}) = 1.99 \text{ N/mm}^2$$

$$\varepsilon_p = 2.0\varepsilon_{pa} = 2.0 \times 0.5 f_{tk}\left(1 + \frac{\rho}{d}\right) \times 10^{-4} \times \frac{\ln t}{\ln 28}$$

$$= 2.0 \times 0.5 \times 1.99 \times \left(1 + \frac{0.205\%}{0.014}\right) \times 10^{-4} \times \frac{\ln 15}{\ln 28}$$

$$= 1.87 \times 10^{-4}$$

⑥求伸缩缝允许最大间距 $L_{cp}$。伸缩缝允许最大间距由式(8.16)计算得:

$$L_{cp} = 1.5 \sqrt{\frac{\overline{H}E_c}{C_{x1}}} \operatorname{arch} \frac{|\alpha T|}{|\alpha T| - |\varepsilon_p|}$$

$$= 1.5 \times \sqrt{\frac{1\,200 \times 2.22 \times 10^4}{80 \times 10^{-3}}} \text{arch} \frac{1.0 \times 10^{-5} \times 29}{1.0 \times 10^{-5} \times 29 - 1.026 \times 10^{-4}} = 27\,640 \text{ mm} \approx 27.6 \text{ m}$$

由计算知,板允许最大伸缩缝间距为 27.6 m,板纵向长度小于 27.6 m,可以避免裂缝出现。如超过 27.6 m,则需在中部设置伸缩缝或后浇带。

## 8.6 控制温度裂缝的技术措施

防止产生温度裂缝是大体积混凝土研究的重点,工程上常用的防止混凝土裂缝的措施主要有:采用中低热的水泥品种;降低水泥用量;合理分缝分块;掺加外加料;选择适宜的骨料;控制混凝土的出机温度和浇筑温度;预埋水管,通水冷却,降低混凝土的最高温升;表面保护,保温隔热;采取防止混凝土裂缝的结构措施等。

大体积混凝土裂缝控制措施

在结构工程的设计与施工中,对于大体积混凝土结构,为防止其产生温度裂缝,除需要在施工前进行认真计算外,还要在施工过程中采取有效的技术措施。根据我国的施工经验,应着重从控制混凝土温升、延缓混凝土降温速率、减少混凝土收缩、提高混凝土极限拉伸值、改善混凝土约束程度、完善构造设计和加强施工中的温度监测等方面采取技术措施。以上这些措施不是孤立的,而是相互联系、相互制约的,施工中必须结合实际,全面考虑,合理采用,才能收到良好的效果。

### 8.6.1 水泥品种选择和用量控制

大体积混凝土结构引起裂缝的主要原因是混凝土的导热性能较差,水泥水化热的大量积聚,使混凝土出现早期温升和后期降温现象。因此,控制水泥水化热引起的温升(即减小降温温差),对降低温度应力、防止产生温度裂缝能起釜底抽薪的作用。

**1)选用中热或低热的水泥品种**

混凝土升温的热源是水泥水化热,选用中低热的水泥品种,是控制混凝土温升的最基本方法。如 32.5 级的矿渣硅酸盐水泥,其 3 d 的水化热为 180 kJ/kg,而 32.5 级的普通硅酸盐水泥,其 3 d 的水化热却为 250 kJ/kg。可见,32.5 级的火山灰硅酸盐水泥,水化热仅为同标号普通硅酸盐水泥的 60%。某大型基础对比试验表明:选用 32.5 级硅酸盐水泥比选用 32.5 级矿渣硅酸盐水泥 3 d 内水化热平均升温高 5~8 ℃。

**2)充分利用混凝土的后期强度**

大量的试验资料表明,每立方米混凝土中的水泥用量每增减 10 kg,其水化热将使混凝土的温度相应升降 1 ℃。因此,为控制混凝土温升、降低温度应力、减少温度裂缝,一方面在满足混凝土强度和耐久性的前提下,应尽量减少水泥用量,严格控制每立方米混凝土水泥用量不超过 400 kg;另一方面,可根据结构实际承受荷载的情况,对结构的强度和刚度进行复算,在取得设计单位、监理单位和质量检查部门的认可后,采用 $f_{45}$、$f_{60}$ 或 $f_{90}$ 替代 $f_{28}$ 作为混凝土的设计强度,这样可使每立方米混凝土的水泥用量减少 40~70 kg,使混凝土的水化热温升相应降低 4~7 ℃。

结构工程中的大体积混凝土大多采用矿渣硅酸盐水泥,其熟料矿物含量比硅酸盐水泥的少得多。而且混合材料中,活性氧化硅、活性氧化铝与氢氧化钙、石膏的作用在常温下进行缓慢,早期强度(3 d、7 d)较低,但在硬化后期(28 d 以后),由于水化硅酸钙凝胶数量增多,水泥石强度不断增长,最后甚至超过同标号的普通硅酸盐水泥,对利用其后期强度非常有利。如上海宝山钢铁总厂、亚洲宾馆、新锦江宾馆、浦东煤气厂筒仓等工程大型基础,都采用了 $f_{45}$ 或 $f_{60}$ 作为设计强度,C20 ~ C40 的混凝土,其 $f_{60}$ 比 $f_{28}$ 平均增长 12% ~ 26.2%。

## 8.6.2 掺加外加料

在混凝土中掺入一些适宜的外加料,可以使混凝土获得所需要的特性,这在泵送混凝土中尤为突出。泵送性能良好的混凝土拌合物应具备三种特性:①能在输送管壁形成水泥浆或水泥砂浆的润滑层,使混凝土拌合物具有在管道中顺利滑动的流动性;②为了能在各种形状和尺寸的输送管内顺利输送,混凝土拌合物要具备适应输送管形状和尺寸的变化的变形性;③为在泵送混凝土施工过程中不产生离析而造成堵塞,拌合物应具备压力变化和位置变动的抗分离性。

由于影响泵送混凝土性能的因素很多(如砂石的种类、品质和级配、用量、砂率、坍落度、外掺料等),为了使混凝土具有良好的泵送性,在进行混凝土配合比的设计时,不能用单纯增加单位用水量方法,这样不仅会增加水泥用量,增大混凝土的收缩,而且还会使水化热升高,容易引起裂缝。工程实践证明,在施工中优化混凝土级配,掺加适宜的外加料,改善混凝土的特性,是大体积混凝土施工中的一项重要技术措施。混凝土中常用的外加料主要是外掺剂和外掺料。

### 1)掺加外掺剂

大体积混凝土中掺加外掺剂主要是木质素磺酸钙(简称木钙)。木质素磺酸钙属阴离子表面活性剂,它对水泥颗粒有明显的分散效应,并能使水的表面张力降低。因此,在泵送混凝土中掺入占水泥质量 0.2% ~0.3% 的木钙,不仅能使混凝土的和易性有明显的改善,而且可减少 10% 左右的拌合水,使混凝土 28 d 的强度提高 10% 以上;若不减少拌合水,则坍落度可提高 10 cm 左右;若保持强度不变,可节约水泥 10%,并可降低水化热。

木钙的原料为工业废料,来源丰富,生产工艺和设备简单,成本低廉,并能减少环境污染,故世界各国均大量生产,广为使用。

### 2)掺加外掺料

大量试验资料表明,在混凝土中掺入一定量的粉煤灰后,在混凝土用水量不变的条件下,由于粉煤灰颗粒呈球状并具有"滚珠效应",可以起到显著改善混凝土和易性的效能;若保持混凝土拌合物原有的流动性不变,则可减少用水量,起到减水的效果,从而可提高混凝土的密实性和强度。掺入适量的粉煤灰,还可大大改善混凝土的可泵性,降低混凝土的水化热。

大体积混凝土掺和粉煤灰分为等量取代法和超量取代法两种。前者是用等体积的粉煤灰取代水泥,但其早期强度(28 d 以内)也会随掺入量增加而下降,所以对于早期抗裂要求较高的工程,应慎重考虑其取代量。后者是以一部分粉煤灰取代等体积水泥,超量部分粉煤灰则取代等体积砂,这样不仅可获得强度增加效应,而且可以补偿粉煤灰取代水泥所降低的早期强度,从而保持粉煤灰掺入前后的混凝土强度等效。

### 8.6.3　骨料的选择

大体积混凝土砂石料的质量约占混凝土总质量的85%,正确选用砂石料,对于保证混凝土质量、节约水泥用量、降低水化热数量、降低工程成本是非常重要的。骨料的选用应根据就地取材的原则,首先考虑选用生产成本低、质量优良的天然砂石料。国内外对人工砂石料的试验研究和生产实践证明,采用人工骨料也可以做到经济、实用。

**1)粗骨料的选择**

为了达到预定的要求,同时又要最有效地发挥水泥作用,粗骨料通常有一个最佳的最大粒径取值。但对于结构工程的大体积混凝土,粗骨料的规格往往与结构物的配筋间距、模板形状以及混凝土的浇筑工艺等因素有关。

结构工程的大体积混凝土宜优先采用以自然连续级配的粗骨料配制。这种用连续级配粗骨料配制的混凝土具有较好的和易性、较少的用水量和水泥用量,以及较高的抗压强度。在选择粗骨料粒径时,可根据施工条件,尽量选用粒径较大、级配良好的石子。有关试验结果证明,采用5~40 mm 石子比采用5~25 mm 石子,每立方米混凝土可减少水量15 kg 左右,在相同水灰比的情况下,水泥用量可节约20 kg 左右,混凝土温升可降低2 ℃。

选用较大骨料粒径,不仅可以减少用水量,使混凝土的收缩和泌水随之减少,也可减少水泥用量,从而使水泥的水化热减小,最终降低混凝土的温升。但是,骨料粒径增大后容易引起混凝土的离析,影响混凝土的质量。因此,进行混凝土配合比设计时,不要盲目选用大粒径骨料,必须进行优化级配设计,并在施工时加强搅拌、浇筑和振捣等工作。

**2)细骨料的选择**

大体积混凝土中的细骨料,以采用中、粗砂为宜,细度模数宜在2.6~2.9。根据有关试验资料证明,采用细度模数为2.79、平均粒径为0.381 的中粗砂,比采用细度模数为2.12、平均粒径为0.336 的细砂,每立方米混凝土可减少水泥用量28~35 kg,减少用水量20~25 kg,这样就降低了混凝土的温升和减小了混凝土的收缩。

泵送混凝土的输送管道形式较多,既有直管又有锥形管、弯管和软管。当通过锥形管和弯管时,混凝土颗粒间的相对位置就会发生变化,此时如果混凝土中的砂浆量不足,便会产生堵管现象。因此,在级配设计时可适当提高砂率。但若砂率过大,将对混凝土的强度产生不利影响,因此,在满足可泵性的前提下要尽可能降低砂率。

**3)骨料质量的要求**

骨料的质量如何,直接关系到混凝土的质量,所以骨料中不应含有超量的黏土、淤泥、粉屑、有机物及其他有害物质,其含量不能超过规定的数值。混凝土试验表明,骨料中的含泥量是影响混凝土质量的最主要因素,它对混凝土的强度、干缩、徐变、抗渗、抗冻融、抗磨损及和易性等性能都产生不利的影响,尤其会增加混凝土的收缩,引起混凝土抗拉强度的降低,对混凝土的抗裂更是十分不利。因此,在大体积混凝土施工中,石子的含泥量控制在不大于1%,砂的含泥量控制在不大于2%。

### 8.6.4 控制混凝土出机温度和浇筑温度

为了降低大体积混凝土的总温升,减小结构物的内外温差,控制混凝土的出机温度与浇筑温度同样非常重要。

**1)混凝土出机温度**

在混凝土原材料中,砂石的比热比较小,但其在每立方米混凝土中所占的比例较大;水的比热最大,但其质量在每立方米混凝土质量中只占一小部分。因此,对混凝土出机温度影响最大的是石子的温度,砂的温度影响次之,水的温度影响最小。为了降低混凝土的出机温度,最有效的办法就是降低石子的温度。降低石子温度的方法很多,如在气温较高时,为防止太阳的直接照射,可在中砂、石堆料场搭设简易的遮阳装置,使温度降低 3 ~ 5 ℃。例如,大型水电工程葛洲坝工程中,在拌和前用冷水冲洗粗骨料,在储料仓中通冷风预冷,使混凝土的出机温度达到低于 7 ℃ 的要求。

**2)控制混凝土浇筑温度**

混凝土从搅拌机出料后,经搅拌车或其他工具运输、卸料、浇筑、振捣、平仓等工序后的混凝土温度称为混凝土浇筑温度。

关于混凝土浇筑温度的控制,美国 ACI 施工手册中规定不得超过 32 ℃;日本土木学会施工规程中规定不得超过 30 ℃;日本建筑学会钢筋混凝土施工规程中规定不得超过 35 ℃。土建类工程的大体积混凝土施工实践证明,浇筑温度对结构物的内外温差影响不大。因此,对主要受早期温度应力影响的结构物,没有必要对浇筑温度控制过严。例如,上海宝山钢铁总厂施工的 7 个大体积钢筋混凝土基础,其中有 4 个基础混凝土的浇筑温度达 32 ~ 35 ℃,均未采取特殊的技术措施,经检查均未出现影响混凝土质量的问题。

但是考虑到温度过高会引起混凝土较大的干缩及给浇筑带来不利影响,适当限制混凝土的浇筑温度还是必要的。根据工程经验总结,建议最高浇筑温度控制在 35 ℃ 以下为宜,这就要求在常规施工情况下,应该合理选择浇筑时间,完善浇筑工艺及加强养护工作。

### 8.6.5 延缓混凝土降温速率

大体积混凝土浇筑后,加强表面的保湿、保温养护,对防止混凝土产生裂缝具有重大作用。保湿、保温养护的目的有三个:第一,减小混凝土的内外温差,防止出现表面裂缝;第二,防止混凝土过冷,避免产生贯穿裂缝;第三,延缓混凝土的冷却速度,以减小新老混凝土的上下层约束。总之,在混凝土浇筑之后,尽量以适当的材料加以覆盖,采取保湿和保温措施,不仅可以减小升温阶段的内外温差,防止产生表面裂缝,而且可以使水泥顺利水化,提高混凝土的极限拉伸值,防止产生过大的温度应力和温度裂缝。

### 8.6.6 提高混凝土的极限拉伸值

混凝土的收缩值和极限拉伸值,除与水泥用量、骨料品种和级配、水胶比、骨料含泥量等有关外,还与施工工艺和施工质量密切相关。因此,通过改善混凝土的配合比和施工工艺,可以在一定程度上减少混凝土的收缩和提高混凝土极限拉伸值 $\varepsilon_{\mathrm{p}}$,这对防止产生温度裂缝也可起到一定的作用。

　　大量现场试验证明,对浇筑后的混凝土进行二次振捣,能排除混凝土因泌水在粗骨料、水平钢筋下部生成的水分和空隙,提高混凝土与钢筋的握裹力,防止因混凝土沉落而出现的裂缝,减小混凝土内部微裂,增加混凝土的密实度,使混凝土的抗压强度提高 10% ~ 20%,从而可提高混凝土的抗裂性。

　　混凝土二次振捣的恰当时间是指混凝土振捣后尚能恢复到塑性状态的时间,这是二次振捣的关键。掌握二次振捣恰当时间的方法一般有以下两种:

　　①将运转着的振动棒以其自身的重力逐渐插入混凝土中进行振捣,使混凝土在振动棒慢慢拔出时能自行闭合,不会在混凝土中留下孔穴,则可认为此时施加二次振捣是适宜的。

　　②为了准确地判定二次振捣的适宜时间,国外一般采用测定贯入阻力值的方法进行判定。在标准贯入阻力值未达到 350 N/cm$^2$ 以前,再进行二次振捣是有效的,不会损伤已成型的混凝土。根据有关试验结果,当标准贯入阻力值为 350 N/cm$^2$ 时,对应的立方体块强度为 25 N/cm$^2$,对应的压痕仪强度值为 27 N/cm$^2$。

　　由于采用二次振捣的最佳时间与水泥品种、水胶比、坍落度、气温和振捣条件等有关。因此,在实际工程正式采用前必须经试验确定。同时,在最后确定二次振捣时间时,既要考虑技术上的合理性,又要满足分层浇筑、循环周期的安排,在操作时间上要留有余地,避免由于这些失误而造成"冷接头"等质量问题。

　　在传统混凝土搅拌工艺过程中,水分直接润湿石子的表面。在混凝土成型和静置过程中,自由水进一步向石子与水泥砂浆界面集中,形成石子表面的水膜层。在混凝土硬化后,由于水膜的存在而使界面过渡层疏松多孔,削弱了石子与硬化水泥砂浆之间的黏结,形成混凝土中最薄弱的环节,从而对混凝土抗压强度和其他物理力学性能产生不良影响。改进混凝土的搅拌工艺,可以提高混凝土的极限拉伸值,减少混凝土的收缩。为了进一步提高混凝土的质量,可采用二次投料的净浆裹石搅拌新工艺,这样可有效地防止水分向石子与水泥砂浆界面的集中,使硬化后的界面过渡层的结构致密,黏结强度增强,从而可使混凝土强度提高 10% 左右,相应地也提高了混凝土的抗拉强度和极限抗拉值。当混凝土强度基本相同时,采用这种搅拌工艺可减少水泥用量 7% 左右,相应地也减少了水化热。

## 8.6.7　改善边界约束和构造设计

　　防止大体积混凝土产生温度裂缝,除可采取以上施工技术措施外,在改善边界约束和构造设计方面也可采取一些技术措施,如合理分段浇筑、设置滑动层、避免应力集中、设置缓冲层、合理配筋、设应力缓和沟等。

### 1)合理分段浇筑

　　当大体积混凝土结构的尺寸过大,通过计算证明整体一次浇筑会产生较大温度应力,有可能产生温度裂缝时,则可与设计单位协商,采用合理的分段浇筑,即增设后浇带进行浇筑。

　　用后浇带分段施工时,将结构分成若干段,能有效降低温度和收缩应力;在施工后期再将这若干段浇筑成整体,继续承受第二部分降温温差和收缩的影响。后浇带的间距在正常情况下为 20 ~ 30 m,保留时间一般不宜少于 40 d。后浇带宽度可取 70 ~ 100 cm,混凝土强度等级比原结构提高 5~10 N/mm²,湿养护不少于 15 d。后浇带的构造如图 8.5 所示。

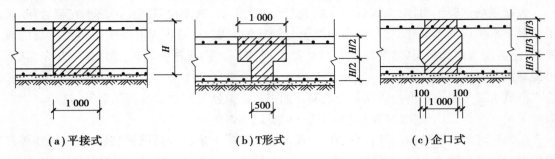

（a）平接式　　　　　　（b）T形式　　　　　　（c）企口式

图 8.5　后浇带构造

### 2）合理配筋

在构造设计方面进行合理配筋,对混凝土结构的抗裂有很大作用。工程实践证明,当混凝土墙板的厚度为 400~600 mm 时,采取增加配置构造钢筋的方法,可使构造筋起到温度筋的作用,能有效提高混凝土的抗裂性能。

配置的构造筋应尽可能采用小直径、小间距。例如配置构造筋的直径为 6~14 mm、间距控制在 100~150 mm。按全截面对称配筋比较合理,这样可大大提高抵抗贯穿性开裂的能力。进行全截面配筋时,含筋率应控制在 0.3%~0.5% 为宜。

对于大体积混凝土,构造筋对控制贯穿性裂缝作用不太明显,但沿混凝土表面配置钢筋可提高面层抗表面降温的影响和干缩的能力。

### 3）设置滑动层

由于边界存在约束,才会产生温度应力,在与外约束的接触面上设置滑动层,则可大大减弱外约束。如在外约束两端的 1/5~1/4 设置滑动层,则结构的计算长度可折减约一半。为此,遇有约束强的岩石类地基、较厚的混凝土垫层等时,可在接触面上设置滑动层,将对减少温度应力起到显著作用。

### 4）设置应力缓和沟

设置应力缓和沟,即在结构的表面每隔一定距离（一般约为结构厚度的 1/5）设一条沟,这是日本清水建筑工程公司研究出的一种防止大体积混凝土开裂的方法。设置应力缓和沟,可使结构表面的拉应力减少 20%~50%,可有效防止表面裂缝。我国已将该法用于直径 60 m、底板厚 3.5~5.0 m、容量 1.6 万 m³ 的地下罐工程,并取得良好效果。应力缓和沟的形式如图 8.6 所示。

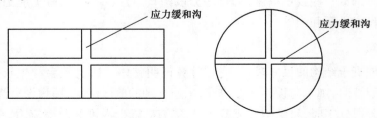

图 8.6　结构表面的应力缓和沟形式

**5)设置缓冲层**

设置缓冲层,即在高、低板交接处以及底板地梁处等用 30～50 mm 厚的聚苯乙烯泡沫塑料板做垂直隔离,以缓冲基础收缩时的侧向压力,如图 8.7 所示。

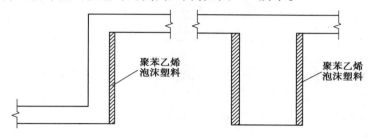

图 8.7 缓冲层示意图

**6)避免应力集中**

在孔洞周围、变断面转角部位、转角处等,由于温度变化和混凝土收缩,会产生应力集中而导致混凝土出现裂缝。为此,可在孔洞四周增配斜向钢筋、钢筋网片,在变断面处避免断面突变,并做局部处理使断面逐渐过渡,同时增配一定量的抗裂钢筋,能对防止裂缝产生起到很大作用。

## 8.6.8 加强温控施工的现场监测

大体积混凝土施工过程中,应通过测量混凝土内部不同位置的温度,随时掌握大体积混凝土不同深度温度场升降的变化规律,及时监测混凝土内部的温度情况,从而有的放矢地采取控温技术措施,更加合理地确定保温、保湿的养护措施。大体积混凝土施工过程中,对温度的监测和控制已成为确保混凝土结构工程质量必不可少的手段。

大体积混凝土施工前,应根据施工时的气候条件、混凝土的几何尺寸和混凝土的原材料、配合比,依据《大体积混凝土施工规范》进行混凝土的热工性能计算,估算混凝土中心最高温度,并测定混凝土试样的温度-时间曲线。应根据混凝土的热工计算结果和混凝土试样温度—时间曲线,确定大体积混凝土的温度控制方法和保温养护措施。

大体积混凝土浇筑前应编制测温方案。测温方案包括测点布置、主要仪器设备、养护措施、异常情况下的应急措施等。当需要进行混凝土内部温度控制时,还应编制温度控制方案。

大体积混凝土温度监测与控制工作结束后,应编制大体积混凝土温度监测报告。

## 8.7 工程案例:CCTV 主楼超大体积混凝土工程

CCTV 主楼整个基坑南北长 292.7 m,东西宽 219.7 m,基础型式为桩—筏结构。底板混凝土强度等级为 C40R60,抗渗等级为 0.8 MPa。塔Ⅰ底板厚度为 4.5 m、6.0 m、7.0 m、10.8 m 不等,一次浇筑混凝土量为 3.9 万立方米;塔Ⅱ底板厚度为 4.5 m、6.0 m、10.9 m 不等,一次浇筑混凝土量为 3.3 万立方米。

为了减少水泥用量,该项目粉煤灰取代率分别选择 20%、30%、40%、50%、60% 进行了试验,超量系数为1.1,进行正交设计。通过多轮试拌和试验,经过针对工作性能的调整、筛选后,最终选用基准配合比见表8.10。

表8.10 底板混凝土基准配合比

| 水 | 水泥 | 砂 | 石 | 粉煤灰 | 减水剂 | 水灰比 | 基准水泥 | 砂率 |
|-----|------|-----|-------|--------|--------|--------|----------|------|
| 155 | 200  | 810 | 1 039 | 196    | 3.96   | 0.41   | 378      | 42%  |

通过采用 ANSYS 软件对 CCTV 主楼底板混凝土浇筑完成后的温度场及温度应力进行有限元数值模拟分析计算,提出基于成熟度方法的温度场计算方法,得到不同时刻的最大温度应力值。底板 3 d 的温度及应力分布情况分别如图 8.8 和图 8.9 所示,利用这个结果可以预测最先出现裂缝的位置。

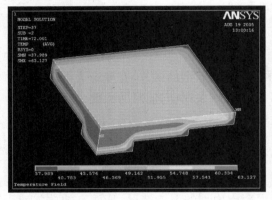 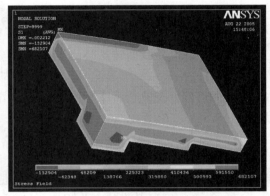

图8.8 混凝土底板3 d温度分布云图　　　　图8.9 混凝土底板3 d温度应力分布云图

浇筑在冬季进行,浇筑完成后进行收面,抹压平整之后应尽快覆盖保温。根据混凝土保温方案,首先应覆盖一层塑料布进行保湿,然后覆盖三层阻燃保温被,最上层覆盖苫布一层,以保证保温层的整体性,如图8.10所示。根据测温情况,对保温层厚度进行实际调整。根据最终测温结果,塔楼混凝土底板最高温度为61 ℃,经观察,无裂缝产生。

图8.10 底板混凝土养护覆盖保温情况

采用无线大体积混凝土测温仪,布点时按平面测温点和立面测温点进行布置。通过预埋探头监测混凝土内部温升,明确混凝土强度发展过程中的内部温度场分布和温度梯度变化,分别计算各降温阶段的混凝土温度收缩拉应力,掌握混凝土在强度发展过程中内部温度场分布情况及应力变化情况,合理调整养护措施,有效地控制内外温差及降温速率。底板 4 号测点测温曲线如图 8.11 所示。

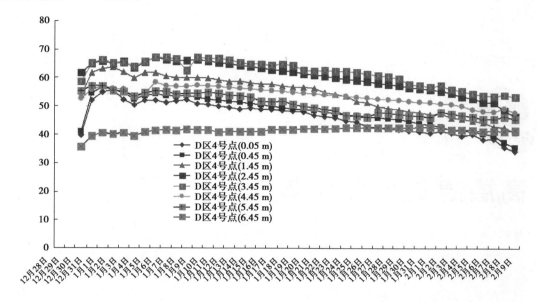

**图 8.11　D 区 4 号测点的温度变化曲线**

温度监测结束后对混凝土进行了详细的检查,未发现有害裂缝。

## 复习思考题

8.1　简述大体积混凝土裂缝的种类。

8.2　简述大体积混凝土防止产生温度裂缝的主要措施。

8.3　大体积混凝土温度效应计算包括哪些内容?

8.4　试述如何确定大体积混凝土的最大整浇长度。

8.5　现浇钢筋混凝土基础底板,厚度为 1.0 m,配置 $\phi$16 带肋钢筋,配筋率为 0.35%,混凝土强度等级为 C30,地基为 C10 混凝土垫层,施工条件正常(材料符合质量标准、水灰比准确、机械振捣、混凝土养护良好)。试计算早期(15 d)不出现贯穿裂缝的允许间距。

# 高层建筑外脚手架

[本章基本内容]

重点介绍高层建筑施工常用的扣件式钢管脚手架、悬挑式脚手架和附着升降式脚手架的构造、原理以及设计计算。

[学习目标]

(1)了解：建筑工程施工中常用的脚手架类型。

(2)熟悉：高层建筑施工脚手架设计计算内容及方法。

(3)掌握：常用的扣件式钢管脚手架、悬挑式脚手架和附着升降式脚手架的构造以及原理。

为满足结构施工和外装饰施工的需要，高层建筑施工时需要搭设外脚手架。高层建筑外脚手架的构造形式应按工程特点和施工组织的要求选用，首先要满足施工及安全保障要求，同时还应考虑材料用量、搭拆难易等，需经技术经济比较后综合考虑加以确定。按照建筑结构和施工组织的不同，结构施工和外装饰施工可以采用同一脚手架，也可以采用不同的脚手架。

高层建筑的脚手架具有荷载大、使用量高、安全性要求高、使用周期长、技术复杂等特点。针对这些特点，在选择脚手架时要做好设计计算、构造设计以及安全防护等工作，以保证工程顺利进行。

高层建筑工程施工中常用的外脚手架有落地式和非落地式。落地式脚手架的种类有扣件式钢管脚手架、碗扣式钢管脚手架和门式钢管脚手架等。非落地式脚手架包括悬挑式脚手架、附着升降式脚手架、悬吊式脚手架以及与外模板提升结合的爬模体系等。非落地式脚手架由于主要采用悬挑、附着、吊挂方式设置，避免了落地式脚手架用材料多、搭设工作量大的缺点,因此特别适合高层建筑的结构与外装饰施工使用,也适用于不便或是不必搭设落地式脚手架的情况。

# 9.1 扣件式钢管脚手架

扣件式钢管脚手架属于多立杆式外脚手架中的一种,它是由钢管杆件用扣件连接而成的临时结构架,具有杆配件数量少、搭设灵活、工作可靠、装拆方便和适应性强等优点,是目前我国使用最为普遍的脚手架品种。其基本形式有单排和双排两种,单排的限制高度为 24 m,双排为 50 m。对于高度超过 50 m 的双排钢管脚手架,应遵循分段搭设的原则,每段搭设悬挑高度不宜超过 20 m。

## 9.1.1 扣件式钢管脚手架的构造

扣件式钢管脚手架由钢管、扣件、脚手板、连墙件和底座等组成(图 9.1),可用于搭设单排脚手架、双排脚手架、满堂脚手架、支撑架以及其他用途的架子。常用密目式安全立网全封闭双排脚手架结构的设计尺寸见表 9.1。

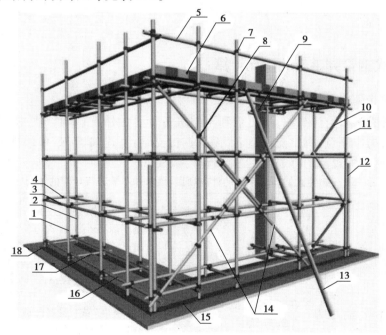

**图 9.1　外脚手架示意图**

1—外立杆;2—内立杆;3—纵向水平杆;4—横向水平杆;5—栏杆;6—挡脚板;
7—直角扣件;8—旋转扣件;9—连墙杆;10—横向斜撑;11—主立杆;12—副立杆;
13—抛撑;14—剪刀撑;15—垫板;16—纵向扫地杆;17—横向扫地杆;18—底座

表9.1 常用密目式安全立网全封闭式双排脚手架常用尺寸　　　　　　单位:m

| 连墙件设置 | 立杆横距 $l_b$ | 步距 $h$ | 下列荷载时的立杆间距 $l_a$(m) | | | | 脚手架允许搭设高度 $H$ |
| | | | 2+0.35 (kN/m²) | 2+2+2×0.35 (kN/m²) | 3+0.35 (kN/m²) | 3+2+2×0.35 (kN/m²) | |
|---|---|---|---|---|---|---|---|
| 二步三跨 | 1.05 | 1.50 | 2.0 | 1.5 | 1.5 | 1.5 | 50 |
| | | 1.80 | 1.8 | 1.5 | 1.5 | 1.5 | 32 |
| | 1.30 | 1.50 | 1.8 | 1.5 | 1.5 | 1.5 | 50 |
| | | 1.80 | 1.8 | 1.2 | 1.5 | 1.2 | 30 |
| | 1.55 | 1.50 | 1.8 | 1.5 | 1.5 | 1.5 | 38 |
| | | 1.80 | 1.8 | 1.5 | 1.5 | 1.5 | 22 |
| 三步三跨 | 1.05 | 1.50 | 2.0 | 1.5 | 1.5 | 1.5 | 43 |
| | | 1.80 | 1.8 | 1.5 | 1.5 | 1.2 | 24 |
| | 1.30 | 1.50 | 1.8 | 1.5 | 1.5 | 1.2 | 30 |
| | | 1.80 | 1.8 | 1.2 | 1.5 | 1.2 | 17 |

注:①表中所示 2+2+2×0.35 包括下列荷载:2+2 为二层装修作业层施工荷载,2×0.35 为二层作业层脚手板自重荷载标准值;

②作业层横向水平杆间距,应按不大于 $l_a$/2 设置;

③地面粗糙度为 B 类,基本风压 $\omega_0$ =0.4 kN/m²。

## 9.1.2 扣件式钢管脚手架的设计计算

### 1)扣件式钢管脚手架设计计算项目的确定

扣件式钢管脚手架的计算项目、要求和不需进行计算的情况(条件)见表9.2。此外,在确定计算项目时尚应注意:有挑支构造者,需验算挑支结构;连墙、支撑和悬挑等构造中的专用加工件,按照钢结构规范的有关规定进行计算。

表9.2 扣件式钢管脚手架的计算项目、要求和不需进行计算的情况

| 序号 | 计算项目 | 计算要求 | 需要进行计算的情况(条件) |
|---|---|---|---|
| 1 | 脚手架(立杆)整体稳定承载力 | 转换为验算立杆的稳定承载力,验算截面一般取立杆底部 | ①在基本风压小于 0.35 kN/m² 地区,高 50 m 以上敞开式脚手架、构造符合要求者,可不计算风载作用;②符合表9.1 构造规定者,可不进行计算 |
| 2 | 纵横向水平杆和脚手板 | 在"跨度界值"之内验算抗弯强度,在"跨度界值"之外验算挠度 | 在"控制跨度"或"控制荷载"之内(及其相应条件)者,可不计算 |
| 3 | 连墙件、扣件抗滑 | 按相应公式验算 | 无 |
| 4 | 地基 | 按相应公式根据实际荷载进行设计计算 | 无 |
| 5 | 单肢稳定性验算 | 按相应公式验算 | 无局部构造和荷载的不利性变化者不计算 |

**2）扣件式钢管脚手架设计计算步骤**

①根据施工要求,参考表9.1初选构架设计参数,确定脚手架的计算参数。

②计算荷载:a.计算恒载标准值 $G_k$;b.计算施工作业层荷载标准值 $Q_k$;c.计算风荷载标准值 $\omega_k$;d.计算横向平杆、纵向平杆、脚手板、连墙件、立杆地基等项的验算荷载,按相应验算要求分别确定。

③脚手架整体稳定性验算:a.确定材料强度附加分项系数;b.计算轴心力设计值 $N$;c.计算风荷载弯矩;d.确定稳定系数 $\varphi$:先计算长细比 $\lambda$,然后查表得到 $\varphi$;e.验算脚手架的整体稳定。

④验算其他需要验算的项目。

⑤验算不合格时,应适当调整构架设计参数,重新验算直至达到要求。

**3）荷载及荷载组合**

扣件式钢管脚手架的荷载计算包括恒载(永久荷载)和活荷载(可变荷载)。恒载包括:脚手架结构自重,含立杆、大小横杆、剪刀撑、横向斜杆和扣件等自重;构、配件自重,含脚手板、栏杆、挡脚板、安全网等防护设施自重。活荷载包括:施工荷载,含作业层上的人员、器具和材料自重;风荷载。

①恒载取值,应符合规范规定的各杆件、构(配)件自重表取值,一般按《建筑结构荷载规范》(GB 50009—2012)的附录确定。例如,木、竹脚手板自重标准值取 0.35 kN/m²。

②活荷载取值。对于施工均布活荷载标准值,当为结构脚手架时取 35 kN/m²,当为装修脚手架时取 2 kN/m²。若施工中脚手架的实际施工荷载超过以上规定,按可能出现的最大值计算。

③风荷载标准值取值。作用于脚手架上的水平风荷载标准值应按下式计算:

$$\omega_k = \mu_s \mu_z \omega_0 \tag{9.1}$$

式中　$\omega_k$——风荷载标准值,kN/m²;

　　　$\mu_s$——风荷载体型系数,按表9.3采用;

　　　$\mu_z$——风压高度变化系数,应按现行国家标准《建筑结构荷载规范》(GB 50009)的规定值采用;

　　　$\omega_0$——基本风压,kN/m²,应按现行国家标准《建筑结构荷载规范》(GB 50009)的规定采用,取重现期 $n=10$ 对应的风压值。

表9.3　脚手架风荷载体型系数 $\mu_s$

| 背靠建筑物的状况 | | 全封闭墙 | 敞开、框架和开洞墙 |
|---|---|---|---|
| 脚手架状况 | 全封闭、半封闭 | $1.0\varphi$ | $1.3\varphi$ |
| | 敞开 | $\mu_{stw}$ | |

注:①$\mu_{stw}$ 值可将脚手架视为桁架,按国家标准《建筑结构荷载规范》(GB 50009 中)相关规定计算;

②$\varphi$ 为挡风系数,$\varphi=1.2$ 挡风面积 $A_n$/迎风面积 $A_w$;敞开式脚手架的 $\varphi$ 值可按《建筑施工扣件式钢管脚手架安全技术规范》(JGJ 130—2011)A 表 A.05 取值。

设计脚手架的承重构件时,应根据使用过程中可能出现的荷载取其最不利组合进行计算,荷载效应组合宜按表9.4采用。

表9.4　脚手架的荷载效应组合

| 计算项目 | 荷载效应组合 |
|---|---|
| 纵向、横向水平杆承载力与变形 | 永久荷载+施工荷载 |
| 脚手架立杆地基承载力 型钢悬挑梁的承载力、稳定与变形 | ①永久荷载+施工荷载 |
| | ②永久荷载+0.9(施工荷载+风荷载) |
| 立杆稳定 | ①永久荷载+可变荷载(不含风荷载) |
| | ②永久荷载+0.9(可变荷载+风荷载) |
| 连墙件承载力与稳定 | 单排架,风荷载+2.0 kN |
| | 双排架,风荷载+3.0 kN |

钢材的强度设计计算与弹性模量应按表9.5采用。

表9.5　钢材的强度设计计算与弹性模量　　　　　　　　　单位:N/mm²

| Q235 钢抗拉、抗压的抗弯强度设计值 $f$ | 205 |
|---|---|
| 弹性模量 $E$ | $2.06×10^3$ |

扣件、底座的承载力设计值应按表9.6采用。

表9.6　扣件、底座的承载力设计值　　　　　　　　　单位:kN

| 项目 | 承载力设计值 |
|---|---|
| 对接扣件(抗滑) | 3.20 |
| 直角扣件、回转扣件(抗滑) | 8.00 |
| 底座(抗压)、可调托撑(受压) | 40.00 |

注:扣件螺栓拧紧扭力矩值不应小于40 N·m,且不应大于65 N·m。

受弯构件的挠度值不应超过表9.7中规定的容许值。

表9.7　受弯构件的容许挠度

| 构件类别 | 容许挠度$[v]$ |
|---|---|
| 脚手板,纵、横向水平杆 | $l/150$ 与 10 mm |
| 悬挑受弯构件 | $l/400$ |

注:$l$——受弯构件的跨度。

受压、受拉构件的长细比不应超过表9.8中规定的容许值。

表9.8　受压、受拉构件的容许长细比

| 构建类别 | | 容许长细比$[λ]$ |
|---|---|---|
| 立杆 | 双排架 | 210 |
| | 单排架 | 230 |

| 构建类别 | 容许长细比[λ] |
|---|---|
| 横向斜撑、剪刀撑中的压杆 | 250 |
| 拉杆 | 350 |

注：①计算 λ 时，立杆的计算长度按式(9.10)计算，但 k 值取 1.00；

②本表中其他杆件的计算长度 $l_0$ 按 $l_0 = \mu l = 1.27l$ 计算。

## 4)纵、横向水平杆计算

①纵、横向水平杆的抗弯强度，按下式计算：

$$\sigma = \frac{M}{W} \leqslant f \tag{9.2}$$

式中　$M$——弯矩设计值，按式(9.3)计算；

　　　$W$——截面模量，应按《建筑施工扣件式钢管脚手架安全技术规范》(JGJ 130—2011)
　　　　　附录 B 表 B 取值；

　　　$f$——钢材的抗弯强度设计值，应按表 9.5 采用。

②纵、横向水平杆弯矩设计值，应按下式计算：

$$M = 1.2M_{Gk} + 1.4 \sum M_{Qk} \tag{9.3}$$

式中　$M_{Gk}$——脚手板自重标准值产生的弯矩；

　　　$M_{Qk}$——施工荷载标准值产生的弯矩。

③纵、横向水平杆的挠度应符合下式的规定：

$$v \leqslant [v] \tag{9.4}$$

式中　$v$——挠度；

　　　$[v]$——容许挠度，应按表 9.7 取值。

④计算纵、横向水平杆的内力与挠度时，纵向水平杆宜按三跨连续梁计算，计算跨度取纵距 $l_a$；横向水平杆宜按简支梁计算，计算跨度 $l_0$ 可按图 9.2 采用；双排脚手架的横向水平杆的构造外伸长度 $a \leqslant 500$ mm 时，其计算外伸长度 $a_1$ 可取 300 mm。

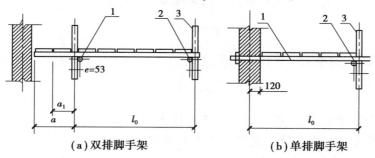

**图 9.2　横向水平杆计算跨度**

1—横向水平杆；2—纵向水平杆；3—立杆

⑤纵、横向水平杆与立杆连接的扣件抗滑承载力计算应符合式(9.5)的规定。

$$R \leqslant R_c \tag{9.5}$$

式中 $R$——纵、横向水平杆传给立杆的竖向作用力设计值;

$R_c$——扣件抗滑承载力设计值,按表9.6取值。

### 5)立杆计算

①立杆的稳定性计算应符合下列公式:

不组合风荷载时

$$\frac{N}{\varphi A} \leqslant f \tag{9.6}$$

组合风荷载时

$$\frac{N}{\varphi A} + \frac{M_w}{M} \leqslant f \tag{9.7}$$

式中 $\varphi$——轴心受压构件的稳定系数;

$A$——立杆的截面面积,应按《建筑施工扣件式钢管脚手架安全技术规范》(JGJ 130—2011)附录 B 表 B 取值;

$M_w$——计算立杆段由风荷载设计值产生的弯矩,可按式(9.11)计算;

$f$——钢材的抗压强度设计值,应按表9.5采用;

$N$——计算立杆段的轴力设计值,应按式(9.8)、式(9.9)计算:

不组合风荷载时

$$N = 1.2(N_{G1k} + N_{G2k}) + 1.4 \sum N_{Qk} \tag{9.8}$$

组合风荷载时

$$N = 1.2(N_{G1k} + N_{G2k}) + 0.9 \times 1.4 \sum N_{Qk} \tag{9.9}$$

式中 $N_{G1k}$——脚手架结构自重产生的轴向力标准值;

$N_{G2k}$——构配件自重产生的轴向力标准值;

$\sum N_{Qk}$——施工荷载产生的轴向力标准值总和,内、外立杆按一纵距(跨)内施工荷载总和的1/2取值。

轴心受压构件的稳定系数 $\varphi$,应根据长细比 $\lambda$ 由《建筑施工扣件式钢管脚手架安全技术规范》(JGJ 130—2011)附录 C 表 C 取值。当 $\lambda > 250$ 时:

$$\varphi = \frac{7\ 320}{\lambda^2}$$

式中 $\lambda$——长细比,按下式计算:

$$\lambda = \frac{l_0}{i}$$

式中 $l_0$——立杆计算长度,应按式(9.10)规定计算;

$i$——截面回转半径,应按《建筑施工扣件式钢管脚手架安全技术规范》(JGJ 130—2011)附录 B 表 B 取值;

②立杆计算长度 $l_0$ 应按式(9.10)计算:

$$l_0 = k\mu h \tag{9.10}$$

式中 $k$——计算长度附加系数,其值取1.155;

$\mu$——考虑脚手架整体稳定因素的单杆计算长度系数,应按表9.9采用;

$h$——立杆步距。

表9.9　脚手架立杆的计算长度系数 $\mu$

| 类别 | 立体横杆 | 连墙件布置 | |
|---|---|---|---|
| | | 二步三跨 | 三步三跨 |
| 双排架 | 1.05 | 1.50 | 1.70 |
| | 1.3 | 1.55 | 1.75 |
| | 1.55 | 1.60 | 1.80 |
| 单排架 | ≤1.50 | 1.80 | 2.00 |

③由风荷载设计值产生的立杆弯矩 $M_w$ 可按式(9.11)计算:

$$M_w = 0.9 \times 1.4 M_{wk} = \frac{0.9 \times 1.4 \omega_k l_a h^2}{10} \tag{9.11}$$

式中　$M_{wk}$——风荷载标准值产生的弯矩;

　　　$l_a$——立杆纵距。

　　　$\omega_k$——风荷载标准值,应按《建筑施工扣件式钢管脚手架安全技术规范》(JGJ 130—2011)中(4.2.3)式计算。

④立杆稳定性计算部位的确定。

a. 当脚手架搭设尺寸采用相同的步距、立杆纵距、立杆横距和连墙件间距时,应计算底层立杆段;

b. 当脚手架搭设尺寸中的步距、立杆纵距,立杆横距和连墙件间距有变化时,除计算底层立杆段外,还必须对出现最大步距或最大立杆纵距、立杆横距、连墙件间距等部位的立杆段进行验算;

c. 双管立杆变截面处主立杆上部单根立杆的稳定性,应按式(9.6)或式(9.7)计算。

⑤脚手架的搭设高度计算及调整应符合《建筑施工扣件式钢管脚手架安全技术规范》(JGJ 130—2011)中的相关规定。

## 6)连墙件计算

①连墙件的强度、稳定性和连接强度应符合相应规范规定。

a. 连墙件的轴力设计值应按式(9.12)计算:

$$N_1 = N_{1w} + N_0 \tag{9.12}$$

式中　$N_1$——连墙件轴力设计值,kN;

　　　$N_{1w}$——风荷载产生的连墙件轴力设计值,应按规定计算;

　　　$N_0$——连墙件约束脚手架平面外变形所产生的轴力,单排架取2,双排架取3。

b. 扣件连墙件的连接扣件值应按式(9.5)的规定验算抗滑承载力。

c. 螺栓、焊接连墙件与预埋件的设计承载力应大于扣件抗滑承载力设计值 $R_c$。

②风荷载产生的连墙件轴力设计值应按式(9.13)计算:

$$N_{1\omega} = 1.4 \cdot \omega_k \cdot A_\omega \tag{9.13}$$

式中　$A_\omega$——每个连墙件的覆盖面积内脚手架外侧面的迎风面积。

### 7）立杆地基承载力计算

立杆基础底面的平均压力应满足式（9.14）的要求：

$$p_k \leqslant f_g \tag{9.14}$$

式中　$p_k$——立杆基础底面的平均压力，$p_k = N_k/A$，其中 $N_k$ 为上部结构传至基础顶面的轴力标准值，$A$ 为基础底面面积；

　　　　$f_g$——地基承载力特征值，其取值应符合下列规定：

a. 当为天然地基时，应按地质勘察报告选用；当为回填土地基时，应对地质勘察报告提供的回填土地基承载力特征值乘以折减系数 0.4；

b. 由荷载试验或工程经验确定。

## 9.2　悬挑式脚手架

悬挑式脚手架利用建筑结构外边缘向外伸出的悬挑构架作施工上部结构用，或作外装修用。这种脚手架要求必须有足够的强度、刚度和稳定性，并能将脚手架的荷载有效地传给建筑结构；对于房屋结构，也需作施工期间承受这个外加荷载的验算。

施工中遇到下述情况时可采用挑架：±0.00 以下结构工程的回填土未能及时回填，而上部主体结构工程因工程要求必须立即进行；高层建筑主体结构四周有裙房，脚手架不能直接支在地面上；超高层建筑施工，脚手架搭设高度超过其容许高度，需要将其分成几个高度段来搭设。

悬挑式脚手架不需要地面及坚实的基础作脚手架的支撑，也不占用施工场地，而且脚手架只搭设满足施工操作及各项安全要求所需的高度，因此脚手架的使用数量不因建筑物的高度增大而增加。但是因脚手架及其承担的荷载通过悬挑支架或连接件传递给与之相连的建筑物结构，所以对这部分结构强度要有一定要求。悬挑架的支承结构应为型钢制作的悬挑梁或悬挑桁架等，不能采用钢管，目前应用比较多的是型钢悬挑脚手架（图9.3）。

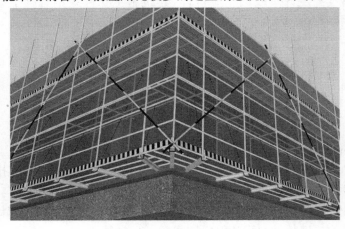

图9.3　型钢悬挑脚手架

### 9.2.1 型钢悬挑脚手架构造要求

①一次悬挑脚手架高度不宜超过20 m,型钢悬挑梁宜采用双轴对称截面的型钢。悬挑钢梁型号及锚固件应按设计确定,钢梁截面高度不应小于160 mm。悬挑梁尾端应在两处及以上固定于钢筋混凝土梁板结构上。锚固型钢悬挑梁的U形钢筋拉环或锚固螺栓直径不宜小于16 mm。悬挑脚手架挑梁结构及其锚固如图9.4所示。

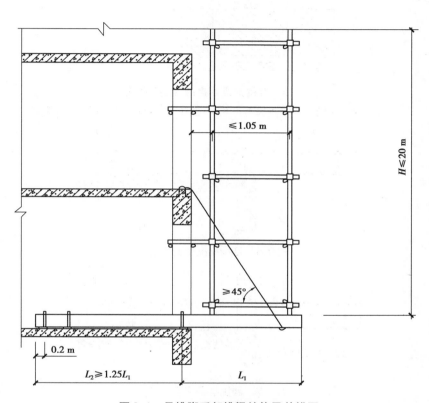

**图9.4 悬挑脚手架挑梁结构及其锚固**

②每个型钢悬挑梁外端宜设置钢丝绳或钢拉杆与上一层建筑结构斜拉结。钢丝绳、钢拉杆不参与悬挑钢梁受力计算;钢丝绳与建筑结构拉结的吊环应使用HPB235级钢筋,其直径不宜小于20 mm,吊环预埋锚固长度应符合现行国家标准《混凝土结构设计规范》(GB 50010—2010,2015年版)中钢筋锚固的规定。

③用于锚固的U形钢筋拉环或螺栓应采用冷弯成型。U形钢筋拉环、锚固螺栓与型钢间隙应用钢楔或硬木楔楔紧。悬挑钢梁U形螺栓固定构造如图9.5所示。

④悬挑梁悬挑长度按设计确定。固定段长度不应小于悬挑段长度的1.25倍。型钢悬挑梁固定端应采用2个(对)及以上U形钢筋拉环或锚固螺栓与建筑结构梁板固定。U形钢筋拉环或锚固螺栓应预埋至混凝土梁、板底层钢筋位置,并应与混凝土梁、板底层钢筋焊接或绑扎牢固,其锚固长度应符合现行国家标准《混凝土结构设计规范》(GB 50010—2015)中钢筋锚固的规定(图9.6、图9.7)。

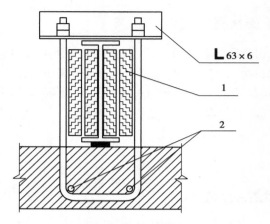

图 9.5　悬挑钢梁 U 形螺栓固定构造
1—木楔侧向楔紧;2—两根 1.5 m 长、直径为 18 mm 的 HRB235 钢筋

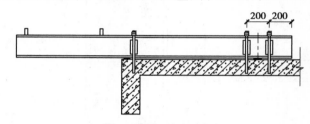

图 9.6　悬挑钢梁楼面构造

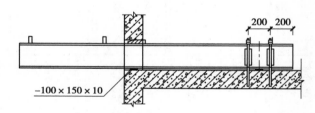

图 9.7　悬挑钢梁穿墙构造

　　⑤当型钢悬挑梁与建筑结构采用螺栓钢压板连接固定时,钢压板尺寸不应小于 100 mm×10 mm(宽×厚);当采用螺栓角钢压板连接时,角钢规格不应小于 63 mm×63 mm×6 mm。

　　⑥型钢悬挑梁悬挑端应设置能使脚手架立杆与钢梁可靠固定的定位点,定位点离悬挑梁端部不应小于 100 mm。

　　⑦锚固位置设置在楼板上时,楼板的厚度不宜小于 120 mm。如果楼板的厚度小于 120 mm,应采取加固措施。

　　⑧悬挑梁间距应按悬挑架架体立杆纵距设置,每一纵距设置 1 根。

　　⑨锚固型钢的主体结构混凝土强度等级不得低于 C20。

　　⑩剪刀撑和连墙件的设置与落地式扣件钢管脚手架一致。

## 9.2.2　型钢悬挑脚手架计算

　　①当采用型钢悬挑梁作为脚手架的支承结构时,应进行下列计算:

a. 型钢悬挑梁的抗弯强度、整体稳定性和挠度；

b. 型钢悬挑梁锚固件及其锚固连接的强度；

c. 型钢悬挑梁下建筑结构的承载能力验算。

②悬挑脚手架作用于型钢悬挑梁上的立杆的轴向力设计值，应根据悬挑脚手架分段搭设高度按式(9.8)、式(9.9)分别计算，并应取较大者。

③型钢悬挑梁的抗弯强度应按下式计算：

$$\sigma = \frac{M_{max}}{W_n} \leqslant f \qquad (9.15)$$

式中　$\sigma$——型钢悬挑梁应力值；

　　$M_{max}$——型钢悬挑梁计算截面最大弯矩设计值；

　　$W_n$——型钢悬挑梁净截面模量；

　　$f$——钢材的抗压强度设计值。

④型钢悬挑梁的整体稳定应按下式计算：

$$\frac{M_{max}}{\varphi_b W} \leqslant f \qquad (9.16)$$

式中　$\varphi_b$——型钢悬挑梁的整体稳定性系数，应按现行国家标准《钢结构设计标准》(GB 50017—2017)的规定采用；

　　$W$——型钢悬挑梁毛截面模量。

⑤型钢悬挑梁的挠度(图9.8)应符合下式规定：

$$v \leqslant [v] \qquad (9.17)$$

式中　$[v]$——型钢悬挑梁挠度允许值，按表9.10取值；

　　$v$——型钢悬挑梁最大挠度。

表9.10　受弯构件的容许挠度

| 构件类别 | 容许挠度$[v]$ |
|---|---|
| 脚手板、脚手架纵向、横向水平杆 | $l/150$ 与 10 mm |
| 脚手架悬挑受弯杆件 | $l/400$ |
| 型钢悬挑脚手架悬挑钢梁 | $l/250$ |

注：$l$ 为受弯构件的跨度，对悬挑杆件为其悬伸长度的2倍。

⑥将型钢悬挑梁锚固在主体结构上的 U 形钢筋拉环或螺栓的强度应按下式计算：

$$\sigma = \frac{N_m}{A_l} \leqslant f_l \qquad (9.18)$$

式中　$\sigma$——U 形钢筋拉环或螺栓应力值；

　　$N_m$——型钢悬挑梁锚固段压点 U 形钢筋拉环或螺栓拉力设计值，N；

　　$A_l$——U 形钢筋拉环净截面面积或螺栓的有效截面面积，$mm^2$，一个钢筋拉环或一对螺栓按两个截面计算；

　　$f_l$——U 形钢筋拉环或螺栓抗拉强度设计值，应按现行国家标准《混凝土结构设计规范》的规定取 $f_l = 50$ N/mm$^2$。

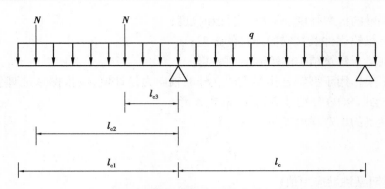

**图 9.8　悬挑脚手架型钢悬挑梁计算示意图**

$N$—悬挑脚手架立杆的轴向力设计值;$l_c$—型钢悬挑梁锚固点中心至建筑楼层板边支承点的距离;
$l_{c1}$—型钢悬挑梁悬挑端面至建筑结构楼层板边支承点的距离;$l_{c2}$—脚手架外立杆至建筑结构楼层板边支承点的距离;$l_{c3}$—脚手架内立杆至建筑结构楼层板边支承点的距离;$q$—型钢梁自重线荷载标准值。

⑦当型钢悬挑梁锚固段压点处采用 2 个(对)及以上 U 形钢筋拉环或螺栓锚固连接时,其钢筋拉环或螺栓的承载能力应乘以 0.85 的折减系数。

⑧当型钢悬挑梁与建筑结构锚固的压点处楼板未设置上层受力钢筋时,应经计算后在楼板内配置用于承受型钢梁锚固作用引起负弯矩的受力钢筋。

⑨对型钢悬挑梁下建筑结构的混凝土梁(板),应按现行国家标准《混凝土结构设计规范》的规定进行混凝土局部受压承载力、结构承载力验算。当不满足要求时,应采取可靠的加固措施。

⑩悬挑脚手架的纵向水平杆、横向水平杆、立杆、连墙件计算同落地式脚手架。

## 9.3　附着升降脚手架

附着升降脚手架(爬架)是指搭设一定高度并通过附着支撑结构附于高层、超高层工程结构上,具有防倾覆、防坠落装置,依靠自身升降的设备和装置。它随工程结构施工逐层爬升,直至结构封顶。为满足外墙装饰作业要求,也可实现逐层下降。它可以满足结构施工、安装施工、装修施工等施工阶段中工人在建筑物外侧进行操作时的施工工艺及安全防护需要。爬架外观和内景如图 9.9、图 9.10 所示。

### 9.3.1　附着升降脚手架的种类

附着升降脚手架的分类方法较多,按附着支承形式可分为悬挑式、吊拉式、导轨式、导座式等;按升降动力不同可分为电动、手拉葫芦、液压等;按控制方式可分为人工控制、自动控制等;按升降方式可分为单片式、分段式、整体式等;按爬升方式可分为套管式、挑梁式、互爬式、导轨式等。目前工程中应用比较多的是导轨式附着升降脚手架。

图9.9 爬架外观

图9.10 爬架内景

## 9.3.2 导轨式附着升降脚手架

**1)导轨式附着升降脚手架构造**

导轨式附着升降脚手架(图9.11)主要由竖向主框架、底部水平支撑框架(桁架)、附墙支座、同步升降系统(电动葫芦和同步升降控制柜)组成。水平支撑框架及竖向主框架承受自重及上部传来的脚手架体系永久载荷和施工活载荷、风载荷等,并将其传递到升降机构,最终传递至建筑物。附墙支座主要用来连接架体,同时用来承载架体载荷,悬挂动力系统,防止架体倾斜。

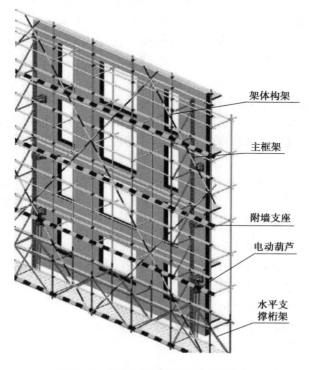

架体构架

主框架

附墙支座

电动葫芦

水平支撑桁架

图9.11 导轨式附着升降脚手架构造

**2)导轨式附着升降脚手架工艺原理**

结构工程施工时,在建筑结构四周分布爬升机构,将水平附着钢梁安装于结构梁板上。水平附着钢梁安装导轮与架体上的导轨相连接,电动葫芦安装在主框架的提升梁上,钢丝绳提升梁安装在附着水平钢梁上。提升钢绳一端穿过底座的滑轮连在电动葫芦的挂钩上,另一端安装在钢丝绳提升梁上并吃力预紧,可以实现架体通过导轨依靠水平附着钢梁上下相对运动,从而实现滑轮导座附着升降脚手架的升降运动。升降到位后,可利用折叠式翻板对结构进行防护。

**3)附着升降脚手架设计计算**

(1)执行标准

附着升降脚手架设计计算执行《建筑施工附着式升降脚手架管理暂行规定》(建设部建〔2000〕230号)、《建筑施工工具式脚手架安全技术规范》(JGJ 202—2010)以及《建筑结构荷载规范》(GB 50009—2012)、《冷弯薄壁型钢结构技术规范》(GB 50018—2002)和《混凝土结构设计规范》(GB 50010—2010,2015年版)等相关标准。

(2)设计计算方法、计算简图及验算要求

架体结构和附着支承结构采用概率极限状态法设计,动力设备、吊具、索具按容许应力法设计。

按使用、升降和坠落三种状态确定计算简图,按最不利受力情况进行计(验)算,必要时通过实架试验确定其设计承载能力。

(3)荷载取值

永久荷载标准值 $G_k$ 应包括整个架体结构、围护设施、作业层设施以及固定于加体结构上的升降机构和其他设备、装置的自重,应按实际计算。

活荷载标准值 $Q_k$ 应包括施工人员、材料及施工机具,应根据施工具体情况,按使用、升降及坠落三种工况确定控制荷载标准值。可按设计的控制值采用,但其取值不得小于有关规定。

(4)设计应达到安全可靠、有效的项目

以下项目应通过设计计算,达到安全、可靠及有效:架体结构,附着支承结构,防倾、防坠装置,监控荷载和确保同步开降的控制系统,动力设备,安全防护设施。

# 复习思考题

9.1　简述钢管扣件式脚手架的构造。

9.2　钢管扣件式脚手架设计计算项目包含哪些?

9.3　简述悬挑式脚手架的构造。

9.4　简述悬挑式钢管脚手架的设计内容。

9.5　简述附着式升降脚手架的工作原理及基本组成。

9.6　简述脚手架施工方案的主要内容。

# 10

# 高层建筑垂直运输体系

[**本章基本内容**]

介绍高层建筑施工中垂直运输体系的构成与配置,重点讲述塔式起重机、施工电梯的选型及配置。

[**学习目标**]

(1)了解:高层建筑施工垂直运输体系的地位。

(2)熟悉:垂直运输体系的构成与配置。

(3)掌握:塔式起重机的选型与布置、施工电梯的选型与配置。

高层建筑施工垂直运输体系是一套相互补充的担负建筑材料设备、施工人员以及建筑垃圾运输的施工机械。高层建筑施工垂直运输体系任务重、投入大、效益高,在施工中占有极为重要的地位,其选择与布置的合理与否对高层建筑施工的速度、工期、成本具有重要影响。高层建筑施工组织设计时,必须针对工程施工特点构建合理、高效的垂直运输体系。

## 10.1 垂直运输体系的构成与配置

### 10.1.1 垂直运输体系的构成

高层建筑施工垂直运输对象,按质量和体量可以分为以下五类:

①大型建筑材料设备:包括钢构件、预制构件、钢筋、机电设备、幕墙构件,以及模板等大型施工机具。这类建筑材料设备单件质量和体量比较大,对运输工

高层建筑垂直运输体系

具的工作性能要求高。

②中小型建筑材料设备:包括机电安装材料、建筑装饰材料和中小型施工机具等。这类建筑材料设备单件质量和体量都比较小,对运输工具的工作性能要求相对较低。

③混凝土:这类建筑材料使用量大,但对运输工具的适应性强。

④施工人员:高层建筑施工人员数量大,上下时间相对集中,垂直运输强度大。同时,人员运输更需确保安全,因此对运输工具的可靠性要求高。

⑤建筑垃圾:高层建筑施工产生垃圾的时间长,空间分布广,各个阶段和各个施工作业面都可能产生建筑垃圾,必须及时将其运出,以提高文明施工水平。

根据施工垂直运输对象的不同,高层建筑施工垂直运输体系一般由塔式起重机、施工电梯、混凝土泵及而输送管道等构成,其中塔式起重机、施工电梯、混凝土泵应用最为广泛,而输送管道应用不多。运输对象对垂直运输机械的要求各不相同,各种运输机械也各具特色,在构建高层建筑施工垂直运输体系时必须将其密切结合,才能提高垂直运输效率,降低垂直运输成本(表 10.1)。

表 10.1　高层建筑垂直运输机械选择

|  | 塔式起重机 | 施工电梯 | 混凝土泵 | 输送管道 |
|---|---|---|---|---|
| 大型建筑材料设备 | √ |  |  |  |
| 中小型建筑材料设备 | √ | √ |  |  |
| 混凝土 | √ | √ | √ |  |
| 施工人员 |  | √ |  |  |
| 建筑垃圾 |  | √ |  | √ |

## 10.1.2　垂直运输体系的配置

高层建筑施工垂直运输体系配置应当遵循技术可行、经济合理的原则。

一是垂直运输能力要满足施工作业需要。要根据运输对象的空间分布和运输性能要求配置垂直运输机械,确保将大型构件安全运送到施工作业面。

二是垂直运输效率要满足施工速度需要。高层建筑施工的工期在很大程度上取决于垂直运输体系的效率,因此必须针对工程特点和垂直运输工作量,配置足够数量的垂直运输机械。

三是垂直运输体系综合效益最大化。高层建筑施工应用的机械较多,投入大,因此垂直运输体系配置时,应尽可能减少施工机械设备投入。但是施工机械设备投入的高低有时不能完全反映垂直运输体系的经济效益。例如,提高施工机械化程度,势必加大施工机械设备投入,但它能加快施工速度,降低劳动消耗,提高高层建筑施工的综合效益。因此,垂直运输体系配置要正确处理投入与产出的关系,实现垂直运输体系综合效益最大化。

高层建筑施工特点各不相同,但是施工垂直运输对象基本相似,因此,垂直运输体系主要配置大同小异,多采用塔式起重机、混凝土泵和施工电梯作为垂直运输体系主要机械,只是垂直运输机械的配置数量因工程而异。一般而言,以钢结构为主的高层建筑塔式起重机配置高,混凝土泵配置低;以钢筋混凝土结构为主的高层建筑塔式起重机配置低,混凝土泵配置高。

## 10.2 塔式起重机

塔式起重机是现代工业与民用建筑施工及设备安装工程中主要使用的建筑起重机,它是一种具有竖直塔身的全回转臂架型起重机。由于其起重臂安装在塔身的上部,起升有效高度和工作范围比较大,因此具有适用范围广、回转半径大、工作效率高、操作简便等特点,在现代多层、高层及超高层建筑施工中得到了广泛应用。

塔式起重机的分类和主要参数

### 10.2.1 塔式起重机的分类

塔式起重机根据结构特点、工作原理、工作性能等可以分为以下几种类型:

**1)按结构形式分**

①固定式塔机:通过连接件将塔身基架固定在地基基础或结构物上进行作业的塔机(图10.1)。

②移动式塔机:具有运行装置,可以行走的塔机(图10.2)。

图10.1 固定式塔机

图10.2 移动式塔机

**2)按回转形式分**

①上回转式塔机:回转装置设置在塔身上部的塔机,比较常用(图10.3)。

②下回转式塔机:回转装置置于塔身底部,塔身可相对于底架转动的塔机,一般用于码头、海洋平台等(图10.4)。

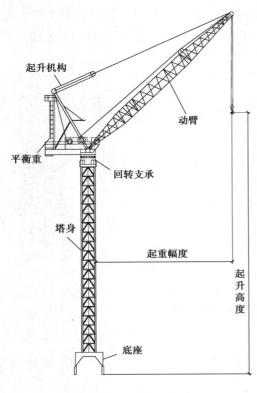

图 10.3　上回转式塔机

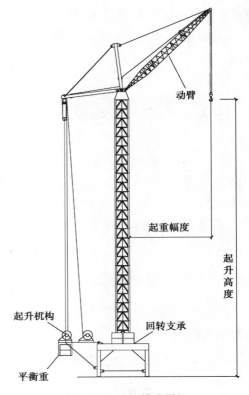

图 10.4　下回转式塔机

### 3)按架设方式分

①非自行架设塔机:依靠其他起重机械进行组装并架设成整体的塔机。

②自行架设塔机:依靠自身的动力装置和机构,能够实现运输状态和工作状态相互转换的塔机。

### 4)按变幅方式分

①小车变幅式塔机:起重小车沿起重臂运行进行变幅的塔机(图 10.5)。

②动臂变幅式塔机:通过臂架做俯仰运动进行变幅的塔机(图 10.6)。

图 10.5　小车变幅式塔机

图 10.6　动臂变幅式塔机

**5) 按起重能力分**

　　①轻型塔机:起重量在 0.5~3 t。
　　②中型塔机:起重量在 3~20 t。
　　③重型塔机:起重量在 20~40 t。
　　④特重型塔机:起重量在 40 t 以上。

　　根据目前建筑行业的现状数据,以及国内施工的超过 300 m 以上的超高层经验,100~300 m 区间的超高层施工用塔机的起重力矩一般在 600 t·m 以下。但是随着建筑结构的不断升高,300 m 以上一般为特大型钢结构,需配备更大规模的塔机,国内 400 m 以上项目基本都配备了 M900D 以上的塔机(表 10.2)。

表 10.2　世界主要特重塔机工作性能

| 制造商 | 塔机型号 | 起重力矩<br>(t·m) | 最大起重量 | 最大起重<br>幅度(m) | 最大幅度<br>起重量(t) |
|---|---|---|---|---|---|
| 丹麦 KROLL | K-10000 | 10 000 | 240 t/44 m | 100 | 94.5 |
| 法福克 | M1680 | 3 000 | 200 t/15 m | 75 | 11.5 |
| 法福克 | M1280D | 2 450 | 100 t/25 m | 80 | 13 |
| 中昇建机 | ZSL2000 | 2 200 | 100 t/20 m | 50 | 31 |
| 中国川建 | QTZ1500 | 1 500 | 63 t/24.4 m | 80 | 15 |
| 法福克 | M900D | 1 220 | 64 t/10m | 70 | 1.3 |
| 法福克 | M440D | 600 | 50 t/10m | 65 | 2.7 |
| 中昇建机 | ZSL2700 | 2 600 | 100 t/26 m | 65 | 27.5 |
| 中昇建机 | ZSL750 | 750 | 50 t/15 m | 50 | 9.9 |
| 中国抚顺永茂 | STL420 | 500 | 24 t/18.9 m | 60 | 4.9 |
| 中联重科 | ST7052 | 450 | 25 t/18 m | 70 | 5.2 |
| 中联重科 | ST7032 | 350 | 20 t/17.5 m | 75 | 2.7 |

## 10.2.2　塔机主要参数

　　塔机的主要参数有幅度、起重量、起重力矩和起升高度等。

**1) 幅度($R$)**

　　幅度,又称回转半径或工作半径,即塔机回转中心线至吊钩中心线的水平距离。起重机的幅度与起重臂的长度和仰角有关。幅度又包括最大幅度与最小幅度两个参数(图 10.7)。高层建筑施工选择塔式起重机时,首先应考虑该塔机的最大幅度是否能满足施工需要。选择起重机时应力求使起重幅度覆盖所施工建筑物的全部面积,避免二次搬运。

塔机型号决定了塔机的臂长幅度,布置塔机一般要求避免出现覆盖盲区,但不是绝对的。对有主楼、裙房的工程,对于其高层主体结构部分,塔臂应全面覆盖;裙楼争取塔臂全部覆盖,当出现难以解决的边、角覆盖时,可考虑采用临时租用汽车吊解决裙房边、角垂直运输问题。不能盲目加大塔型,而应认真进行技术经济比较分析后确定方案。

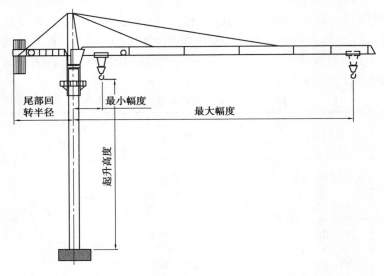

图 10.7　塔式起重机主要参数

### 2)起重量($Q$)

起重量是指塔式起重机在不同幅度时规定的最大起升重量。起重量应包括吊物、吊具和索具等作用于塔机起重吊钩上的全部重量。不同幅度有不同的起重量,起重量是随着工作幅度的加大而减少的。因此,起重量包括两个参数,一个是最大幅度时的起重量,另一个是最大起重量。塔式起重机的起重量参数通常以额定起重量表示,即起重机在各种工况下安全作业所允许起吊重物的最大重量。塔式起重机在最小幅度时起重量最大,随着幅度的增加,起重量相应递减,因此在各种不同幅度时有不同额定的起重量。

### 3)起重力矩($M$)

初步确定起重量和幅度参数后,还必须根据塔机技术说明书中给出的资料,核实是否超过额定起重力矩。所谓起重力矩(单位为 kN·m),是指塔式起重机的幅度与相应于此幅度下的起重量的乘积($M=Q·R$),它能比较全面和确切地反映塔式起重机的工作能力。我国规定以基本臂最大工作幅度与相应的起重量的乘积作为额定起重力矩,来表示塔式起重机的起重能力。塔机起重力矩一般控制在其额定起重力矩的 75% 之下,以保证作业安全并延长其使用寿命。

### 4)起升高度($H$)

起升高度是指自轨面或混凝土基础顶面至吊钩中心的垂直距离(图 10.8),其大小与塔身高度及臂架构造型式有关。选用时一般根据构筑物的总高度、预制构件或部件的最大高度、脚手架构造尺寸及施工方法等综合确定起升高度。

塔机起升高度应不小于建筑物总高度加上构件、吊索和安全操作高度(一般为2～3 m),同时应满足塔机超越建筑物顶面的脚手架、井架或其他障碍(超越高度一般不小于1 m)的最大超越高度需要。

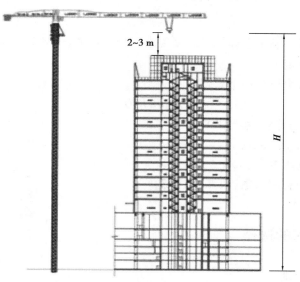

**图10.8　塔机起升高度**

塔机的吊钩高度计算如下:

$$H = H_1 + H_2 + H_3 + H_4 + h \tag{10.1}$$

式中　$H_1$——吊索高度,m,一般取1～1.5 m;

$H_2$——构件高度,m;

$H_3$——安全吊装距离,m,按2 m计算;

$H_4$——脚手架或其他设施高度,m;

$h$——建筑物高,m。

### 5)工作速度($v$)

塔式起重机的工作速度参数包括起升速度、回转速度、变幅速度和行走速度等。

起升速度是指起重吊钩(或取物装置)的上升速度,单位为m/min;回转速度是指转台每分钟的转数,单位为r/min;变幅速度是指起重吊钩(或取物装置)从最大幅度移到最小幅度的平均线速度,单位为m/min;行走速度是指起重机整机的移动速度,单位为m/min或km/h。

塔式起重机的输送能力与塔式起重机吊运一次重物的用时有关,塔式起重机吊运一次重物的用时可按式(10.2)计算:

$$T_i = \left( \frac{H_i}{V_1} + \frac{H_i}{V_2} + t_3 + t_4 + t_5 \right) K \tag{10.2}$$

式中　$T_i$——塔式起重机吊运一次重物的用时,min;

$H_i$——平均施工高度,m;

$V_1$——塔式起重机吊钩起升速度,m/min;

$V_2$——塔式起重机吊钩下降速度,m/min;

$t_3$——塔式起重机吊运一次重物的平均回转时间,min;

$t_4$——塔式起重机吊运一次重物变幅或大车行走的时间,min;

$t_5$——塔式起重机吊运一次重物的装卸时间,min;

$K$——调整系数,根据塔式起重机机械状况与管理水平而定,一般取 $1.1 \sim 1.5$。

#### 6)塔机吊装效率分析

塔机的吊装效率需要满足总体施工进度要求。配置台数、安装位置应根据构件的分布情况、吊次、施工顺序来确定。

塔机每小时作业效率可按照下式估算:

$$P = nK_1K_2Q \tag{10.3}$$

式中　$P$——塔机每小时作业生产率,t/h;

$Q$——塔机最大起重量,t;

$K_1$——起重量利用系数,取 $0.5 \sim 0.7$;

$K_2$——作业时间利用系数,取 $0.4 \sim 0.7$;

$n$——每小时吊次。

### 10.2.3　塔式起重机的选择

#### 1)塔式起重机的选型原则

塔机选型是一项技术经济要求很高的工作,必须遵循技术可行、经济合理的原则。塔机选型首先要保证技术可行,选型过程中应重点从起重变幅、起升高度、起重量、起重力矩、起重效率和环境影响等方面进行评价,确保塔机能够满足高层及超高层建筑施工能力、效率和作业安全的需要,并在技术可行的原则上进行经济可行性分析,兼顾投入和产出,争取效益最大化。

①参数应满足施工要求。应逐一核对塔式起重机的各主要参数,确保所选用塔机的幅度、起重量、起重力矩和吊升高度满足施工需要。

②塔机生产效率应能满足施工进度要求。

③应充分利用现有机械设备,以减少投资。

④塔机效能要得到充分发挥,避免大材小用;尽量降低台班费用,提高经济效益。

⑤选用的塔机应能适应施工现场的环境,便于进场安装架设和拆除退场。

#### 2)塔式起重机的选型步骤

①根据拟施工建筑物的特点,选定塔式起重机的类型,如选择行走式、附着式或内爬式塔式起重机。高层和超高层建筑物的施工,一般都选用附着式或内爬式塔式起重机,起重机能随建筑物升高而增高,造价较低,台班费用比较便宜,有利于施工现场的平面布置;且操纵室在塔顶上,司机的视野宽,工作效率较高。选用附着式塔式起重机还是现代高层建筑施工内爬式塔式起重机,可根据施工条件合理确定。

②根据建筑物体形、平面尺寸、标准层面积和塔式起重机布置情况(单侧、双侧布置等),计算塔式起重机必须具备的幅度和吊升高度。

③根据构件或载料容器物的重量,确定塔式起重机的起重量和起重力矩。起重力矩必须满足下式:

$$M \geqslant Q_m R_m \tag{10.4}$$

式中　$M$——起重机的起重力矩,kN·m;

$Q_m$——最大起重量(可取最重的构件重量或规定的一次起重量)或相应于某一幅度下的起重量,kN;

$R_m$——最大起重量时的幅度或相应于某一起重量时的幅度,m。

④根据上述计算结果,参照塔式起重机技术性能表,选定塔式起重机的型号。选择塔式起重机型号时,应尽可能多做一些选择方案,以便进行技术经济分析,从中选取最佳方案,即起重机的运输费用、拆装费用和使用费的总和最少,或物料运输和构件安装的施工成本最低。

塔式起重机型号确定以后,就要根据建筑高度、工程规模、结构类型和工期要求确定塔式起重机配置数量。确定塔式起重机配置的方法有工程经验法和定量分析法两种。工程经验法通过比照类似工程经验确定塔式起重机配置数量,如表10.3所示的超高层建筑施工塔式起重机配置就可为类似工程提供参考。工程经验法是一种近似方法,其准确性相对比较低,但是计算工作量小,因此多在投标方案和施工大纲编制阶段采用。定量分析法以进度控制为目标,通过深入分析塔式起重机吊装工作量和吊装能力来确定塔式起重机配置数量。该方法非常成熟,准确性高,但计算工作量大,因此多在施工组织设计编制阶段采用。

表 10.3　世界部分著名超高层建筑施工塔式起重机配置

| 工程名称 | 建筑高度 | 楼层面积<br>(m²) | 结构类型 | 塔式起重机 |
|---|---|---|---|---|
| 上海金茂大厦 | 88 层,420.5 m | 2 470 | 组(混)合结构 | 2 台 M440 和 1 台 154EC-H10 |
| 上海环球金融中心 | 101 层,492 m | 3 300 | 组(混)合结构 | 2 台 M900D 和 1 台 M440D |
| 台北 101 大厦 | 101 层,508 m | 2 800 | 钢结构 | 2 台 M1250D 和 2 台 M440D |
| 香港国际金融中心二期 | 88 层,115 m | 2 110 | 组(混)合结构 | 2 台 600 t·m 和 1 台 300 t·m |
| 阿联酋迪拜哈利法塔 | 169 层,828 m | 2 050 | 钢筋混凝土结构 | M440D、M380D 和 M220D 各 1 台 |

### 3)选择塔式起重机应注意的问题

①选择附着式塔式起重机时应考虑塔身锚固点与建筑物相对应的位置,以及平衡臂是否影响臂架正常运转。

②选择多台塔式起重机同时作业时,要处理好相邻塔式起重机塔身的高度差,以防止互相碰撞。塔机之间的安全距离不宜小于 2 m(图 10.9)。

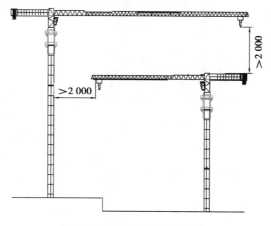

图 10.9　相邻塔机安全距离

③考虑塔式起重机安装时,还应考虑其顶升、接高、锚固及完工后的落塔(起重臂和平衡臂是否落在建筑物上)、拆卸和塔身节的运输。

④考虑自升塔式起重机安装时,应处理好顶升套架的安装位置(塔架引进平台或引进轨道应与臂架同向),并确保锚固环的安装位置正确等。

## 10.2.4 塔式起重机的布置

只有在确定起重机的平面位置后,才能确定起重机的起重幅度,从而选择机型。塔式起重机的平面布置主要取决于建筑物的平面形状、构件重量、施工现场条件以及起重机的种类。

在编制施工组织设计、绘制施工总平面图时,合适的塔式起重机安设位置应满足下列要求:

①塔式起重机的幅度与起重量均能很好地适应主体结构(包括基础阶段)施工需要,并留有充足的安全余量。

②要有环形交通道,便于安装辅机和运输塔式起重机部件的卡车和平板拖车进出施工现场。

③应靠近工地电源变电站。

④工程竣工后,仍留有充足的空间,便于拆卸塔式起重机并将部件运出现场。

⑤在一个栋号同时装设两台塔式起重机的情况下,要注意其工作面的划分和相互之间的配合,同时还要采取妥善措施防止其相互干扰。

## 10.2.5 固定式塔机

固定式塔机是高层及超高层施工时最常用的垂直运输设备,根据固定方式的不同,又分为附着自升式(图10.10)和内爬自升式(图10.11)两种形式。附着自升式是塔身固定在地面基础上,塔机附着结构自动升高的固定方式。内爬自升式塔机一般布置在建筑的内部,借助一套托架和提升系统进行塔机的固定和爬升。附着自升式和内爬自升式各有优缺点,分别适用于具有不同工程特点和作业环境的项目。

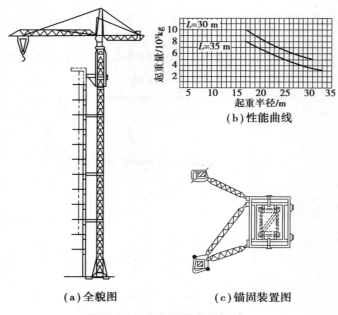

(a)全貌图　　　　　(c)锚固装置图

图10.10　QT4-10型塔式起重机

### 1) 附着自升式

附着自升式塔机使用塔机布置在超高层建筑物外侧，结构影响小，安全性高，可以保留和使用的时间较长，极大地方便了机电安装、装饰等专业分包材料的垂直运输。

### 2) 内爬自升式

内爬塔机的爬升井一般布置在核心筒内电梯井里，但为了提高内爬塔机布置的灵活性，近年来很多工程中采用了塔机悬挂的方式，即在合适的剪力墙位置设置人工井道作为塔机的爬升通道。如上海环球金融中心、深圳平安大厦等，都采用了悬挂井道的内爬自升式架设方式。

图 10.11　内爬式塔机

内爬自升式塔机通过内爬与结构同步升高，不需要大量的塔身，材料消耗小，覆盖范围广，其工作性能可以得到充分发挥；由于塔机布置在建筑物的内部，对建筑的外装施工影响较小。

但内爬式塔机的安装、拆除作业相对复杂，高空作业多，使用安全风险较大，且由于塔机布置在建筑物内部，塔机站位的结构需要后施工，对施工影响较大。另外，塔机的所有负荷都作用在结构上，对结构的作用和影响显著，因此必须在深入分析结构受力的基础上，采取针对性措施来保证施工过程的安全。

## 10.2.6　塔机的安装、爬升与拆除技术

塔式起重机的
安装和拆除

### 1) 塔机的安装

塔机根据其结构特点、工作性能可划分为多种形式，但其工作原理基本相同，都主要由基础、塔身、回转、主臂、辅臂、动力装置几个部分组成。塔机安装流程如图 10.12 所示。

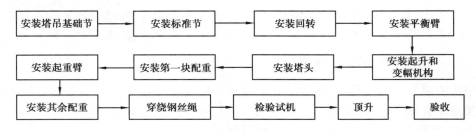

图 10.12　塔机安装流程示意图

塔机安装步骤如下：

第 1 步：安装塔机基础。对于附着自升式塔机，首先安装塔机基础节；对于内爬自升式塔机，首先安装塔机基座梁和爬升框。

第 2 步：依次安装塔机标准节和套架。

第 3 步：标准节安装完成后，将组装好的回转下支座和回转支承吊起至标准节上端，用螺栓与塔身连接好，再安回转上支座和回转平台等部件。

第 4 步：在地面将平衡臂组装好，并安装好平台、栏杆、电控柜等附属部件，将平衡臂整体

吊装与回转体进行可靠连接固定。

第5步:平衡臂固定好后,再将起升和变幅机构安装到平衡臂上的预留安装位置,并用销轴进行连接固定。

第6步:在地面进行塔头组装,包括前、后撑杆,以及滑轮组、爬梯、防倾翻装置等。组装好后吊起塔头,将前后撑杆用销轴与平衡臂连接固定。

第7步:安装第一块配重,接通回转、起升、变幅三大机构的电源,旋转平衡臂,使起重臂的位置处于汽车吊作业范围内。

第8步:在地面组装起重臂,检查合格后安装起重臂。起重臂采用两根绷绳进行临时固定。

第9步:依次安装其余配重并穿绕钢丝绳,检查设备是否正常工作。确认系统正常运转后开始塔机的顶升作业,直至将塔机顶升至塔机的自由高度位置,验收合格后即可拆除塔机套架。

**2)塔机的爬升**

(1)附着自升式塔机爬升

①附着框架的设置。塔机附着架(图10.13)是指每隔一定高度,将塔身与已建结构连接起来的臂。它的作用一是拉住塔身,防止其倾覆;二是控制塔身受压时的自由段高度(图10.14)。

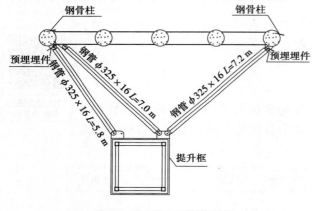

图10.13　塔机平面附着

图10.14　外附塔机实景照

②塔机的顶升。附着式塔式起重机的自升接高目前主要是利用液压缸顶升,采用较多的是外套架液压缸侧顶式。如图10.15所示为其顶升过程,可分为以下5个步骤:

第1步:将标准节吊到摆渡小车上,并将过渡节与塔身标准节相连的螺栓松开,准备顶升[图10.15(a)]。

第2步:开动液压千斤顶,将塔机上部结构包括顶升套架向上顶升到超过一个标准节的高度,然后用定位销将套架固定,于是塔机上部结构的质量就通过定位销传递到塔身[图10.15(b)]。

第3步:液压千斤顶回缩,形成引进空间,此时将装有标准节的摆渡小车开到引进空间内[图10.15(c)]。

第4步:利用液压千斤顶稍微提起标准节,退出摆渡小车,然后将标准节平衡地落在下面的塔身上,并用螺栓加以连接[图10.15(d)]。

第5步:拔出定位销,下降过渡节,使之与已接高的塔身连成整体[图10.15(e)]。

如一次要接高若干节塔身标准节,则可重复以上工序。

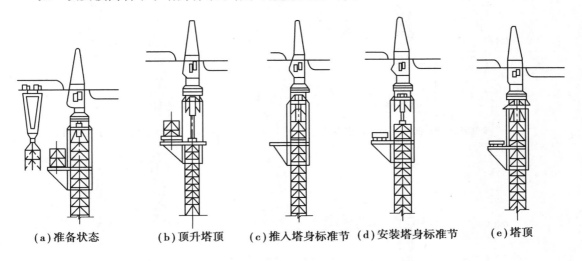

（a）准备状态　　（b）顶升塔顶　　（c）推入塔身标准节 （d）安装塔身标准节　　（e）塔顶

**图10.15　QT4-10型塔式起重机顶升过程示意图**

（2）内爬自升式塔机爬升

①爬升框的设置。塔机爬升主要通过布置在塔机标准节位置的千斤顶和固定在上下爬升主梁之间的顶升横梁的相对运动来实现(图10.16)。

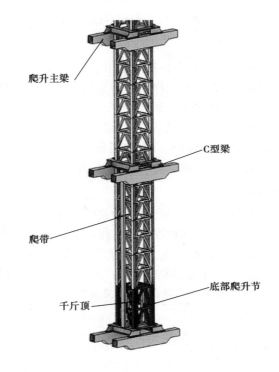

爬升主梁

C型梁

爬带

千斤顶

底部爬升节

**图10.16　爬升框的设置**

②爬升过程如图10.17所示。

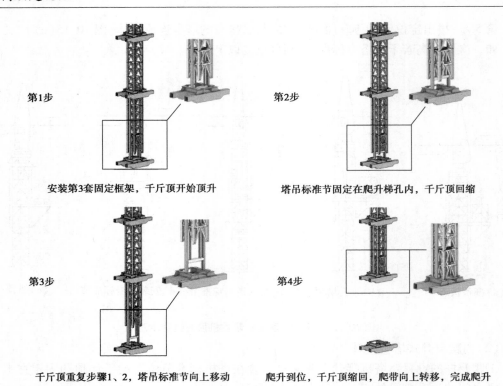

第1步       第2步

安装第3套固定框架，千斤顶开始顶升       塔吊标准节固定在爬升梯孔内，千斤顶回缩

第3步       第4步

千斤顶重复步骤1、2，塔吊标准节向上移动       爬升到位，千斤顶缩回，爬带向上转移，完成爬升

图 10.17　爬升过程示意图

### 3）塔机的拆除

塔机一般在主体结构施工完毕后进行拆除。由于内爬塔机一般布置在构筑物的内部，结构封顶后塔机无法进行自降，因此一般选择安装屋面吊进行拆除。整个拆除的思路是小塔拆大塔，小塔最后在解体后运输。而对于外附式塔机，由于外附式塔机一般布置在构筑物的外侧，故塔机可自降至地面，然后采用汽车吊进行拆除。

对于一个工程而言，无论哪台塔机先拆哪台塔机后拆，选择什么拆除设备，都各不相同。但对于塔机各部件本身而言，其拆除顺序是不变的，是安装顺序的逆向施工。

### 4）塔式起重机架设方式比选

塔式起重机的安装、使用和拆除是一项风险极高的工作，因此，塔式起重机架设方式比选应把控制安全风险作为首要因素。一般情况下，应尽可能选择作业风险比较低的附着自升式架设方式，只有当高层建筑高度特别高、施工场地非常紧张、塔机起重能力很大的情况下才选择内爬自升式架设方式。附着自升式和内爬自升式架设方式的适用条件见表10.4。

表 10.4　塔式起重机架设方式比选

| 塔式起重机架设方式 | 建筑高度 | 作业环境 | 塔式起重机类型 |
|:---:|:---:|:---:|:---:|
| 附着自升式 | 200 m 以下 | 环境宽松 | 中型、轻型 |
| 内爬自升式 | 200 m 以上 | 环境紧张 | 重型、特重型 |

## 10.2.7 工程案例:广州国际金融中心

### 1)工程概况

广州国际金融中心是广州市的标志性建筑,由主塔楼、副楼和裙楼组成。主塔楼地下 4 层,地上 103 层,高 432 m,采用钢管混凝土斜交网格柱外筒+钢筋混凝土内筒的筒中筒结构体系。外筒由 30 根钢管混凝土组合柱自下而上交错而成。钢管立柱从 $-18.6$ m 底板起至 $-0.5$ m 形成首个相交 X 形节点,再往上每隔 27 m 相交,至结构顶部共有 16 层相交节点(图 10.18)。X 形节点区钢管板厚随位置而变化,最厚达 55 mm,中间设置 100 mm 连接板,单个节点区分段质量最大超过 60 t。

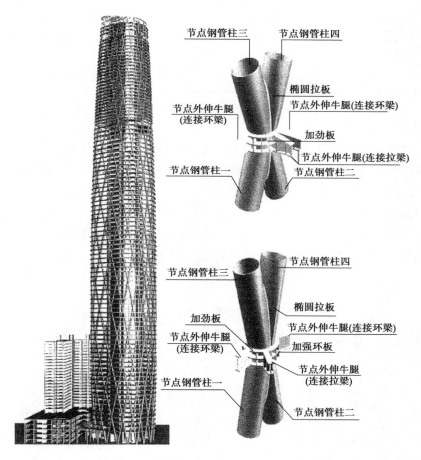

图 10.18 广州国际金融中心外筒钢柱布置及典型 X 形节点图

### 2)塔机的选型和布置

塔机的选择和布置需考虑如下因素:①建筑物的特点、结构本体(含核心筒)的变化情况及施工现场总平面布置,应确保满足现场的施工需要,尽可能不出现施工盲区;②钢构件的分布特点及质量,以及楼层需要吊运材料的工作量;③塔机的起重量、幅度(工作半径)、动力系统(驱动系统、功率、卷筒容绳量)自立高度等参数,应满足现场的施工需要;④工程主体结构高达492 m,在施工主体上部结构时,单件吊装时间较长,工程工期十分紧张,垂直运输任务非常密集,故应考虑吊装效率问题;⑤工程主体结构空间较窄,应考虑多塔作业的安全性。

(1)塔机选择

鉴于上述特点,主要吊装设备的选择既要满足全部构件的吊装要求,还要保证较高的作业效率和可靠的安全操作性及合理的经济性。因此,拟定使用动臂式内爬塔机作为主要的吊装设备。根据国内超高层工程塔机使用经验,选用技术成熟和产品定型的澳大利亚法福克的M900D 塔机作为该工程的吊装设备,M900D 塔机的起重性能指标见表10.5。

表 10.5　M900D 塔机起重性能表

| 幅度(m) | | 4.4 | 5.6 | 10 | 15 | 20 | 25 | 30 | 35 | 40 | 45 | 50 | 52.5 |
|---|---|---|---|---|---|---|---|---|---|---|---|---|---|
| 起重量<br>(t) | 双绳 | 64 | 64 | 58.5 | 53.0 | 47.0 | 41.2 | 36.1 | 30.5 | 25.8 | 21.5 | 17.3 | 15.1 |
| | 单绳 | 32(32 m 幅度) | | | | | | | 30.5 | 25.8 | 21.5 | 17.3 | 15.1 |
| 仰角(°) | | 86.3 | 85.0 | 80.4 | 75.1 | 69.6 | 63.9 | 57.9 | 51.5 | 44.5 | 36.4 | 26.2 | 19.4 |

(2)塔机的平面定位布置

该工程主塔楼采用三台 M900D 塔机配合主体结构施工,塔机分两阶段布置:

第一阶段为办公层(69 层以下)施工阶段,塔机通过设在核心筒外壁的钢支撑架进行内爬,钢支撑架间距为 16~18 m(图 10.19)。

第二阶段为酒店层(69 层以上)施工阶段,塔机转换为外附着式,即塔机底部固定在与核心筒连接的钢支撑架上,通过顶部添加标准节升高塔机,以满足吊装要求。底部支撑架位于69 层楼面,附着杆设在核心筒墙上,附着杆间距为 20 m(图 10.20)。

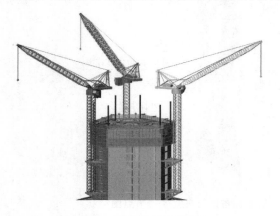 

图 10.19　第一阶段形式图　　　　图 10.20　第二阶段形式图

三台塔机平面和立面定位布置如图 10.21 所示。

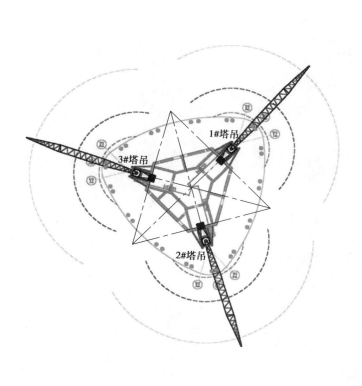
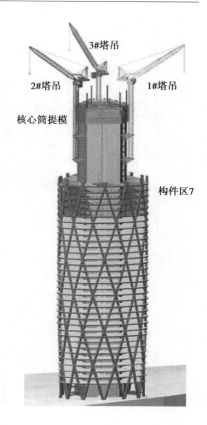

图 10.21　塔机平面和立面定位布置图

### 3)塔机安装

（1）1#塔机安装

当核心筒提模施工至+27.000 m(7F)标高时,在珠江大道路边停置一台300 t汽车吊安装 1#M900D 塔机,然后用 1#塔机依次对 2#、3#塔机进行安装。1#塔机安装流程如图 10.22 所示。

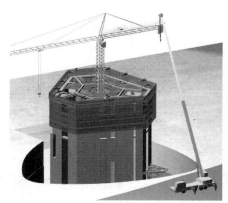

（a）安装支撑架

（b）安装塔身标准节

　　(c)安装回转机构　　　　　　　　　　(d)安装机械平台

　　(e)安装桅杆和卷扬机系统　　　　　　(f)安装主臂和配重

图10.22　1#塔机安装流程

（2）2#、3#M900D 塔机的安装

在 1#M900D 塔机安装完毕并爬升一次后,再分别安装 2#、3#M900D 塔机。2#、3#M900D 塔机安装的流程与 1#M900D 塔机的安装流程基本相同,不同之处只是 1#塔机使用 300 t 汽车吊,而 2#、3#塔机安装使用的是 1#塔机,其安装过程更为安全(图 10.23、图 10.24)。

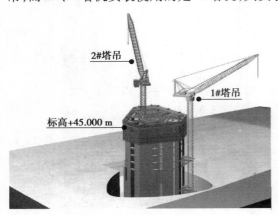

图10.23　安装 2#塔机

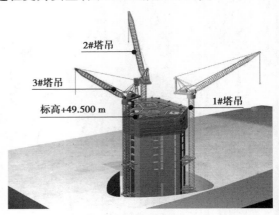

图10.24　安装 3#塔机

#### 4)塔机爬升步骤

塔机的爬升步骤如图 10.25 所示。

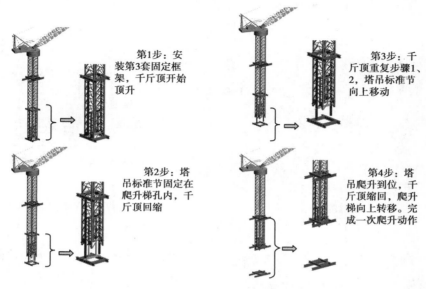

第1步：安装第3套固定框架，千斤顶开始顶升

第3步：千斤顶重复步骤1、2，塔吊标准节向上移动

第2步：塔吊标准节固定在爬升梯孔内，千斤顶回缩

第4步：塔吊爬升到位，千斤顶缩回，爬升梯向上转移。完成一次爬升动作

图 10.25　塔机爬升步骤图

#### 5)塔机拆除

外筒结构、顶部楼层梁施工完成后,利用 1#塔机拆除 2#、3#塔机;1#塔机待停机坪钢构架安装完后,安装一台 M370R 型屋面起重机进行高空拆除,并逐一解体放至地面;其后安装一台 SCD20/15 型屋面吊拆除 M370R 塔机;然后再安装一台 SCD3/17 屋面吊拆除 SCD20/15 屋面吊;最后采用人工拆除 SCD3/17 屋面吊,并用施工升降机运到地面(图 10.26)。

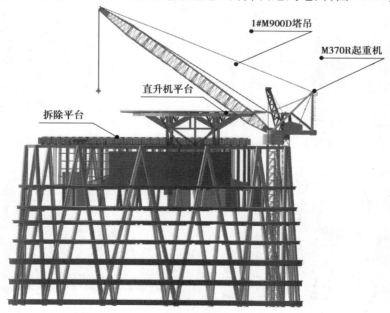

1#M900D塔吊

M370R起重机

直升机平台

拆除平台

图 10.26　M370R 塔机拆除 1#M900D 塔机立面图

拆除步骤与安装步骤相反,按以下顺序进行:配重→起重臂→卷扬机系统→桅杆→机械平台→回转机构→塔身标准节→支撑框架。

用 M370R 塔机拆除 1#M900D 塔机的工艺流程如图 10.27 所示。

(a)拆除配重

(b)起重臂下放至拆除平台

(c)起重臂水平转运

(d)底部起重臂节下放

(e)第二起重臂节下放

(f)第三起重臂节下放

(g)顶部起重臂节下放

(h)桅杆、支架拆除下放

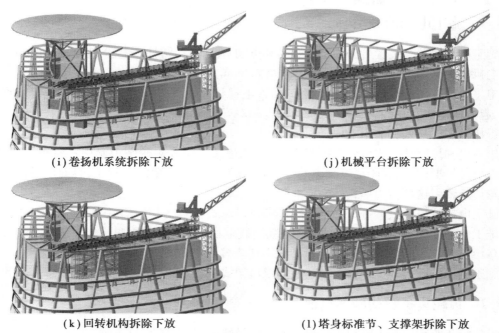

(i)卷扬机系统拆除下放       (j)机械平台拆除下放

(k)回转机构拆除下放       (l)塔身标准节、支撑架拆除下放

图 10.27   M370R 塔机拆除 1#M900D 塔机工艺流程

## 10.3   施工电梯

施工电梯(图 10.28)是高层建筑施工垂直运输体系的重要组成部分,在施工人员上下以及中小型建筑材料、机电安装材料和施工机具的运输中发挥了重要作用,特别是在塔式起重机拆除以后,其作用更加突出。

施工电梯

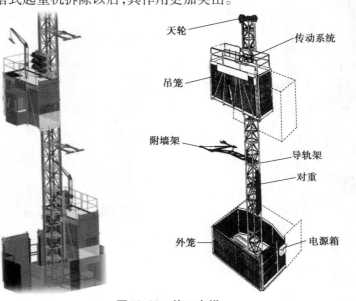

图 10.28   施工电梯

### 10.3.1　施工电梯的分类

施工电梯按动力装置可分为电动驱动和电动-液压驱动两种。电动-液压驱动电梯工作速度比电机驱动电梯工作速度快,最高可达 96 m/min。

施工电梯按用途可划分为载货电梯、载人电梯和人货两用电梯。载货电梯一般起重能力较大,起升速度快,而载人电梯和人货两用电梯对安全装置的要求高一些。目前,在实际工程中用得比较多的是人货两用电梯。

施工电梯按驱动形式可分为钢索牵引、齿轮齿条牵引和星轮滚道牵引三种形式。其中,钢索牵引是早期产品,星轮滚道牵引的传动形式较新颖,但载重能力较小,目前用得比较多的是齿轮齿条牵引这种结构形式。

施工电梯按吊厢数量可分为单吊厢式和双吊厢式。

施工电梯按承载能力可分为两级,一级能载重物 1.0 t 或人员 11～12 人,另一级载重量为 2.0 t 或载乘员 24 名。我国施工电梯用得比较多的是前者。

施工电梯按塔架多少分为单塔架式和双塔架式。目前,双塔架桥式施工电梯很少用。

### 10.3.2　齿轮齿条驱动施工电梯

齿轮齿条驱动的施工电梯主要部件为立柱导轨架、带有底笼的平面主框架结构、吊笼、驱动装置、安全装置、电气控制与操纵系统等。

#### 1)立柱导轨架

立柱导轨架一般由若干标准节组成,该标准节由无缝钢管焊接成桁架结构并带有齿条(图 10.29)。标准节长为 1.5 m,标准节之间采用套柱螺栓连接,并在立柱杆内装有导向楔(图 10.30)。

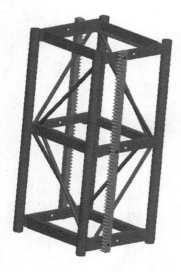

图 10.29　标准节

图 10.30　导轨架

#### 2)带底笼的安全栅

电梯的底部有一个便于安装立柱段的平面主框架,在主框架上立有带镀锌铁网状护围的底笼。底笼的高度约为 2.0 m(图 10.31),其作用是在地面把电梯整个围起来,以防止电梯升降时因闲人进出而发生事故。底笼入门口的一端有一个带机械和电气的联锁装置,当吊厢在上方运行时即锁住,使安全栅上的门无法打开,直至吊厢降至地面后,联锁装置才能解脱。

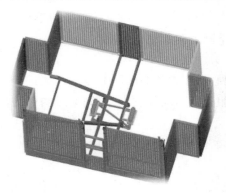

图 10.31　底笼　　　　　　　　　　　　　　　图 10.32　吊笼

### 3)吊笼

吊笼又称为吊厢(图 10.32),它不仅是乘人载物的容器,还是安装驱动装置和架设或拆卸支柱的场所。吊笼内的尺寸一般在 3.0 m×1.3 m×2.7 m 左右(长×宽×高)。吊笼底部由浸过桐油的硬木或钢板铺成,结构主要由型钢焊接骨架、顶部和周壁由方眼编织网围护结构组成。一般国产电梯都在吊笼的外沿装有司机专用的驾驶室,内有电气操纵开关和控制仪表盘,或在吊笼一侧设有电梯司机专座,供其操纵电梯。

### 4)驱动装置

驱动装置是使吊笼上下运行的一组动力装置,其齿轮、齿条驱动机构可为单驱动、双驱动,甚至三驱动。

### 5)安全装置

吊厢正常升运速度一般在 36 m/min 左右,当传动机构发生故障或电控失灵时,吊厢就会自由坠落,发生与底部撞击的事故,造成重大伤亡。为此,必须安装限速制动装置。一般规定下降速度不得超过 0.88 ~ 0.98 m/s。施工电梯的安全装置有限速制动器、防坠安全器(图 10.33)、制动装置和缓冲弹簧(图 10.34)等。

图 10.33　防坠安全器　　　　　　　　　　　图 10.34　缓冲弹簧

（1）限速制动器

国产的施工外用载人电梯大多配用两套制动装置,其中一套就是限速制动器。它能在紧急的情况下(如电磁制动器失灵、机械损坏或严重过载、吊笼超过规定的速度约15%时),使电梯马上停止工作。常见的限速器是锥鼓式限速器,其根据功能不同,分为单作用和双作用两种形式,其中单作用限速器只能沿工作吊厢下降方向起制动作用。

锥鼓式限速器有以下三种工作状态:

①电梯运行时,小齿轮与齿条啮合驱动,离心块在弹簧的作用下,随齿轮轴一起转动。

②当电梯运行超过一定速度时,离心块克服弹簧力向外飞出,与制动鼓内壁的齿啮合,使制动鼓旋转而被拧入壳体。

③随着内外锥体的压紧,制动力矩逐步增大,使吊厢能平缓制动。

（2）制动装置

①限位装置。设在立柱顶部的为最高限位装置,可防止冒顶,主要由限位碰铁和限位开关构成。设在楼层的为分层停车限位装置,可实现准确停层。设在立柱下部的限位器可使吊笼不超越下部极限位置。

②电机制动器,有内抱制动器和外抱电磁制动器等。

③紧急制动器,有手动楔块制动器和脚踏液压紧急刹车等,在紧急的情况下(如限速和传动机构都发生故障时),可实现安全制动。

（3）缓冲弹簧

底笼的底盘上装有缓冲弹簧,可以在下限位装置失灵时减小吊笼的落地震动。

### 6）平衡重

平衡重的重量约等于吊笼自重加1/2的额定载重量,用来平衡吊笼的一部分重量。平衡重通过绕过主柱顶部天轮的钢丝绳与吊笼连接,并装有松绳限位开关。每个吊笼可配用平衡重,也可不配平衡重。和不配平衡重的吊笼相比,其优点是保持荷载的平衡和立柱的稳定,并且在电动机功率不变的情况下提高了承载能力,从而达到了节能的目的。

### 7）电气控制与操纵系统

电梯的电器装置(接触器、过载保护、电磁制动器或晶闸管等电器组件)装在吊笼内壁的箱内,为了保证电梯运行安全,所有电气装置都重复接地。一般会在地面、楼层和吊厢内的三处设置上升、下降和停止的按钮开关箱,以防万一。在楼层上,开关箱放在靠近平台栏栅或入门口处。在吊笼内的传动机械座板上,除了有上升与下降的限位开关以外,还在中间装有一个主限位开关,吊笼超速运行时该开关可切断所有的三相电源,但在下次电梯重新运行之前,应将限位开关手动复位。利用电缆可将控制信号和电动机的电力传送到电梯吊笼内。电缆卷绕在底部的电缆筒上,高度很高时,为了避免电缆受风的作用而绕在立柱导轨上,应设立专用的电缆导向装置。吊笼上升时,电缆随之被提起,吊笼下降时,电缆经由导向装置落入电缆筒。

## 10.3.3 绳轮驱动施工电梯

绳轮驱动施工电梯常称为施工升降机或简称升降机,其构造特点是:采用三角断面钢管焊接格桁结构立柱,单吊笼,无平衡重,设有限速和机电联锁安全装置,附着装置简单。它能自升接高,可在狭窄场地作业,转场方便。吊笼平面尺寸为 1.2 m×(2~2.6) m,结构较简单,用钢量少。有的升降机人货两用,可载货 1.0 t 或乘 8~10 人,有的只用于运货,载重达 1.0 t。升降机造价仅为齿轮齿条施工电梯的 2/5~1/2,因此在高层建筑中的应用范围逐渐扩大。

## 10.3.4  施工电梯的选型与配置

### 1)施工电梯的选型和配置数量

目前,高层建筑施工电梯的选型与配置还缺乏定量的方法,多依据工程经验进行。施工电梯配置类型应根据建筑体型、建筑面积、运输总量、工期要求以及施工电梯的造价与供货条件等确定,要求施工电梯的参数(载重量、提升高度、提升速度)满足要求、可靠性高、价格便宜。根据我国一些高层建筑施工外用电梯配置数量的调查,一台单笼齿轮齿条驱动的施工外用电梯,其服务面积一般为 2 000~4 000 m²;一台双笼、重型、高速施工电梯(载重量为 2 t 或 2.4 t,或乘 27~30 人),其服务建筑面积在 100 000 m² 左右。一般情况下,施工电梯服务面积随建筑高度增加而下降。超高层建筑施工的经验数是 300 m 以下 4 台左右,300 m 以上 6 台左右(均指从下到上的数量,不包括分级接力的数量,可通过运力计算来复核)。一般高层建筑施工多选用双笼、中速施工电梯,当建筑高度超过 200 m 时则应优先选用双笼、重型、高速施工电梯。部分世界著名超高层建筑施工电梯的配置简况见表 10.6。

表 10.6  世界部分著名超高层建筑施工电梯配置简况

| 工程名称 | 建筑高度 | 建筑规模(m²) | 施工电梯配置 |
|---|---|---|---|
| 上海金茂大厦 | 88 层,420.5 m | 202 955 | 2 台 4 笼 Alimak Scando Super+1 台 2 笼接力 |
| 上海环球金融中心 | 101 层,492 m | 317 000 | 3 台 6 笼宝达 SCD300/300(SCD200/200)+1 台 2 笼接力 |
| 台北 101 大厦 | 101 层,508 m | 198 347 | 3 台 6 笼 Alimak Scando Super |
| 香港国际金融中心二期 | 88 层,415 m | 185 806 | 4 台 8 笼 Alimak Scando Super |
| 吉隆坡石油大厦双塔 | 88 层,452 m | 341 760 | 4 台 8 笼 Alimak Scando Super |
| 阿联酋迪拜哈利法塔 | 169 层,828 m | 280 000 | 4 台 8 笼+2 台 4 笼+1 台 2 笼 Pega P3240 接力 |

### 2)施工电梯安装位置

施工电梯安装的位置应满足下列要求:①有利于人员和物料的集散;②各种运输距离最短;③方便附墙装置安装和设置;④接近电源,有良好的夜间照明,便于司机观察。

目前,高层建筑施工电梯的安装位置基本有三种方式:一是全部安装在正式电梯井道内;二是在结构外侧设电梯塔,全部安装在结构外侧;三是在低区或结构施工时安装在结构外侧,高区安装在正式电梯井道内。电梯布置优缺点分析见表 10.7。

表 10.7　电梯布置优缺点分析

| 电梯位置 | 优缺点 | 分析 |
|---|---|---|
| 布置在结构外侧 | 优点 | 1. 不影响正式电梯的安装；<br>2. 材料可以从堆场直接进入电梯，不需要进入楼内；<br>3. 对室内精装修影响较小 |
| 布置在结构外侧 | 缺点 | 1. 影响外幕墙的封闭；<br>2. 影响安装高度。对于高度超过 300 m 的建筑物，附墙立柱随着高度的增加变形会越来越大 |
| 布置在核心筒内 | 优点 | 1. 不影响外幕墙的封闭；<br>2. 不受建筑高度的影响，对于超过一定高度的建筑物，可以分级接力至顶层 |
| 布置在核心筒内 | 缺点 | 1. 影响正式电梯的安装；<br>2. 影响精装修的收尾 |

对于采用核心筒先行的阶梯状流水施工的高层建筑，为满足不同高度施工需要，施工电梯一般需在建筑内、外布置。建筑内部施工电梯布置在核心筒内，可解决核心筒结构施工人员上下的问题，其运输工作量不大，但是可以减轻工人劳动强度，提高工效。建筑外部施工电梯应集中布置在建筑立面规则、场地开阔处，尽量减少对幕墙工程和室内装饰工程施工的影响。

## 10.3.5　工程案例：天津周大福金融中心

### 1)工程概况

天津周大福金融中心总建筑面积 39 万平方米，塔楼 100 层，总高度 530 m，塔楼采用"钢管(型钢)混凝土框架+混凝土核心筒+带状桁架"结构体系(图 10.35)。项目楼层截面逐步内收，四边四角弧长不断变化，核心筒经过收角、收边、收肢，连续贯通井道仅为三部全高消防梯，井道尺寸狭小。施工电梯选型、布置难度大，计算复杂，变形控制较难，安拆、管控均有较大安全风险。针对项目外檐和核心筒特性以及合同条件，提出了如下布置原则：

①把核心筒、外框钢结构、筒内水平结构同砌筑、初装修、机电、幕墙、精装修施工分开考虑、分别设置；

②减少对结构施工与封闭、正式电梯安装、幕墙施工的影响，从而减少对工期的影响；

③利于功能分区及外檐形象。

### 2)超高层建筑物流通道+悬挑式施工电梯技术

（1）整体方案比选

通过方案对比，综合安全、进度、成本因素，选定方案二进行施工，即半高通道塔。半高通道塔-物流通道方案，采用标准化、模块化的装配式设计、安装、拆除，5 台施工电梯附着在通道塔上(图 10.36)，通道塔附着在主体结构上，传力途径明确，安拆方便，在有效解决四边四角弧长不断变化导致施工电梯影响区域大等困难前提下,增加梯笼数量,减少了对阶梯递进式幕墙的影响区域,满足了低区物料运输以及高区物料直达转换(表10.8)。

图 10.35 天津周大福金融中心

图 10.36 项目立面通道塔

表 10.8 整体施工方案对比

| 方案 | 优点 | 缺点 |
|---|---|---|
| 方案一:通高布置通道塔 | 不穿楼层板,对结构影响小;不占用正式电梯井道,对正式电梯安装影响小 | 结构外檐的不断缩失,导致49层以上布置、附着、走道难度较大;安装、使用以及拆卸对工期影响较大 |
| 方案二:高低区分开布置 | 适应了塔楼外檐变化较大的特征;降低了施工风险和安拆难度 | 物料、人流均需中转 |

(2)高区方案比选

通过方案对比,综合运力、工序专业影响等因素,选定方案二进行施工,即结构外悬挑施工电梯。悬挑施工电梯方案综合考虑了工程高区的业态以酒店式公寓和酒店为主,结构变化、幕墙分隔变化较小,能够保证机电系统的完整性,为整个工程的分区、分专业验收、调试等提供了有利件(表10.9)。

表 10.9 高区施工方案对比

| 方案 | 优点 | 缺点 |
|---|---|---|
| 方案一:占用正式电梯井道或穿越楼层板 | 外檐幕墙封闭完整,无外檐收口,对项目形象有利 | (1)占用永久电梯井道对垂直运输转换不利,影响合约约定的井道移交时间;(2)穿越占位区所有专业均涉及收口工作,工作量小、工序多 |
| 方案二:外悬挑施工电梯 | (1)不占用井道、不穿越楼板;(2)仅影响布置区幕墙、精装,有利于机电系统的完整性,收口量较小 | (1)占位区幕墙、精装修等受到影响,需要开展收口工作;(2)基础需要验算;(3)安全风险较方案一大 |

## 复习思考题

10.1 简述高层建筑施工中常用的垂直运输体系的构成。

10.2 塔式起重机的主要技术参数有哪些?

10.3 简述选择塔式起重机的步骤。

10.4 简述附着式塔式起重机的顶升原理。

10.5 简述塔式起重机的选型。

10.6 简述塔式起重机的布置。

10.7 施工电梯的选型和配置数量如何确定?

10.8 施工电梯常用的安装位置有哪些?

# *11*

# 超高层建筑模板工程技术

---

[本章基本内容]
介绍超高层建筑施工的主流模板技术,重点介绍超高层建筑模板工程技术选择。

[学习目标]
(1)了解:超高层建筑施工主流模板技术。
(2)熟悉:液压自动爬升模板工程技术、整体提升和顶升钢平台模板工程技术、电动整体提升脚手架模板工程技术。
(3)掌握:超高层建筑模板工程技术选择。

## 11.1 超高层建筑结构体系

从建筑结构体系来讲,国内超高层是按照建筑使用功能的要求、建筑高度以及拟建场地的抗震设防烈度,以经济、合理、安全、可靠的设计原则,来选择相应的结构体系。超高层建筑的结构类型主要有框架-剪力墙、框支剪力墙、框架-筒体和筒中筒等结构。框架-剪力墙结构一般用于高度在 100 m 以下的高层建筑。100 m 以上的超高层建筑一般均采用筒体结构(包括框架-筒体),这是由于筒体结构具有承受水平荷载的良好刚度,并能形成大空间。

目前,超高层建筑大多设计为框架核心筒结构,根据高度的不同,又主要分为两种类型。

类型一:内筒为钢筋混凝土核心筒结构,外筒为巨柱,巨柱与核心筒之间采用钢梁连接,外筒楼板为组合楼板的形式(图 11.1)。广州西塔、上海环球金融中心(图 11.2)、深圳京基100 大厦、广州东塔均为该结构形式,高度均在 400 m 以上。

类型二:内筒为钢筋混凝土核心筒,外筒为巨柱,巨柱与核心筒之间采用钢筋混凝土梁连接,楼板为普通的钢筋混凝土楼板,如重庆环球金融中心等,建筑高度为200~400 m(图11.3、图11.4)。

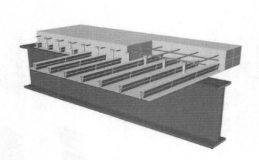

图11.1　组合楼面系统

图11.2　上海环球金融中心

图11.3　重庆环球金融中心

图11.4　内外框筒一同施工

## 11.2　超高层建筑施工工艺

前述类型一外框结构为钢梁的结构形式,适合核心筒墙体竖向结构先行施工,楼板等水平结构滞后施工,外框钢结构及梁板滞后核心筒结构数层施工(图11.5—图11.8)。其中钢梁与核心筒的连接采用预埋件焊接耳板的连接形式,核心筒内梁筋需预留套筒,楼板钢筋可采用预留胡子筋的形式,局部错位、漏埋可采用植筋,外框楼板为组合楼板。

图11.5　核心筒领先外框数层

图11.6　压型钢板组合楼板

图 11.7　核心筒外埋件及耳板　　　　图 11.8　板筋预留

类型一采用核心筒先行施工的优点是能很好解决多工序交叉作业工作面提供的问题。核心筒墙体结构为第 1 个施工作业面,内筒水平结构为第 2 个施工作业面,钢结构柱和钢梁为第 3 个施工作业面,外框筒组合楼板施工为第 4 个施工作业面,外侧幕墙分段施工形成第 5 个施工作业面,下部楼层砌筑和精装工程适时插入施工为第 6 个施工作业面。由此,一座超高层内多道工序可以一同施工,又互相独立、互不干扰,并且提供多个施工作业面,有利于加快施工进度。

类型二由于外框筒结构为钢筋混凝土结构,理论上不适合采用核心筒先行施工的施工工艺。因为外筒梁板钢筋需全部同截面断开,对结构受力性能影响较大,很难征得设计同意,而且普通钢筋混凝土楼板需支模施工,因此类型二的超高层结构比较适合采取内外筒同步施工的形式。

# 11.3　模板、围护系统选用

类型一核心筒以钢筋混凝土结构为主,外框架(筒)以钢结构为主,水平结构(楼板)一般采用压型钢板作模板,而且核心筒内多为电梯和机电设备井道,楼板缺失比较多,竖向结构(剪力墙)工作量较水平结构(楼板)工作量大得多,竖向模板面积远远超过水平模板面积。如广州新电视塔核心筒中,竖向模板面积约为水平模板面积的 6 倍。此类超高层建筑采用阶梯形竖向流水方式,核心筒是其他工程施工的先导,核心筒施工速度对其他部位结构施工速度,甚至整个超高层建筑施工速度都有显著影响,因此其模板工程必须具有较高工效。

超高层建筑模板类型

目前,可用于此类超高层建筑施工的主流模板工程技术有液压滑升模板工程技术、液压自动爬升模板工程技术、整体提升钢平台模板工程技术、整体顶升钢平台模板工程技术,类型二适用的模板体系为传统翻模+爬架围护系统。

## 11.3.1　液压滑升模板工程技术

### 1)工艺原理

液压滑升模板工程技术是在构筑物或建筑物底部,沿其墙、柱、梁等构件的

液压滑升模板工程技术

周四边组装高 1.2 m 左右的滑升模板,随着向模板内不断分层浇筑混凝土,用液压提升设备使模板不断地沿埋在混凝土中的支撑杆向上滑升,直到需要浇筑的高度为止(图 11.9)。滑模施工主要用于现场浇筑高耸的构筑物和建筑物,如烟囱、筒仓、竖井、沉井等。随着滑模技术的发展,其应用范围由构筑物逐渐扩展到高层、超高层建筑;由传统的竖向滑升转变为变截面滑升。滑模施工大幅度提升了核心筒施工的机械化程度,施工连续,构造简单,速度快。其典型应用工程为武汉国际贸易中心、中央广播电视塔等。但由于滑模滑升的时间不易控制,且混凝土外观较差,所以没能在超高层建筑施工中被沿用及发展。

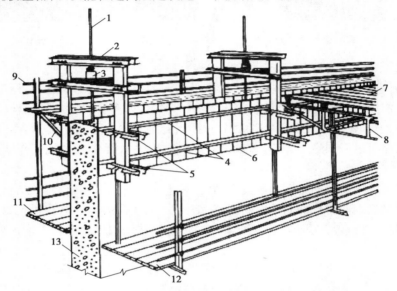

**图 11.9　液压滑升模板系统组成**

1—支承杆;2—提升架;3—液压千斤顶;4—围圈;5—围圈支托;6—模板;
7—操作平台;8—承重桁架;9—防护栏杆;10—外挑三角架;11—外吊脚手架;
12—内吊脚手架;13—混凝土剪力墙

### 2)工程应用

(1)武汉国际贸易中心

武汉国际贸易中心主楼地下 2 层,地上 55 层,高 205 m,总建筑面积为 12.5 万 m²。主楼结构平面呈纺锤形,长 64.6 m,中部宽 38.6 m,两端宽为 32.4 m,标准层建筑面积为 2 300 m²。主楼采用钢筋混凝土框-筒结构体系,水平结构为无黏结预应力密肋梁楼板。核心筒剪力墙厚从 650 mm 分 4 次收分至 300 mm,框架梁柱宽从 1 350 mm 分 4 次收分至 550 mm(图 11.10)。

武汉国际贸易中心工程规模大,工期紧,合同工期仅 26 个月。作为超高层建筑,武汉国际贸易中心主体结构工作量大,占用施工周期长,是整个工程施工的关键环节,其施工进度的快慢直接关系到整个工程能否按期竣工。因此,为加快主体结构施工速度,根据工程标准层多、结构平面变化少的特点,采用液压滑升模板施工主楼竖向结构,在有效的工作日里创造了(水平加竖向)4 天一层楼的滑模速度,使结构施工质量达到优良,主楼最大垂直度偏差控制在万分之五以内(25 mm)。与一般支模现浇混凝土施工方法相比,采用液压滑升模板施工缩短了主体结构施工周期,提高了工效,节约了人工材料费。

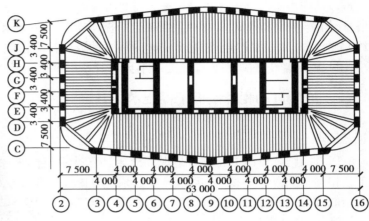

**图 11.10 武汉国际贸易中心**

（2）中央广播电视塔

中央广播电视塔总高度为 386.5 m，加避雷针总高为 405 m，自下而上分为塔基、塔座、塔身、塔楼、桅杆五个部分，其中塔身和部分桅杆采用预应力钢筋混凝土结构，混凝土强度为 C40。塔身横剖面分为内筒、中筒和外塔身三部分（图 11.11）。

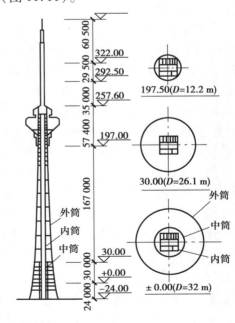

**图 11.11 中央广播电视塔**

液压滑升模板工程技术非常适合以竖向结构为主、且结构平面随高度变化不大的塔形高耸构筑物工程。但是与其他高耸构筑物不同,中央广播电视塔对外塔身的施工质量要求非常高,必须达到清水混凝土标准,这样传统的液压滑升模板施工工艺存在的结构表面质量难以保证的缺陷就非常突出。同时,中央广播电视塔外筒混凝土量大,钢筋绑扎工作量大,预应力管布设时间长,液压滑升模板系统实现连续作业困难很大。因此,传统的液压滑升模板施工工艺难以适应中央广播电视塔结构施工需要。为此,工程技术人员采用液压滑框倒模工艺施工塔身(内筒、中筒和外筒)以及钢筋混凝土塔桅,取得了良好效果,塔身施工速度达到0.9 m/d,在约14个月的时间内完成了总高200 m的钢筋混凝土塔身施工。由于钢筋混凝土桅杆规模比较小,因此施工速度更快,在正常施工条件下,液压滑框倒模施工速度可以达到1.35 m/d。

### 11.3.2　液压自动爬升模板工程技术

液压自动爬升模板工程技术

#### 1)工艺原理

液压自动爬升模板工程技术是现代液压工程技术、自动控制技术与爬升模板工艺相结合的产物。液压自动爬升模板系统与传统爬升模板系统的工艺原理基本相似,都是利用构件之间的相对运动(即通过构件交替爬升)来实现系统整体爬升的。液压自动爬升模板工程的原理就是根据墙体情况来布置机位,在每个机位处设置液压顶升系统,架体通过附墙挂座与预埋在墙上的爬锥连接固定,爬升时先提升导轨,然后架体连同模板沿导轨爬升(图11.12)。

传统的液压自动爬升模板系统的施工总体工艺流程如图11.13所示。

液压自动爬升模板工程技术利用液压系统循环往复的小步距爬升来实现整个系统的大步距(一个施工流水段)爬升。棘爪、千斤顶组件为联系件,与导轨和架体组成一种具有导向功能的互爬机构。这种互爬机构以附墙装置为依托,利用导轨与架体相互运动功能,通过液压千斤顶对导轨和爬架交替顶升来实现模板系统爬升。液压自动爬升模板系统一个行程的爬升分两步实现:①空行程。爬升机械系统上提升机构通过棘爪附着在导轨上,液压千斤顶缩缸,带动下提升机构上升一个行程。②工作行程。爬升机械系统下提升机构通过棘爪附着在导轨上,液压千斤顶伸缸,顶升上提升机构以及整个系统上升一个行程(图11.14)。

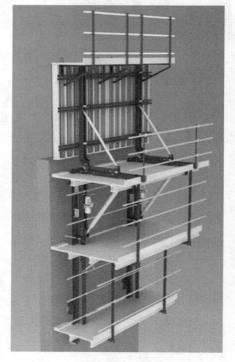

图11.12　液压自动爬升模板系统

#### 2)工艺特点

液压自动爬升模板系统是传统爬升模板系统的重大发展,工作效率和施工安全性都显著提高。与其他模板工程技术相比,液压自动爬升模板工程技术具有以下显著优点:

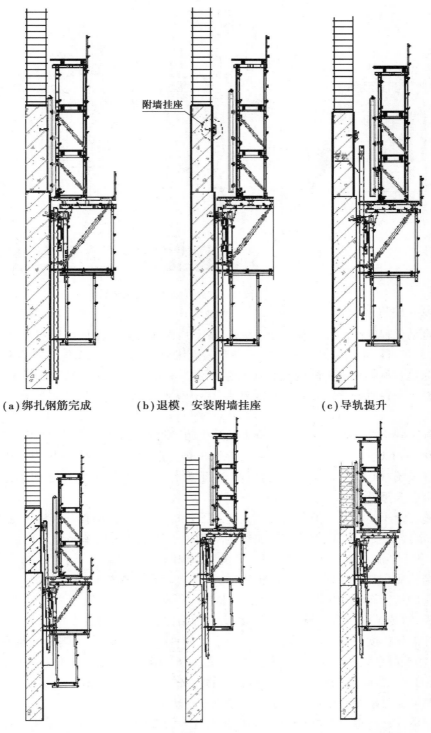

（a）绑扎钢筋完成　　　（b）退模，安装附墙挂座　　　（c）导轨提升

（d）调节附墙撑，下架体倾斜　　（e）导轨提升到位，提升架体　　（f）合模浇筑混凝土

图 11.13　液压自动爬升模板系统的施工总体工艺流程

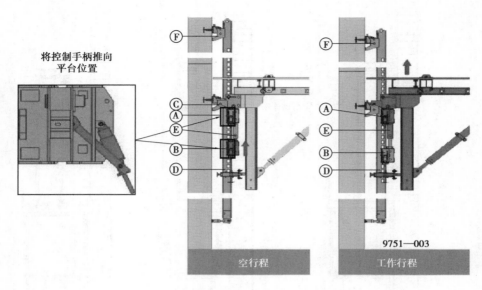

**图 11.14  液压自动爬升模板系统工艺原理**

A—上提升机构;B—下提升机构;C—悬挂插销;D—爬升导轨;E—液压千斤顶;F—悬挂靴

①自动化程度高。在自动控制系统作用下,以液压为动力不但可以实现整个系统同步自动爬升,而且可以自动提升爬升导轨。平台式液压自动爬升模板系统还具有较高的承载力,可以作为建筑材料和施工机械的堆放场地。经过特殊设计,液压自动爬升模板系统甚至可以携带混凝土布料机一起爬升。钢筋混凝土施工中塔吊配合时间大大减少,提高了工效,降低了设备投入。

②施工安全性好。液压自动爬升模板系统始终附着在结构墙体上,工作状态能够抵御速度达 100 km/h 的风力作用,非工作状态能够抵御速度达 200 km/h 的风力作用;提升和附墙点始终在系统重心以上,倾覆问题得以避免;爬升作业完全自动化,作业面上施工人员极少,安全风险大大降低。

③施工组织简单。与液压滑升模板施工工艺相比,液压自动爬升模板施工工艺的工序关系清晰,衔接要求比较低,因此施工组织相对简单。特别是采用单元模块化设计后可以任意组合,有利于小流水施工,有利于材料、人员均衡组织。

④结构质量容易保证。与大模板一样,液压自动爬升模板是逐层分块安装的,故其垂直度和平整度易于调整和控制,可避免施工误差的积累。同时,混凝土养护达到一定强度后再拆除模板,避免了液压滑升模板工艺极易出现的结构表面拉裂现象。

⑤标准化程度高。液压自动爬升模板系统的许多组成部分(如爬升机械系统、液压动力系统、自动控制系统等)都是标准化定型产品,甚至其操作平台系统的许多构件都可以标准化,因而通用性强,周转利用率高,具有良好的经济性。

但是液压自动爬升模板工程技术也存在一定缺陷:

①整体性比较差,承载力比较低。模板系统多为模块式,模块之间采用柔性连接,整体性比较差。模板系统外附在剪力墙上,承载力比较低,材料堆放控制严格。

②系统比较复杂,一次投入比较大。液压自动爬升模板系统采用了先进的液压、机械和自动控制技术,系统比较复杂,造价比较高,一次投入比较大。因此,必须探索合理的承包模

式,降低项目成本压力,才能顺利推广该技术。

### 3)系统组成

液压自动爬升模板系统是一个复杂的系统,集机械、液压、自动控制等技术于一体,主要由模板系统、操作平台系统、爬升机械系统、液压动力系统和自动控制系统五大部分构成(图11.15)。

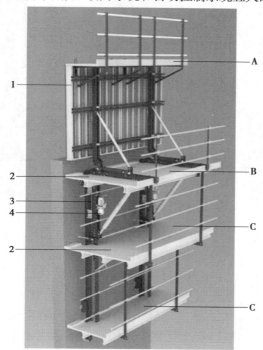

**图11.15 液压自动爬升模板系统组成**
1—模板系统;2—操作平台系统;
3—爬升机械系统;4—液压动力系统

（1）模板系统

模板系统由模板和模板移动装置组成。模板多采用大模板,根据材料不同可分为钢模板和木模板。钢模板经久耐用,回收价值高,在我国应用比较广泛;但是钢模板重量大,达到120 kg/m² 左右,装拆不方便。木模板重量轻,一般在 35 kg/m² 左右,不但方便模板装拆,而且减轻了液压动力系统的负荷,国外多采用木模板。

（2）操作平台系统

操作平台系统为结构施工和系统爬升提供作业空间,自上而下一般包括如图11.15所示的三个平台:A 为混凝土工程作业平台,为混凝土浇捣作业服务,位于系统顶部;B 为钢筋、模板工程作业平台,为钢筋绑扎和模板装拆作业服务,位于承重架主梁上;C 为系统爬升作业平台,为液压自动爬升模板系统爬升作业服务,悬挂在承重架主梁下,一般有两层。

（3）爬升机械系统

爬升机械系统是整个液压自动爬升模板系统的核心子系统之一,由附墙机构、爬升机构和承重架三部分组成(图11.16)。

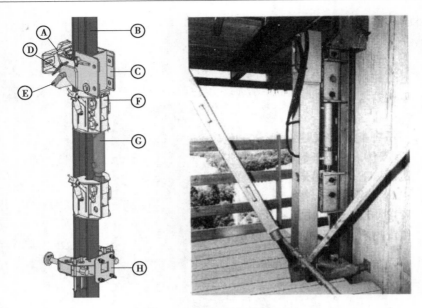

**图 11.16　爬升机械系统组成**

A—悬挂靴;B—爬升导轨;C—爬升架;D—安全插销;E—悬挂插销;
F—提升机构;G—液压千斤顶;H—支撑脚

①附墙机构。附墙机构的主要功能是将爬模荷载传递给结构,使爬模始终附着在结构上,实现持久安全。它主要由锚固装置和附墙靴两部分构成,其中锚固装置由锚锥、锚板、锚靴、爬头组成。锚锥是整个爬模系统在已浇结构中的承力点,由锚筋、锥形螺母及外包塑料套、高强螺栓等组成。锚板、锚靴、爬头是整个爬模系统的传力装置,将整个爬模系统的荷载通过锚锥传递到结构。

②爬升机构。爬升机构由轨道和步进装置组成。轨道为焊接箱形截面构件,上面开有矩形定位孔,作为系统爬升时的承力点。轨道下设撑脚,系统沿轨道爬升时支撑在结构墙体上,以改善轨道受力。步进装置由上、下提升机构及液压系统组成。在控制系统作用下,以液压为动力,上、下提升机构带动爬架或轨道上升。

③承重架。承重架为系统的承力构件,其上部支撑模板、模板支架及外上爬架等构成的工作平台,下部悬挂作业平台。承重架斜撑的长度可调节,以保持承重梁始终处于水平状态,方便施工作业。承重架下设撑脚,爬架爬升到位后,将撑脚伸出撑在已施工结构上,方便导轨自由爬升。

(4)液压动力系统

液压动力系统主要功能是实现电能→液压能→机械能的转换,驱动爬模上升,一般由电动泵站、液压千斤顶、磁控阀、液控单向阀、节流阀、溢流阀、油管、快速接头及其他配件组成。千斤顶和电动泵站必须耐用、小巧,特别是要具有双作用功能(千斤顶伸、缩缸时均能带载)。液压动力系统可以采用模块式配置,即两个液压千斤顶、一台电动泵站及相关配件(油管、电磁阀等)有机联系形成一个液压动力模块,为一个模块单元的爬模提供动力。在一个液压动力模块中,两个液压缸并联设置,液压系统模块之间通过自动控制系统联系,形成协同作业的整体。

（5）自动控制系统

自动控制系统具有以下功能：①控制液压千斤顶进行同步爬升作业；②控制爬升过程中各爬升点与基准点的高度偏差不超过设定值；③供操作人员对爬升作业进行监视，包括信号显示和图形显示；④供操作人员设定或调整控制参数。

自动控制系统采用总控、分控、单控等多种爬升控制方式：①总控：在总控箱上控制所有爬升单元，爬升时对各点高度偏差进行控制；②分控：在总控箱上控制部分爬升单元（其他单元不动作），爬升时对各点高度偏差不做控制；③单控：用单控箱控制一个爬升单元，该单元独立于系统其他单元。

自动控制系统能够实现连续爬升、单周（行程）爬升、定距爬升等多种爬升作业：①连续爬升：操作人员按下启动按钮后，爬升系统连续作业，直至全程爬完，或停止按钮或暂停按钮被按下；②单周爬升：操作人员按下启动按钮后，爬升系统爬升一个行程就自动停止；③定距爬升：操作人员按下启动按钮后，爬升系统爬升规定距离（规定的行程个数）后自动停止。自动控制系统由传感检测、运算控制、液压驱动三部分组成核心回路，以操作台控制进行人机交互，以安全联锁提供安全保障，从而形成一个完整的控制闭环。

## 4）工程应用——上海环球金融中心

上海环球金融中心位于作为亚洲国际金融中心而备受瞩目的上海市浦东新区陆家嘴金融贸易中心区 Z4-1 街区，与金茂大厦相邻。它是一幢以办公为主，集商贸、宾馆、观光、展览及其他公共设施于一体的大型超高层建筑。塔楼地上 101 层，地面以上高度为 492 m，地下 3 层，总建筑面积 381 600 m²（图 11.17）。

主体结构采用由巨型柱、巨型斜撑以及带状桁架构成的三维巨型框架结构，钢筋混凝土核心筒结构，以及构成核心筒和巨型结构柱之间相互作用的伸臂钢桁架组成的三重结构体系。

巨型柱为劲性钢筋混凝土结构，位于外围四角，分为 A 型柱和 B 型柱两类。A 型柱位于主楼的东北角和西南角，平面为梭子形，对角线长达 12.2 m，宽 5.6 m，沿高度方向保持垂直不变，其平面工程系统的收分装置随高度的增加而不断变化。A 型柱从基础底板延伸至 101F，总高度达 492 m。B 型柱位于主楼的东南角和西北角，截面尺寸为 5.25 m×5.25 m，自 1F～19F 保持垂直，从 19F 开始向内侧倾斜，并在 43F 开始分叉为 2 根巨型柱，分别沿平行于建筑的外围轴线向所对应的

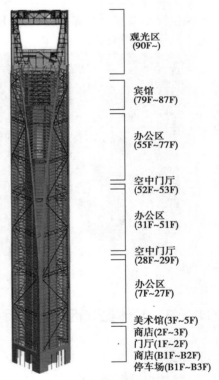

观光区 (90F~)

宾馆 (79F~87F)

办公区 (55F~77F)

空中门厅 (52F~53F)

办公区 (31F~51F)

空中门厅 (28F~29F)

办公区 (7F~27F)

美术馆 (3F~5F)
商店 (2F~3F)
门厅 (1F~2F)
商店 (B1F~B2F)
停车场 (B1F~B3F)

图 11.17　上海环球金融中心

A 型柱靠拢，并一直延伸到 91F，总高度达 398 m。巨型柱模板系统必须具有很强的结构立面适用性，才能够满足巨型柱倾斜、分叉等立面变化需要（图 11.18）。

根据该工程巨型柱的特点和难点，采用了液压自动爬升模板工艺结合常规散模工艺施工。巨型柱结构与楼盖水平结构采用一次浇捣的施工方案，由于受楼盖水平结构阻挡，巨型柱内侧模板不能采用液压自动爬升模板工艺施工，所以采用了常规散模拼装工艺施工。外侧

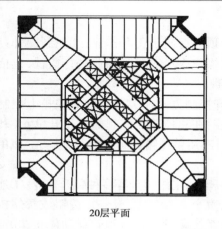 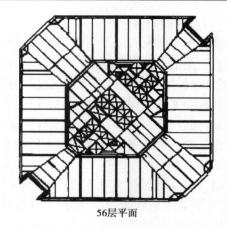

20层平面　　　　　　　　　　　56层平面

图 11.18　上海环球金融中心结构平面

模板则采用液压自动爬升模板系统。同时,根据外侧模板所设计的对拉螺栓间距,确定内侧模板木方竖向内肋及围檩间距,内侧模板共配置 2 套,翻转使用。

　　上海环球金融中心采用 DOKA 液压自动爬升模板系统,成功解决了复杂体形竖向结构截面及位置不断变化的难题,不仅保证了工程质量,还加快了施工速度,其施工速度一般为 4 d 施工一层,最快时达到了 3 d 施工一层(图 11.19、图 11.20)。

图 1.19　巨柱双曲面爬升　　　　　　　图 11.20　巨柱三面爬升

## 11.3.3　整体提升钢平台模板工程技术

整体提升钢平台模板工程技术

### 1)工艺原理

　　整体提升钢平台模板工程技术属于提升模板工程技术,其基本原理是运用提升动力系统反复提升悬挂在整体钢平台下的模板系统和操作脚手架系统。提升动力系统以固定于永久结构上的支撑系统为依托,悬吊整体钢平台系统并通过整体钢平台系统悬吊模板系统和脚手架系统,施工中利用提升动力系统提升钢平台,实现模板系统和脚手架系统随结构施工而逐层上升,并如此逐层提升浇筑混凝土直至设计高程。整体提升钢平台模板工程技术的工艺流程见图 11.21。

①模板组装完成后,浇筑墙、梁、柱混凝土。

②安装支撑系统立柱。

③提升动力系统依靠自身动力提升到新的楼层高度。

④利用提升动力系统提升钢平台系统及脚手架系统。

⑤绑扎钢筋完成后利用手拉倒链提升模板系统。

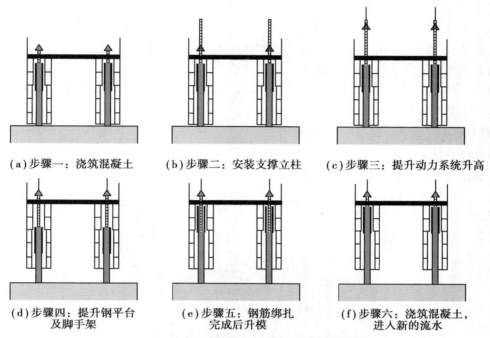

(a)步骤一:浇筑混凝土　　(b)步骤二:安装支撑立柱　　(c)步骤三:提升动力系统升高

(d)步骤四:提升钢平台　　(e)步骤五:钢筋绑扎　　(f)步骤六:浇筑混凝土,
　　及脚手架　　　　　　　　完成后升模　　　　　　　进入新的流水

图11.21　整体提升钢平台模板工程技术工艺流程图

⑥模板组装完成后,浇筑墙、梁、柱混凝土,进入下一个流水作业。

**2)工艺特点**

整体提升钢平台模板工程技术是一项特色极为鲜明的模板工程技术,与其他模板工程技术相比,具有以下显著优点:

①作业条件好。材料堆放场地开阔,为施工作业提供了良好条件,尤其是在我国建筑施工企业机械装备落后的情况下,这一优势更显宝贵。下挂脚手架通畅性和安全性好,施工作业安全感强。

②施工速度快。提升准备可与钢筋工程、混凝土浇捣平行进行。由于整个系统的垂直运输由升板机承担,所以减少了塔吊的运输量,且大模板原位进行拆卸、提升和组装,大模板可以不落地,所以简化了模板施工,极大地提高了工效。

③施工安全性好。整体提升钢平台模板系统始终附着在结构墙体上,能够抵御较大风力作用。提升点始终在系统重心以上,倾覆问题得以避免。提升作业自动化程度比较高,作业面上施工人员极少,安全风险大大降低。

④结构质量容易保证。与大模板一样,整体提升钢平台模板是逐层分块安装的,故其垂直度和平整度易于调整和控制,可避免施工误差的积累。同时,混凝土养护达到一定强度后再拆除模板,避免了液压滑升模板工艺极易出现的结构表面拉裂现象。

但是整体提升钢平台模板工程技术也存在一定缺陷：

①材料消耗量比较大。大量的支撑系统钢立柱被浇入混凝土中而无法回收，平台重复利用率也不高；除提升动力系统外，其他系统标准化、模数化程度低，难以重复利用，因此材料消耗量大，成本比较高。

②对结构的断面和立面适应性比较差，特别不适合倾斜立面。结构断面和立面变化剧烈将引起平台反复修改，不利于工期保障和安全控制。

③工人劳动强度比较大。受操作空间和提升高度等工艺技术所限，整体提升钢平台模板工程技术中，模板系统不能随钢平台系统和脚手架系统一起由提升动力系统提升，只能由工人利用手拉倒链提升，劳动强度比较大。

因此，其优势在工期紧、高度大的超高层建筑施工中才比较明显，目前其应用也局限于特别高大和工期非常紧张的工程。

### 3）系统组成

整体提升钢平台模板系统由六部分组成：模板系统、脚手架系统、钢平台系统、支撑系统、提升动力系统、自动控制系统（图11.22）。

图 11.22　整体提升钢平台模板系统组成

（1）模板系统

模板系统主要包括模板和模板提升装置。为提高施工工效，模板多为大模板，按材料分为钢模和木模两种。目前多采用钢模，主要是钢模具有原材料来源广、周转次数多、不易变形、损耗小的特点，且具有较高的回收价值。但是钢模自重大，装拆极为不便，今后应当借鉴国外经验，推广使用木模。模板提升装置采用手拉倒链，结构简单，成本低廉，但是施工工效低，工人劳动强度比较大。

（2）脚手架系统

脚手架系统主要为钢筋绑扎、模板装拆等提供操作空间。悬挂脚手架作为施工操作脚手架，由吊架、走道板、底板、防坠闸板、侧向挡板组成。根据使用位置的不同，悬挂脚手架系统分为用于内外长墙面施工的悬挂脚手架系统和用于井道墙面施工的悬挂脚手架系统。脚手架系统既要满足功能要求，又要保障施工安全。按照整体提升钢平台模板工程施工工艺要求,钢筋绑扎的时候,钢模还需要停留在下一个楼层。同时,考虑到模板安装需要的搭接高度和钢平台下部混凝土浇捣需要的操作空间,脚手架系统设计高度一般需要两个半楼层高度。为了创造安全的作业环境,脚手架系统必须营造一个全封闭的、通畅的操作空间,故在脚手架外围安装安全钢网板,底部用花纹钢板进行封闭,并用楼梯进行竖向联络。

（3）钢平台系统

在整体提升钢平台模板系统中,钢平台系统发挥承上启下的作用,它既作为大量施工材料、施工机械等的堆放场所和施工人员的施工作业场地,又是模板系统和脚手架系统悬挂的载体。因此,钢平台系统必须表面平坦、结构稳固和安全可靠。

钢平台系统由承重钢骨架、走道板和围护栏杆及挡网等组成,其中承重钢骨架是关键部分。承重钢骨架一般包括主梁、次梁和连系梁,多采用型钢梁制作,在跨度特别大的情况下,主梁也可采用钢桁架。考虑到钢平台下部要安装悬挂脚手架,钢平台上部要安装走道板,因此主梁、次梁及连系梁都选用同一种规格的型钢,保证型钢钢平台的底面及顶面平整。一般型钢钢平台系统的主梁设置为与混凝土墙面平行。主梁之间设置次梁,混凝土两侧的主梁之间设置连系梁(图11.23)。

**图11.23　钢平台承重钢骨架**

（4）支撑系统

支撑系统包括立柱和提升架,其中立柱为关键构件。支撑系统立柱有工具式钢柱、临时钢柱和劲性钢柱三种基本类型。

①工具式钢柱。工具式钢柱可以是格构柱、钢管柱,避开结构墙、梁和柱布置。采用工具式钢柱作为支撑系统可节约材料,但是工具式钢柱提升增加了施工工序,使施工工效有所下降。

②临时钢柱。为最大限度地降低钢材的使用量,从而降低施工成本,临时钢柱多采用格构柱,布置在剪力墙中。临时钢柱布置既要考虑钢平台的受力需要,还要考虑钢筋绑扎和模板的组装方便,因此应尽量避免布置在结构暗柱和门、窗洞口位置。

③劲性钢柱。为提高结构抗侧向荷载性能,现在超高层建筑越来越多地采用劲性结构,核心筒剪力墙中常布置劲性钢柱。为了降低成本,在广州新电视塔工程中探索性地选用劲性钢柱作为支撑系统立柱,节约了材料,提高了整体提升钢平台模板系统的经济性。

（5）提升动力系统

提升动力系统是整体提升钢平台模板系统的关键设备,主要由提升机和提升螺杆组成。

提升机主要有电动提升机和液压提升机两大类。目前,我国使用最广的是自升式电动螺旋千斤顶提升机,简称电动升板机或升板机。电动升板机具有构造简单、制作方便、操作灵活、传动可靠、提升同步性比较好、成本低廉等优点。但是电动升板机也存在一定缺陷:一是传动效率较低,提升速度仅为 30 mm/min,通常一个标准层高度的提升需要 3~4 h 才能完成;二是螺杆与螺母磨损较大,需要定期更换,使用过程中设备的维修保养工作量大。提升动力系统安装位置因支撑方式而异,工具式钢柱作支撑时,升板机始终位于支撑系统顶端;临时钢柱和劲性钢柱作支撑时,升板机则随支撑系统不断接长而升高。升板机布置多采用“一柱二机位”的方式,即一个支撑柱上设置 2 个升板机作为一组提升单元(图 11.24)。升板机通过钢螺杆提升钢平台,提升螺杆规格为 TM50 mm×8 mm×3 900,最大提升高度约 2.8 m。因此,通常情况下一个楼层的施工,钢平台系统需要二次提升才能到位。

**图 11.24　升板机“一柱二机位”布置方式**

(6)自动控制系统

整体提升钢平台模板系统采用多点提升,提升同步性和荷载均衡性要求高,必须运用自动控制技术才能确保提升作业安全。自动控制系统由监控器、荷载传感器、变送器和信号传输网络组成,采用荷载控制法进行自动控制。自动控制系统基本原理为:钢平台整体提升过程中,利用荷载传感器实时监测升板机荷载,通过变送器将监测结果转换成数字信号,并经信号传输网络传送至监控器,最后监控器根据预先设定的荷载允许值,分析钢平台整体提升安全状态,发出控制指令——继续提升、报警或终止提升。

**4)工程案例:上海东方明珠广播电视塔**

上海东方明珠广播电视塔高达 468 m,主塔体钢筋混凝土结构总高度 362 m(含地下 12 m),自下而上包括 3 个直筒体、3 组斜筒体、7 组环梁和 1 个单筒体(图 11.25)。

**图 11.25　上海东方明珠广播电视塔**

上海东方明珠广播电视塔主塔体结构超高,体系复杂,模板系统设计面临许多技术难题。与当时国内已有的滑升模板、爬升模板工艺相比,整体提升模板工艺具有明显优势:一是钢筋、模板、混凝土工序关系明晰,施工组织比较简单;二是混凝土养护到位后再拆除模板,且采用提升而非滑升的方法使模板上升,避免了滑升过程中难以控制的混凝土拉裂现象;三是机械化程度高,对大型吊装机械的依赖性弱,施工所有设施依靠系统自身动力提升,且能够为钢筋堆放提供良好场所;四是垂直度控制比较简单,由于是逐层分块安装的,故其垂直度和平整度易于调整和控制,可避免施工误差的积累。基于以上分析,最终决定采用工具式钢柱作支撑系统立柱的整体提升钢平台模板工艺施工主塔体下部三个钢筋混凝土结构筒体,采用临时钢柱作支撑系统立柱的整体提升钢平台模板工艺施工主塔体上部一个钢筋混凝土结构筒体。

上海东方明珠广播电视塔采用整体提升钢平台模板施工工艺施工塔身,达到了预期目标,垂直偏差不大于 1.5 cm,远超过垂直偏差控制在 5 cm 以内的设计要求。塔身施工速度达到 1.0 m/d,提前 50 d 完成施工任务,为整个电视塔如期竣工创造了良好条件。

### 11.3.4 整体顶升钢平台模板工程技术

整体顶升钢平台模板工程技术

#### 1)工艺原理

针对超高层建筑核心筒施工问题,中建四局在广州西塔工程中研制并实施了一种新的超高层核心筒施工顶模系统。

顶模系统采用大吨位、长行程的双作用油缸作为顶升动力,可以在保证钢平台系统的承载力的同时减少支撑点数量。顶模系统的支撑点数量为3~4个,配以液压电控系统,可以实现各支撑点的精确同步顶升,顶模为整体顶升式,低位支撑,电控液压自顶升,其整体性、安全性、施工工期方面均具有较大的优势(图 11.26、图 11.27)。

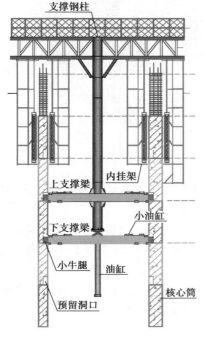

图 11.26 顶模系统组成

图 11.27 顶模系统全景

**2)顶模系统特点**

①顶模系统适用于超高层建筑核心筒的施工,顶模系统可形成一个封闭、安全的作业空间,使模板、挂架、钢平台整体顶升,具有施工速度快、安全性高、机械化程度高、节省劳动力等多项优点。

②与爬模系统等相比较,顶模系统的支撑点低(位于待施工楼层下2~3层),支撑点部位的混凝土经过较长时间的养护,强度高,承载力大,安全性好,为提高核心筒施工速度提供了保障。

③顶模系统采用钢模,可提高模板的周转次数。

④与爬模相对比,顶模系统无爬升导轨,模板和脚手架直接吊挂在钢平台上,便于实现墙体变截面的处理,适应超高层墙体截面多变的施工要求。

**3)顶模系统组成**

整体顶升钢平台模板系统由钢平台系统、支撑系统、动力及控制系统、模板系统、挂架及围护系统组成(图11.28)。

①钢平台系统:为型钢组合焊接而成的桁架式钢平台,通常由一、二、三级桁架组成。它具有较高的强度、刚度和空间稳定性,能承受材料、机具、下部的挂架、模板的荷载以及所有施工活荷载(图11.29)。

图11.28 钢平台全景图

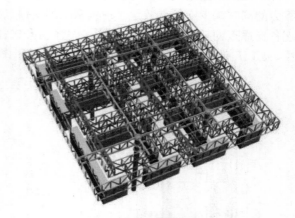

图11.29 钢平台桁架

②支撑系统:由支撑钢柱、上下支撑梁和设置在上下支撑梁端头的伸缩牛腿组成,将顶模系统所有荷载有效传递到核心筒墙体(图11.30—图11.32)。

③动力及控制系统。整体顶升动力系统采用顶升液压油缸,牛腿动力系统牛腿采用1个小油缸带动牛腿的伸缩。控制系统主要通过液控系统和电控系统两个分系统来实现对各个主缸联动控制和各支小油缸的控制(图11.33—图11.36)。

④模板系统:由定型大钢模板组成,模板配制时应充分考虑结构墙体的各层变化来制订模板的配制方案,原则上每次变截面时,只需要取掉部分模板,不需要在现场做大的拼装或焊接(图11.37、图11.38)。

⑤挂架及围护系统:在钢平台下悬挂挂架作为钢筋和模板工程的操作架。各个工作面全封闭,确保高空操作安全(图11.39—图11.41)。

图 11.30　支撑钢柱

图 11.31　支撑系统整体图

图 11.32　支撑钢梁

图 11.33　300 t 长行程(5 m)油缸

图 11.34　小牛腿油缸

图 11.35　支撑油缸伸出

图 11.36　支撑钢柱安装

图 11.37　大钢模板实景

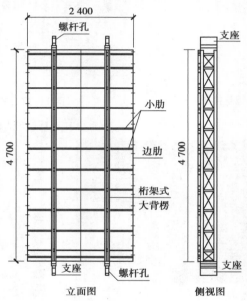

图 11.38　大钢模板设计图

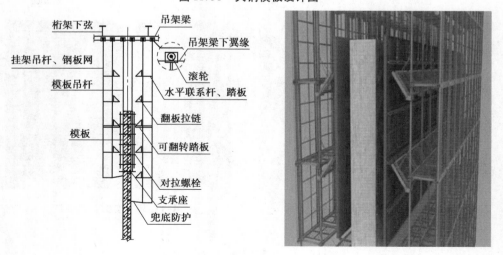

图 11.39　挂架及防护系统

图 11.40　挂架结构外部实景　　　　图 11.41　挂架结构内部实景

#### 4)工程案例:广州国际金融中心

广州国际金融中心主塔楼地下 4 层,地上 103 层,总高度达 432 m,采用筒中筒结构体系,其中内筒为钢筋混凝土核心筒,外筒为钢管混凝土斜交网格筒(图 11.42)。广州国际金融中心核心筒具有体量巨大、平面变化明显和结构收分显著等特点。核心筒平面面积达 770 m²,剪力墙密布,竖向模板面积达 2 000 m²,模板工程量大,要求模板系统必须突出竖向模板施工效率;核心筒在 67 ~ 73 层发生转换,内部剪力墙全部取消,增设 3 个小型电梯井筒,要求模板系统必须具有较强的体形适应性,以降低成本;核心筒剪力墙沿高度方向收分显著,厚度由下而上从 2 200 mm 变为 500 mm,要求模板系统必须具有较强的收分能力(图 11.43)。

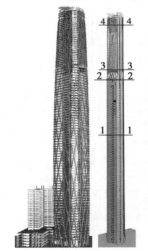

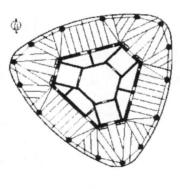

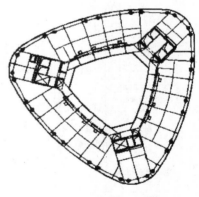

（a）67层以下平面　　　　　　（b）73层以上平面

图 11.42　广州国际金融中心　　　　图 11.43　广州国际金融中心结构概况

（1）施工工艺

针对该工程核心筒的结构特点,采用低位三支点长行程整体顶升钢平台可变模架体系进行施工,施工工艺流程如图 11.44 所示。

①初始状态:下层浇捣混凝土完成后,钢平台下留有一层钢筋绑扎净空[图 11.44(a)]。

②绑扎钢筋,待混凝土达到设计强度后拆除模板[图 11.44(b)]。

③利用动力系统顶升钢平台系统、模板系统及脚手架系统[图 11.44(c)]。

④利用设置在钢平台下的导轨进行模板支设作业[图 11.44(d)]。

⑤浇筑混凝土,进入下一个流水作业循环。

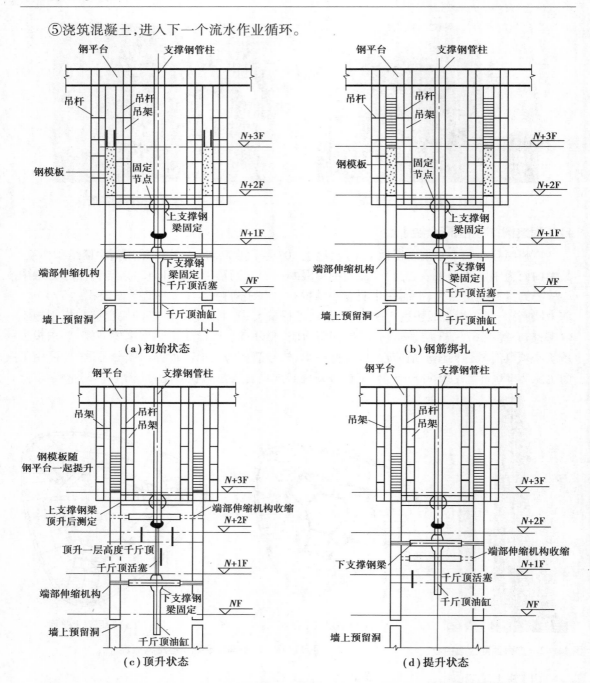

**图 11.44  低位三支点长行程整体顶升钢平台可变模架体系施工工艺流程**

需要特别指出的是,该工艺较以前的整体提升钢平台模板系统有重大改进:动力系统安装在支撑系统下部,能够将支撑系统与钢平台系统、模板系统及脚手架系统一起顶升到位。与以前的整体提升钢平台模板系统相比,该系统具有鲜明特点:一是模板与钢筋工程作业层分离,可以进行交叉流水作业,使得工期明显缩短;二是支撑系统与液压动力系统合二为一,实现了支撑系统周转重复利用和支撑系统与动力系统的自动爬升,使得成本降低,机械化程度明显提高。

（2）系统设计

广州国际金融中心主塔楼施工采用的整体顶升钢平台模板系统由动力及支撑系统、钢平台系统、挂架系统和模板系统组成（图 11.45）。

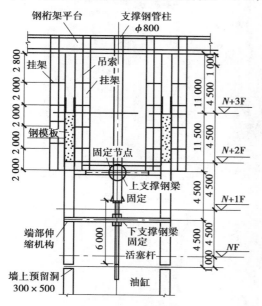

**图 11.45　整体提升钢平台模板系统组成**

①动力及支撑系统。动力系统采用长行程、大吨位双作用液压千斤顶（行程为 5 m，顶升能力为 300 t，提升能力为 300 m）。为便于同步控制，工程选用 3 个支撑点（平面最少支撑点数量），近似等边三角形布置。同步控制系统自动补偿不同步高差，确保三点同步，高差控制在 10 mm 以内。支撑系统共 3 套，由 $\phi900×20$ 钢管柱与格构式双箱梁上下支撑组成（图 11.46）。

②钢平台系统。以 3 个支撑钢柱为 3 个支撑点，设置桁架式钢平台（图 11.47）。平台结构形式结合核心筒墙体施工特点设置，以三角形为基准扩展成六角星形主骨架，进而扩展成六边形，钢平台面积约 1 000 m²。在钢平台与混凝土浇筑面之间设计有 5.5 m 的操作空间，方便剪力墙混凝土浇筑完毕后立即进行钢筋绑扎。

③挂架系统。考虑到外墙壁厚较大，挂架分内、外两种设置。内架设置 5 步，2 层高度。外架增加 2 步，3 层高度。挂架立杆顶部设置导轮，挂设在钢平台下弦的吊架梁上，可以随着 67 层以下墙体厚度的变化和 70 层以上墙体倾斜的变化通过滑动进行调整。横杆连接均为铰接接头，且留设 100 mm 长孔，方便挂架形状由直线滑动成折线，满足 70 层以上直墙变弧墙的要求（图 11.48）。

④模板系统。模板主要为大钢模板，在墙体厚度变化部位设置补偿模板区域，补偿模板采用木模板。内墙大模板由 4 块小模板组成，在上部层高变化及直墙变弧墙时分解使用。大钢模全部通过拉杆悬挂在钢平台上，随着钢平台整体一次性提升。空间三维可调模板系统如图 11.49 所示。

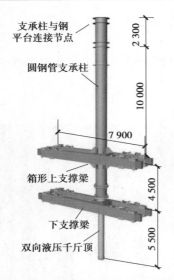

支承柱与钢
平台连接节点

圆钢管支承柱

箱形上支撑梁

下支撑梁

双向液压千斤顶

2 300

10 000

7 900

4 500

5 500

图 11.46　支撑系统与动力系统工作原理

图 11.47　钢平台承重钢骨架

图 11.48　挂架结构实景

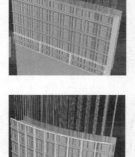

图 11.49　空间三维可调模板系统

（3）实施效果

广州国际金融中心主楼核心筒面积为 820 m²,标准层高为 4.5 m,每层混凝土方量约 700 m³,钢筋约 250 t,工作量比较大。采用低位三支点长行程顶升钢平台可变模架体系施工,一般施工速度为 3 d一层,最快达到 2 d一层,施工工效高的优势得到充分体现。

电动整体提升
脚手架模板工
程技术

### 11.3.5　电动整体提升脚手架模板工程技术

液压滑升模板、液压爬升模板、整体提升钢平台模板以及整体顶升钢平台模板四种工艺技术上是先进的,但是材料设备一次投入大,施工成本比较高,在我国这样经济发展水平还不高、劳动力成本比较低的国家,这四种模板工艺的市场竞争力不强,仅在少数标志性超高层建筑工程中得到应用。因此,长期以来我国量大面广的普通高层及超高层建筑结构施工多以落地脚手架或悬挑脚手架为操作空间,采用散拼散装模板工艺施工,脚手架搭设工作量大,材料消耗多,安全风险高。电动整体提升脚手架模板工程技术是传统落地脚手架、散拼散装模板工程技术的重要发展,能使工作效率显著提高、材料消耗和高空作业明显减少,并降低施工安全风险。电动整体提升脚手架模板工程技术是我国目前应用最为广泛的高层及超高层建筑模板工程技术。

#### 1）工艺原理

电动整体提升脚手架模板工程技术是现代机械工程技术、自动控制技术与传统脚手架模板施工工艺相结合的产物。电动整体提升脚手架模板系统与传统爬升模板系统的工艺原理基本相似,也是利用构件之间的相对运动(即通过构件交替爬升)来实现系统整体爬升的,二者的主要区别在于电动整体提升脚手架模板系统中模板不随系统提升,而是依靠塔吊提升。电动整体提升脚手架模板工程技术是在提升自动控制系统作用下,以电动倒链为动力,实现脚手架系统由一个楼层上升到更高一个楼层的位置(图 11.50、图 11.51)。

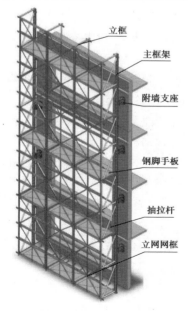

立框

主框架

附墙支座

钢脚手板

抽拉杆

立网网框

图 11.50　爬架单榀构造详图

图 11.51　爬架外景

施工总体工艺流程如图 11.52 所示。

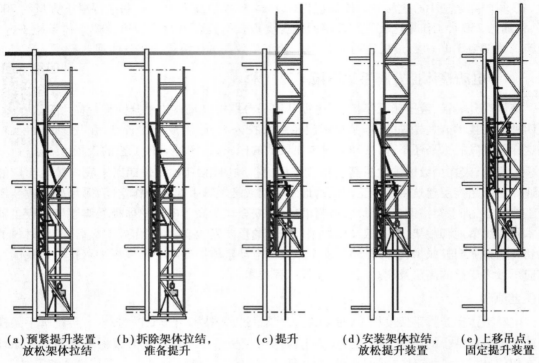

(a)预紧提升装置，　(b)拆除架体拉结，　(c)提升　　　(d)安装架体拉结，　(e)上移吊点，
　　放松架体拉结　　　　准备提升　　　　　　　　　　　放松提升装置　　　固定提升装置

**图 11.52　电动整体提升脚手架模板工程技术工艺流程**

**2)工艺特点**

与其他模板工程技术相比,电动整体提升脚手架模板工程技术具有显著优点:

①标准化程度高。电动整体提升脚手架模板系统的几乎所有组成部分(如脚手架、承重系统、电动倒链和自动控制系统等),都是标准化定型产品,通用性强,周转利用率高,因此具有良好的经济性。

②自动化程度高。在自动控制系统作用下,以电动倒链为动力可以实现整个系统同步自动提升,大大减少结构施工中的塔吊配合时间,提高了工效,降低了设备投入。

③施工技术简单。除脚手架整体提升技术含量比较高以外,其他工作都属于传统工艺,技术比较简单,与我国建筑工人劳动技能状况相适应。

④建筑体形适应性强。整体提升脚手架能够像传统脚手架一样,根据建筑体形灵活布置,满足体形复杂的建筑工程(如住宅)的施工需要,应用面非常广。

⑤材料消耗少,成本低。采用挑架附墙,仅需少量预留洞,不需要将任何钢材埋入混凝土结构中,因此成本比较低。

正是由于电动整体提升脚手架模板工程技术具有以上显著优点,它才成为我国高层及超高层建筑施工中应用最为广泛的模板工程技术。

当然,电动整体提升脚手架模板工程技术也有一定的缺点:

①安全性比较差。提升下吊点在架体重心以下,存在高重心提升问题,倾覆风险比较高,推广应用阶段曾发生过多起安全事故。

②施工工效低。整体提升脚手架系统承载力比较小,模板必须依赖塔吊提升,因此施工多采用中小模板散拼散装工艺,施工工效不高。

## 11.4　超高层建筑模板工程技术选择

超高层建筑施工中,模板工程技术选择是施工技术研究的重要内容。科学合理地选择模板工程技术,不但事关高层建筑施工质量、安全和进度,而且对工程造价也有一定影响。因此,必须在深入了解各种模板工程技术特点的基础上,密切结合高层建筑工程实际慎重进行选择。

超高层建筑模板工程技术选择

### 11.4.1　超高层建筑模板工程技术特点分析

作为超高层建筑模板工程施工的主流技术,液压滑升模板工程技术、液压自动爬升模板工程技术、整体提升和顶升钢平台模板工程技术及电动整体提升脚手架模板工程技术各有特色,各自拥有相应的应用范围。

液压滑升模板工程技术的特点是模板一经组装完成即可连续施工,因此适用于体形规则且变化不大、收分不显著的钢筋混凝土剪力墙及筒体结构。由于目前超高层建筑高度不断增加,结构收分幅度大,因此液压滑升模板工程技术的应用受到很大制约,应用范围越来越小。

液压自动爬升模板工程技术的特点是模块化配置,外附于剪力墙,收分方便,因此体形和立面适应性强,尤其是材料设备周转利用率高,不像液压滑升模板工程技术、整体提升和顶升钢平台模板工程技术需要将大量的支撑结构埋入剪力墙中,故在特别高大的超高层建筑中优势非常明显。目前,液压自动爬升模板工程技术已经成为世界上应用最广泛的模板工程技术。

整体提升和顶升钢平台模板工程技术的特点是系统整体强,荷载由支撑系统承担,因此施工作业条件好,提升和顶升不受混凝土强度控制,施工速度快,特别适合工期要求非常高的超高层建筑施工。该技术在我国许多标志性超高层建筑施工中发挥了重要作用。

电动整体提升脚手架模板工程技术的特点是灵活性强,标准化程度高,体形和立面适应性强,成本低廉,因此成为我国应用最广的高层建筑模板工程技术。但是由于电动整体提升脚手架模板系统承载力低,因此结构施工多采用散拼散装模板工艺,施工工效比较低,施工速度受到制约,一般多应用于施工速度要求不高的高层建筑工程或高层建筑部位(如外框架)。

### 11.4.2　超高层建筑模板工程技术选择

超高层建筑模板工程技术选择是一项技术经济要求很高的工作,必须遵循技术可行、经济合理的原则。超高层建筑模板工程技术选择必须首先保证技术可行,应在深入分析超高层建筑特点的基础上,重点从质量、安全和进度等方面进行评价,确保模板工程技术能够满足超高层建筑施工能力、效率和作业安全要求。在技术可行的基础上再进行经济可行性分析,兼顾模板系统本身造价和人工成本,力争效益最大化。具体而言,超高层建筑模板工程技术选择必须综合考虑超高层建筑结构特点、施工进度要求和工程所在地的经济社会发展水平对各种模板工程施工工艺的技术可行性和经济可行性的影响。

### 1）超高层建筑结构特点的影响

超高层建筑结构类型对模板工程技术影响显著。超高层建筑住宅结构体形比较复杂，且水平结构面积大，因此一般多采用电动整体提升脚手架模板工程技术施工。超高层建筑外框架模板面积比较小，多采用电动整体提升脚手架模板工程技术施工。超高层建筑核心筒是以剪力墙为主体的结构，因此必须采用高效的模板工程技术施工，如液压滑升模板工程技术、液压自动爬升模板工程技术、整体提升和顶升钢平台模板工程技术。但是当超高层建筑核心筒采用劲性结构时，液压滑升模板工程技术、整体提升和顶升钢平台模板工程技术的施工效率就会显著下降，此时液压自动爬升模板工程技术的优势就比较明显。

### 2）施工进度的影响

液压滑升模板工程技术、液压自动爬升模板工程技术、整体提升和顶升钢平台模板工程技术与电动整体提升脚手架模板工程技术的工效相比有很大差异，电动整体提升脚手架模板工程技术的施工工效比较低，一般需要 5～7 d 才能施工一层结构。当超高层建筑施工进度要求比较高时，液压滑升模板工程技术、液压自动爬升模板工程技术、整体提升和顶升钢平台模板工程技术的优势就非常明显。因此，一些资金投入大、工期成本高的超高层建筑施工多采用工效比较高的液压自动爬升模板工程技术或整体提升和顶升钢平台模板工程技术，而资金投入小、工期成本低的超高层建筑（如住宅）施工则多采用工效比较低但价格低廉的电动整体提升脚手架模板工程技术。

### 3）经济社会发展水平的影响

超高层建筑模板工程的成本既包括系统本身的造价，也包括系统使用过程中消耗的人工成本，因此，选择模板工程技术时应当综合考虑工程所在地经济社会发展水平的影响。经济社会发展水平高时，人工价格也就高，超高层建筑施工应当选择自动化程度高、人工消耗量小的模板工程技术，如液压自动爬升模板工程技术、整体提升和整体顶升钢平台模板工程技术以及液压滑升模板工程技术。而在经济社会发展水平低的地区，人工价格低，超高层建筑施工就可以选择人工消耗量比较大但造价低廉的模板工程技术，如电动整体提升脚手架模板工程技术。

## 11.4.3 工程案例：天津周大福金融中心

### 1）工程概况

天津周大福金融中心核心筒地上 97 层，平面从 33.175 m×33 m 的矩形，经过 5 次变化后，变为 18.8 m×18.4 m。外墙厚度有 1 500 mm、1 450 mm、1 350 mm、1 250 mm、1 050 mm 和 900 mm 六种，墙厚变化幅度有 50 mm、100 mm、150 mm 和 200 mm，外墙内侧不变、外侧向内收。最小层高 1.925 m，最大层高 10 m，层高变化大。内墙厚度有 800 mm、350 mm 两种，墙厚不发生变化（图 11.53）。综上所述，核心筒平面形状、墙体厚度、布置变化大，层高高，墙体内劲性钢构件多，位置变化大，且工程地处天津滨海沿海地区，风荷载大，根据总工期倒排的结果，核心筒结构施工平均每层只有 4.5 d，工期紧，因此核心筒模架选型直接影响着施工质量与效率。

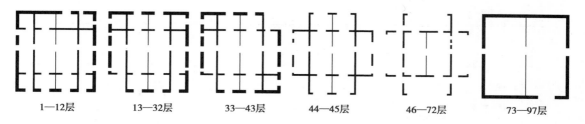

| 1—12层 | 13—32层 | 33—43层 | 44—45层 | 46—72层 | 73—97层 |

图 11.53  核心筒各层平面图

**2）方案比选**

针对工程的特点，对核心筒墙体施工防护架体及模板体系提出以下技术要求：

①模板能自我爬升，减少对塔式起重机的依赖；②模板安装与拆除便捷，适应工期要求；③具有足够的强度和刚度，能为各种材料和工具提供足够尺寸、足够刚度的堆放平台，能抵抗高空风荷载；④适应平面形状变化能力强，遇变化仅作较小改动或不改动；⑤适应墙体厚度和墙体洞口位置变化，遇变化只作较小改动或不改动；⑥适应较高的层高和较多的层高变化；⑦能提供覆盖4个楼层的作业面，以满足工期要求；⑧尽量减少对塔式起重机爬升影响。

针对工程核心筒特点，分别对爬模、提模、顶模三种模架体系进行分析对比，如表11.1所示。

表 11.1  不同模架体系在天津周大福金融中心工程核心筒中对比分析

| 工艺名称 | 爬模 | 提模 | 顶模 |
|---|---|---|---|
| 工艺原理 | 液压爬升机构依附在已成型的竖向结构上，利用双作用液压千斤顶先将导轨顶升，之后架体沿导轨向上爬升，从而达到整个爬模系统的爬升 | 在混凝土结构中的钢格结构柱上设置提升装置，将整体操作平台向上提升 | 在核心筒预留的洞口内设置顶升钢梁，利用大行程、大吨位液压油缸和支撑立柱，将上部整体钢平台向上顶升，带动所有模板与操作挂架上升，完成核心筒竖向混凝土结构的施工 |
| 优点 | 形成一个封闭、安全的作业空间；可分区由几个架体成组爬升，也可整体爬升，比较灵活；局部达到施工条件即可爬升，不需要相互等待；可倾斜爬升，适应结构角度变化；操作空间开阔，钢筋就位与绑扎空间大，施工效率高；平面附着点多，整体稳定性易满足要求，可抵抗较大的风荷载；单片架体爬升时，竖向至少有两个附着点，稳定性强；竖向附着点多，平台刚度容易满足，用钢量低，自重小，对结构产生的附加荷载小；绝大部分构件都可重复利用 | 形成一个封闭、完全的作业空间，核心筒墙体施工全部集中在平台系统中，机械化程度高，文明施工，速度快，形象好，墙体变截面时操作方便、简单 | 整体平台系统形成一个封闭、安全的作业空间，核心筒墙体施工全部工作集中在整体平台系统中，机械化程度高，文明施工，速度快，影像好；采用大行程，大吨位液压油缸，伺服系统控制，爬升过程快捷、平稳；全程电脑控制提升机构，同步均衡提升，无须人工参与，减少人为失误，工人劳动度低，用工量少；平台、架体与模板系统均采用液压系统整体顶升，其中模板系统可独立上下移动，减少了对垂直运输的依赖，提高了施工效率；对平面变化和墙体原度的适应性能强，针对变化操作方便、简单 |

续表

| 工艺名称 | 爬模 | 提模 | 顶模 |
|---|---|---|---|
| 在本工程中使用的缺点 | 支撑点较多,对同步性要求更高,多点位同步性保障率低;竖向支撑位置距离新成型混凝土层较近,对混凝土早期强度要求较高,影响架体爬升,对工期不利;高度低,提供的作业面少,对工期不利,高度提高后整体刚度不易满足;核心筒墙厚的多次变换,适应墙厚变化能力弱。油缸行程一般为250～450 mm,系统爬升一个楼层需要多次往复伸缩,耗时较长,对工期不利。油缸较多,漏油污染混凝土时有发生;架体布置需要考虑尽量避开门洞、窗洞等,布置较困难;墙体平面布置变化较大,洞口位置有变化,需要中途对架体布置进行多次调整,影响工期 | 需要利用型钢柱作提升支撑,本工程部分墙体、部分楼层中没有型钢柱,需要自行设置型钢柱,费用较高,工程已有型钢柱位置有变化,需要中途对架体进行调整,工作量大,影响工期。提升机位多,同步性差 | 支撑方式实现困难,墙体内有钢板、型钢性等,在墙体内预留孔洞时需要将墙体主受力钢筋断开,也需要在钢板、型钢柱上开洞,对结构受力影响较大,需要提交原结构设计复核;支撑位置设置有困难。本工程平面存在变化,外围墙体逐渐缩减,除非中途更换支撑位置,否则支撑只能布置在内圈墙体上,而这一体系需要在两片平行的墙体或相互垂直的墙体之间架设钢梁,作为液压油缸水平支撑钢梁支撑附着点;本工程内圈存在两片平行的墙体,但其距离较远,钢梁设置困难,有一片墙体厚度只有800 mm,需要在同一部位同时承担两个油缸的支撑点,设置上有困难,承载力也难以保证。如果选择内圈墙体的四个内角作为支撑点,则需要在门洞上方设置支撑点,对墙体承载力要求较高,可能需要加固。但两种钢梁设置方法,均使得支撑点位太靠近内部,导致平台悬挑较大,对平台刚度要求较高,平台用钢量将较大,同时对墙体的荷载也增大,对墙体承载力要求更高 |

　　根据以上分析,工程核心筒若采用爬模与提模,存在较多问题需要解决,采用智能顶升整体钢平台体系,则具有一定的优势。

# 复习思考题

11.1　超高层建筑结构类型主要有哪些?

11.2　超高层建筑施工的主流模板工程技术有哪些?简述其各自技术特点及适用范围。

11.3　超高层建筑模板工程技术选择受哪些因素影响,该如何选择?

# 12 高层建筑混凝土施工技术

[本章基本内容]

主要介绍混凝土可泵性定义及评价方法,重点讲述混凝土泵送施工,并通过案例进行300 m 高程泵送能力验算。

[学习目标]

(1)了解:混凝土可泵性定义及评价方法。

(2)熟悉:混凝土泵与输送管的连接方式以及混凝土泵管清洗。

(3)掌握:混凝土泵的选型与布置。

作为建筑材料,混凝土具有优良的特性,是高层建筑主要的结构材料之一,而且随着混凝土技术的不断进步,混凝土在高层建筑中的应用范围还将日益扩大。当前高层建筑混凝土工程具有以下特点:①混凝土在高层建筑的应用高度不断突破。进入 21 世纪,得益于高层建筑的快速发展,混凝土应用高度一路攀升,如天津 117 大厦混凝土泵送出管至 621 m,是目前混凝土实际泵送高度的世界纪录。②随着高度的不断增加,高层建筑设计和施工对混凝土材料性能提出了更高的要求。为了满足设计需要,混凝土必须具有良好的力学性能以及良好的体积稳定性。同时,为满足施工需要,混凝土还必须具有良好的工作性能。③随着高层建筑的发展,对混凝土施工技术的要求也越来越高。混凝土超高程泵送的顺利进行既有赖于工作性能卓越的混凝土材料和泵送设备,也需要先进的施工技术作保障,如泵送工艺选择和泵送管道系统设计。有效的施工组织和熟练的人工操作对混凝土超高程泵送也起着至关重要的作用。

## 12.1 泵送混凝土

泵送混凝土是以混凝土泵为动力,通过管道将搅拌好的混凝土拌合料输送到建筑物模板中去的混凝土。泵送混凝土除了要满足工程设计所需的强度要求外,还必须满足泵送工艺的要求。即要求混凝土有较好的可泵性,在泵送过程中具有良好的流动性,阻力小,不离析,不泌水,不堵塞管道,以及在泵送过程中混凝土的质量不得发生变化等。混凝土的可泵性主要表现为流动性和黏聚性两个方面。

流动性是它能够泵送的主要性能,所以泵送混凝土的坍落度应比较大。

黏聚性是抵抗分层离析的能力,使混凝土拌合料从搅拌、运输到泵送整个过程能够使石子保持均匀分散的状态,以保证混凝土拌合料在混凝土泵中的压送过程顺利。

为实现这些性能要求,泵送混凝土在配制上有一些特殊要求。

**1)对骨料的要求**

骨料的粒径、形状、级配对混凝土拌合料有很大的影响。石子的大小、表面形状都会影响泵送的阻力,必须要尽量减小混凝土的内摩擦力。因此,规定石子必须符合自然连续级配,最大粒径不能超过混凝土泵输送管直径的1/3。

**2)对水泥的要求**

水泥应采用保水性好不易泌水的水泥,如普通硅酸盐水泥。水泥用量不宜过低,否则在流动性较大时容易使浆体变稀,混凝土难以保持一定的黏性,致使泵送过程中会产生稀浆被泵泵走,而将骨料留在管中富集而产生堵管、堵泵的现象。如果是标号较低的混凝土,可适量掺入粉煤灰来提高混凝土的保水性。

## 12.2 混凝土可泵性评价方法

新拌混凝土在运输、捣实以及抹平时所表现的性能,通常是用工作性、稠度或可塑性等术语来描述的。定量地表达工作性的方法很多,在国内最常用的方法就是坍落度试验,但很多学者认为用坍落度试验来测定泵送混凝土的可泵性有许多缺陷,又提出了受压泌水试验等许多方法。

### 12.2.1 坍落度试验

坍落度试验是一种普遍采用的方法,也是目前测定混凝土可泵性的最主要的方法。它是根据混凝土拌合料在自重作用下的沉陷、坍落情况,并观察其黏聚性、保水性,以此综合评定其工作性是否符合要求的。该方法适于坍落度值大于 10 mm、集料最大粒径不大于 40 mm 的混凝土。该法的最大优点是简便易行,指标明确;缺点是受操作技术影响大,观察黏聚性、保水性受主观影响。

普通方法施工的混凝土的坍落度,是根据捣实方式确定的。而泵送混凝土除考虑捣实方式外,还要考虑其可泵性,也就是要求泵送效率高、不阻塞、混凝土泵机件的磨损小。坍落度过小的混凝土拌合料,泵送时吸入混凝土缸较困难,泵送时摩擦阻力大,要求用较高的泵送压力,容易堵管。如坍落度过大,混凝土拌合料在管道中滞留时间长,则泌水就多,容易因产生离析而形成阻塞。坍落度试验只对水泥浆丰富的混合料才比较敏感。但相同的混合料,不同的试样坍落度值差别很大。不同集料的混合料,工作性不同,却可能测得相同的坍落度。不同工作性的混合料,其代表性的坍落度值列于表12.1。

**表12.1 最大集料粒径为 20~40 mm 的混合料的工作性、坍落度和密实数**

| 工作性等级 | 坍落度(cm) | 密实数 | 工作性等级 | 坍落度(cm) | 密实数 |
|---|---|---|---|---|---|
| 非常低 | 0~2.5 | 0.78 | 高 | 10.0~18 | 0.95 |
| 低 | 2.5~5.0 | 0.85 | 很高 | ≥18 | 0.97 |
| 中等 | 5.0~10.0 | 0.92 | | | |

不同入泵坍落度或扩展度的混凝土,其泵送高度宜符合表12.2的规定。

**表12.2 混凝土入泵坍落度与泵送高度关系表**

| 最大泵送高度(m) | 50 | 100 | 200 | 400 | 400 以上 |
|---|---|---|---|---|---|
| 入泵坍落度(mm) | 100~140 | 150~180 | 190~220 | 230~260 | — |
| 入泵扩展度 | — | — | — | 450~590 | 600~740 |

在使用坍落度方法测定混凝土可泵性时,往往也观察坍落度试验扩展度和倒坍落筒的流下时间。

①对于黏性大的高强泵送混凝土,除了用坍落度试验来反映流动性外,还宜用坍落度试验时的扩展度来评价混凝土的稠度。在一定程度上,扩展度越大,稠度越小,泵送混凝土的压力损失越小,越有利于泵送。

②实际工程中,可采用"倒坍落筒"方法,通过流下时间来测量拌合物流动速度,进而反映其黏性。流下时间越长,说明拌合物的流速越慢,拌合物的黏性就越大。该方法便于准确计时,精确度高,复演性强,设备简单,便于推广。

与坍落度决定混凝土可泵性区间相似,坍落扩展度及倒坍落筒的流下时间也有一定的可泵性区间。试验结果表明:倒坍落度筒流下时间 $t$ 在 8~30 s、扩展度 $D$ 大于 460 mm 时,混凝土可泵性好,易泵送。其中,当 $t$ 在 8~15 s、$D$ 在 600~750 mm 时,混凝土可以自行填充到复杂形体的各个部位即可自密实;当 $t$ 大于 30 s、$D$ 小于 460 mm 时,混凝土不易泵送。

### 12.2.2 受压泌水试验

管道中混凝土拌合料在压力推动下进行输送时,水是传递压力的媒介。如果在泵送过程中,由于管道中压力大或管道弯曲、变径等出现"脱水现象",水分将通过骨料间的空隙渗透,而使骨料聚结,引起阻塞,如图12.1所示。混凝土拌合料本身应具有内阻力,该内阻力影响混凝土拌合料的泵送性能。

可利用受压泌水试验,测定该内阻力。试验时,把体积约为 1 700 cm³ 的混凝土拌合料试样放进试验装置中的圆筒,通过液压千斤顶使混凝土拌合料受到约 35 kg/cm² 的压力,开始 10 s 内出水量的体积以 $V_{10}$ 表示,开始 140 s 内出水量的总体积以 $V_{140}$ 表示。实验中发现,对于任何坍落度的混凝土拌合料,140 s 以后泌出水的体积都是很小的。

容易脱水的混凝土,在开始 10 s 内的出水速度很快,$V_{10}$ 值很大,因而 $V_{140}-V_{10}$ 的值可代表混凝土拌合料的保水性能,也可以反映阻止拌合水在压力作用下渗透流动的内阻力。该值

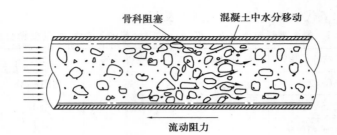

**图 12.1　混凝土拌合料脱水引起阻塞**

小,表明混凝土拌合料的可泵性不好;反之,则表明可泵性好。

压力泌水是衡量混凝土保水性和黏聚性的一项重要指标,用压力泌水试验测量一定压力下拌合物的泌水量、相对泌水率来辅助反映泵送混凝土的可泵性,取得了许多令人满意的效果。用泌水量来衡量混凝土的保水性、黏聚性时,通常采用 140 s 时的泌水量 $V_{140}$。混凝土拌合料的相对泌水率则按下式计算:

$$S_{10} = \frac{V_{10}}{V_{140}} \times 100\% \tag{12.1}$$

$$S_{140-10} = \frac{V_{140} - V_{10}}{V_{140}} \times 100\% \tag{12.2}$$

一般地说, $V_{140}$ 越小, $S_{10}$ 越小, $S_{140-10}$ 越大,混凝土的保水性和黏聚性越好, $S_{10}$ 不宜超过 40%。实际上,对于泵送混凝土,压力泌水应有一个最佳范围,超出此范围,泵压将明显提高,并发生波动甚至造成阻泵。实验表明,当 $V_{140} < 80$ mL 时,泵压随 $V_{140}$ 减小而增大;当 $80$ mL $\leqslant V_{140} < 110$ mL 时,泵压与 $V_{140}$ 无关;高层泵送时,当 $V_{140} > 110$ mL 时,泵压波动,当 $V_{140} > 130$ mL 时,容易阻泵。一般来说,泵送混凝土中 $V_{140}$ 可取值 $40 \sim 110$ mL。

## 12.3　混凝土泵的选型与布置

利用混凝土泵或泵车进行混凝土运输和浇筑,要根据工程特点、工期要求和施工条件(设备、人力和材料等),正确选择混凝土泵和输送管,对混凝土泵或泵车、输送管进行正确的布置,合理地组织泵送混凝土施工,对质量和施工进行科学的管理,以在保证质量、工期的前提下取得较好的经济效果。

### 12.3.1　混凝土泵的选型

混凝土泵选型要根据工程特点、工期要求和施工条件(场地位置、场地大小、进出通道等),估算管道的阻力,根据所计算压力值初选混凝土泵型号,最后根据厂家提供的施工方量需求,确认泵送压力(决定泵送高度)、理论方量(决定泵送时间)是否满足施工需求。如果满足需求,型号确定,如果不满足需求则重新选型号。如此反复,直至所选型号满足要求为止。

**1)混凝土泵的平均输出量**

在混凝土泵或泵车的产品技术性能表中(表 12.3),一般都列有单位时间内的最大输出量和最大泵送距离的数据。这些数据是在标准条件(即混凝土的坍落度为 21 cm,水泥用量为

300 kg/m³)下所能达到的,而且单位时间内的最大输出量和最大泵送距离不可能同时达到,输出量大,泵送压力就小,泵送压力大,则输出量就小。

表 12.3　HBT90CH-2150D 超高层拖泵主要技术参数

| 技术参数 | 范围 |
|---|---|
| 理论混凝土输送量(低压/高压)(m³/h) | 90/50 |
| 理论混凝土输出压力(低压/高压)(MPa) | 24/48 |
| 输送缸直径×行程(mm) | $\phi$180×2 100 |
| 柴油机功率(kw) | 273×2 台 |
| 上料高度(mm) | 1 420 |
| 混凝土坍落度(mm) | 80～230 |
| 料斗容积(m³) | 0.7 |
| 外型尺寸(mm) | 7 930×2 490×2 950 |
| 整机质量(kg) | 13 500 |
| 理论最大输送距离(管)(m) | 水平 4 000,垂直 1 000 |

混凝土泵或泵车的输出量与泵送距离有关,泵送距离增大,实际的输出量就要降低,另外,还与施工组织与管理的情况有关,如组织管理情况良好,作业效率高,则实际输出量提高,否则会降低。因此,混凝土泵或泵车的实际平均输出量数据才是我们实际组织泵送施工需要的数据。混凝土泵的实际平均输出量 $Q_1$ 可按式(12.3)进行计算。

$$Q_1 = Q_{max}\alpha_1\eta \tag{12.3}$$

式中　$Q_1$——每台混凝土泵的实际平均输出量(m³/h);

　　　$Q_{max}$——每台混凝土泵的最大输送量(m³/h);

　　　$\alpha_1$——配管条件系数,取 0.8～0.9;

　　　$\eta$——作业效率,根据混凝土搅拌运输车向混凝土泵供料的间断时间,拆装混凝土输送管和供料停歇等情况,可取 0.5～0.7。

为保证混凝土泵连续作业,则混凝土供应量要能满足不断泵送的要求,此时每台混凝土泵所需配备的混凝土搅拌运输车的台数可按式(12.4)计算:

$$N_1 = \frac{Q_1}{60\,\eta_v V_1}\left(\frac{60L_1}{S_0}+T_1\right) \tag{12.4}$$

式中　$N_1$——混凝土搅拌运输车台数;

　　　$V_1$——每台混凝土搅拌运输车的容量(m³);

　　　$L_1$——混凝土搅拌运输车的往返距离(km);

　　　$S_0$——混凝土搅拌运输车的平均行车速度(km/h);

　　　$T_1$——每台混凝土搅拌运输车的总计停歇时间(min);

　　　$\eta_v$——搅拌运输车容量折减系数,可取 0.9～0.95。

混凝土泵台数的需求则按式(12.5)计算

$$N_2 = \frac{Q}{T_0 Q_1} \tag{12.5}$$

式中　$N_2$——混凝土泵台数(台);

　　　$Q$——混凝土浇筑量($m^3$);

　　　$Q_1$——每台混凝土泵的实际平均输出量($m^3/h$),见公式(12.3);

　　　$T_0$——混凝土泵送施工作业时间(h)。

　　对于重要工程或整体性要求较高的工程,混凝土泵所需台数,除根据计算确定外,尚需有一定的备用台数。

## 2)混凝土泵送压力损失计算

　　(1)输送管的水平换算长度计算

　　在泵送混凝土施工中,输送管的布置除水平管外,还可能有向上垂直管和弯管、锥形管、软管等,与直管相比,弯管、锥形管、软管的流动阻力大,引起的压力损失也大,向上垂直管除去存在与水平直管相同的摩擦阻力外,还需加上管内混凝土拌合物的重量,因而引起的压力损失比水平直管大得多。在进行混凝土泵选型,验算其输送距离时,可把向上垂直管、弯管、锥形管、软管等按表 12.4 换算成水平长度。

表 12.4　混凝土输送管的水平换算长度

| 管子种类 | 单位 | 管子特征 | 水平换算长度(m) |
|---|---|---|---|
| 向上垂直管 | 每米 | 100 mm | 3 |
| | | 125 mm | 4 |
| | | 150 mm | 5 |
| 倾斜向上管<br>(输送管倾斜角为 $\alpha$) | 每米 | 100 mm | $\cos \alpha + 3 \sin \alpha$ |
| | | 125 mm | $\cos \alpha + 4 \sin \alpha$ |
| | | 150 mm | $\cos \alpha + 5 \sin \alpha$ |
| 垂直向下及倾斜向下管 | 每米 | — | 1 |
| 弯管(弯头张角 $\beta$,$\beta \leqslant 90°$) | 每根 | $R = 500$ | $12\beta/90$ |
| | | $R = 1\,000$ | $9\beta/90$ |
| 锥形管 | 每根 | 175→150 mm | 4 |
| | | 150→125 mm | 8 |
| | | 125→100 mm | 16 |
| 软管 | 每根 | 3~5 m | 20 |

表 12.5 混凝土泵送系统附件的估算压力损失

| 附件名称 | 换算单位 | 换算压力损失（MPa） | 附件名称 | 换算单位 | 换算压力损失（MPa） |
|---|---|---|---|---|---|
| 管路截止阀 | 每个 | 0.1 | 混凝土泵启动内耗 | 每台 | 1.0 |
| 分配阀 | 每个 | 0.2 | | | |

【例 12.1】图 12.2 所示水平换算长度的计算实例如下：

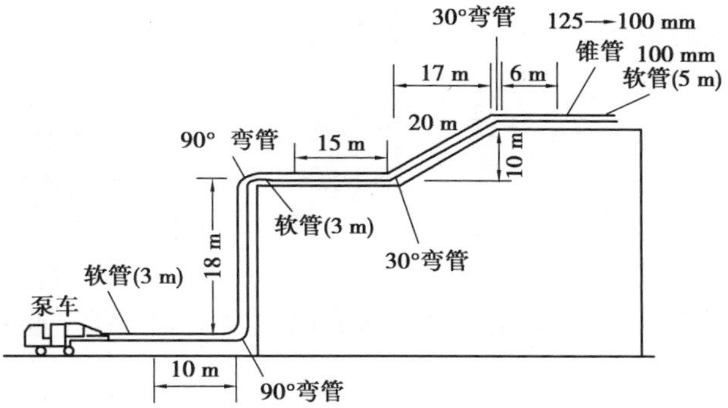

图 12.2 水平换算长度计算（管径为 125 mm）

软管　　　　　　　　　20+20+20＝60 m
水平管　　　　　　　　10+15+6＝31 m
弯管　　　　　　　　　(2×12×90/90)+(2×12×30/90)＝32 m
垂直管　　　　　　　　18×4＝72 m
倾斜管　　　　　　　　(17/20+4×10/20)×20＝57 m
锥形管　　　　　　　　16×1＝16 m
水平换算长度　　　　　合计：268 m

（2）混凝土泵送压力损失计算

①国内规范方法。

国内现行规范《混凝土泵送施工技术规程》JGJ/T 10—2011 是依据 s. Morinaga 公式来计算总压力损失 P，其计算公式见式（12.6）：

$$P = \triangle P_H . l \tag{12.6}$$

式中　$P$——混凝土泵送过程的压力损失（Pa）；

　　　$l$——水平管道、垂直管道、弯管及连接件换算成水平管的总长度（m）；

　　　$\triangle P_H$——混凝土在水平输送管内流动每米产生的压力损失（Pa/m）。

$$\triangle P_H = \frac{2}{r}\left[K_1 + K_2\left(1 + \frac{t_2}{t_1}\right)V_2\right]\alpha_2 \tag{12.7}$$

式中　$r$——输送管半径（m）；

　　　$K_1$——黏着系数（Pa），$K_1 = (300 - S_1)$，$S_1$ 为混凝土拌合物的坍落度（mm）；

　　　$K_2$——速度系数（Pa·m/s），$K_2 = (400 - S_1)$；

　　　$\dfrac{t_2}{t_1}$——混凝土泵分配阀切换时间与活塞推压混凝土时间之比，当设备性能未知时，可

取 0.3;

$V_2$——混凝土拌合物在输送管内的平均流速(m/s);

$\alpha_2$——径向压力与轴向压力之比值,对普通混凝土取 0.9。

式中的黏附系数 $K_1$ 实际上就是混凝土黏性所产生的阻力,并且 $K_1$ 的大小与混凝土坍落度有关。速度系数 $K_2$ 则表示混凝土流动时所受到的摩擦阻力,其大小也与混凝土坍落度相关。

因此坍落度大的混凝土泵送时受到的黏性阻力和摩擦阻力相应要小,而平均流速 $V_2$ 则说明在输送管管径不变的条件下,当输送量大时,混凝土泵送所需克服的摩擦阻力也大。

②学术常用计算法。

学术计算法是对国内现行规范计算方法的细化,混凝土在管道内流动的沿程压力损失 $P_1$ 仍使用 S. Morinaga 公式计算。混凝土泵送过程的压力损失 $P$ 主要由三部分组成,其中 $P_1$ 是混凝土在泵管内流动中受到的过程压力损失,这种压力损失包括了混凝土的黏性所产生的阻力以及混凝土流动中所产生的摩擦阻力。$P_2$ 是混凝土配管中设置的弯管、锥形管、软管所产生的局部压力损失。而 $P_3$ 则是混凝土垂直泵送时因混凝土重力所产生的压力。由此可见混凝土泵送时总的压力损失为:

$$P = P_1 + P_2 + P_3 \tag{12.8}$$

【例 12.2】某工程建筑高度为 300 m,混凝土强度为 C40,要求坍落度为 20±2 cm。混凝土泵管选用 125 mm,每小时输送量为 60 m³,流速为 1.37 m/s。根据现场情况混凝土布管采用弯管 90°,$R=1\,000$,1 个;90°,$R=500$,8 个;锥形管 1 个;上水平与下水平泵送管总长度为 125 m。

【解】根据公式(12.7)计算沿程压力损失,$S_1$ 取 200 mm,

$$\triangle P_H = \frac{2}{r}\left[K_1 + K_2\left(1 + \frac{t_2}{t_1}\right)V_2\right]\alpha_2$$

$$= \frac{2}{0.012\,5}[100 + 200 \times (1 + 0.3) \times 1.37] \times 0.9 = 0.013 \text{ MPa}$$

垂直管换算为水平距离,换算系数为 4,则

$$P_1 = 0.013 \times (125 + 300 \times 4) = 17.2 \text{ MPa}$$

以每个弯管、锥管、软管的压力损失为 0.1 MPa 计,则

$$P_2 = 0.1 \times 10 = 1 \text{ MPa}$$

$$P_2 = \rho g H = 2\,400 \times 9.8 \times 300 = 7 \text{ MPa}$$

则泵送压力损失 $P = P_1 + P_2 + P_3 = 17.2 + 1 + 7 = 25.2 \text{ MPa}$

(3)混凝土泵输送压力选择

混凝土泵送中由于受到混凝土状态变化以及运输时间、气温等影响,混凝土泵送压力会有波动,混凝土泵的输送压力必须大于泵送压力损失,并且应该有较多的储备,以应对泵送施工中随时可能出现的特殊情况。根据经验值,混凝土泵的输送压力应大于泵送压力损失 30%。

由于以上两种计算方法中已考虑到这种因素,如沿程压力损失计算中垂直泵送管长度换算到水平管距离,弯管、锥管、软管的压力损失均取 0.1 MPa,都偏于安全,经众多工程验证理论计算结果要大于工程实测。在选择混凝土输送泵时可将厂家提供的输送压力与计算结果

比较,选择较为匹配的为宜。表 12.6 是近年来部分超高层建筑所选择的混凝土输送泵最大输送压力。

表 12.6 混凝土输送泵的最大输送压力案例

| 工程名称 | 泵送高度(m) | 最大输送压力(MPa) |
|---|---|---|
| 平安大厦 | 555 | 40 |
| 北京国贸三期 | 330 | 22 |
| 武汉中心 | 410 | 26 |
| 上海环球金融中心 | 492 | 35 |
| 南京紫峰大厦 | 385 | 35 |
| 上海中心 | 606 | 35 |
| 天津 117 项目千米泵送试验 | 1 000 | 48 |

### 12.3.2 混凝土泵的布置

在实际施工过程中,混凝土泵合理布置是实现混凝土正常泵送的前提条件,混凝土泵通常放置在平坦坚实的地面上,并有可靠的固定措施。具体的安装位置要视施工现场的实际情况而定。露天施工时,一般把混凝土泵放在运输车辆、搅拌机或起重机械方便能及的地方,以便于安装和供料。有时为了使输送车、搅拌机或其他设备容易给混凝土泵上料,将混凝土泵放在地坑中,但要求必须有排水道沟或排水措施,否则可能会影响正常施工(特别是在多雨季节)。

混凝土泵或泵车在现场的布置,要根据工程的轮廓形状、工程量分布、地形和交通条件等而定,应考虑下列情况:

①力求距离浇筑地点近,这样便于配管,混凝土运输也方便。

②为保证混凝土泵连续工作,每台泵的料斗周围最好能同时停留两辆混凝土搅拌运输车,或者能使其快速交替。

③多台泵同时浇筑时,选定的位置要使其各自承担的浇筑量相接近,最好能同时浇筑完毕。

④为便于混凝土泵的清洗,其位置最好接近供排水设施,同时还要考虑供电方便。

⑤混凝土泵或泵车的作业范围内,不得有高压线等障碍物。

## 12.4 混凝土输送管的选择和布置

### 12.4.1 输送管和配件

混凝土输送管有直管、弯管、锥形管和软管。除软管外,目前建筑工程施工中应用的混凝土输送管多为壁厚 2 mm 的电焊钢管,以及少量壁厚 4.5 mm、5.0 mm 的高压无缝钢管。

直管常用的规格管径为 100 mm、125 mm 和 150 mm,由焊接直管或无缝直管制成。弯管多用拉拔钢管制成,常用规格管径为 100 mm、125 mm 和 150 mm,弯曲角度有 90°,45°,30° 及

15°,常用曲率半径为 1.0 m 和 0.5 m。

  锥形管也多是用拉拔钢管制成,主要用于不同管径的变换处,常用的有 $\phi$175~150 mm, $\phi$150~125 mm,$\phi$125~100 mm,长度多为 1 m。混凝土泵的出口多为 175 mm,而常用的混凝土输送管管径为 125 mm 和 100 mm,在混凝土输送管道中必须要用锥形管来过渡。锥形管的截面由大变小,使混凝土拌合物的流动阻力增大,所以锥形管处也是容易管道堵塞之处。

  软管多为橡胶软管,是用螺旋状钢丝加固,外包橡胶用高温压制而成的,具有柔软、质轻的特性。软管多设置在混凝土输送管道末端,因其柔性好的特点而被用作混凝土拌合物浇筑工具,常用的软管管径为 100 mm 和 125 mm,长度一般为 5 m。

  输送管管段之间的连接环,要求装拆迅速、有足够强度和密封不漏浆。目前有各种形式的快速装拆连接环可供选用。

  在泵送过程中(尤其是向上泵送时),泵送一旦中断,混凝土拌合物会倒流产生背压。由于存在背压,在重新启动泵送时,阀的换向会发生困难;而由于产生倒流,泵的吸入效率会降低,还会使混凝土拌合物的质量发生变化,易产生堵塞。为避免产生倒流和背压,在输送管的根部近混凝土泵出口处要增设一个液压截止阀(图 12.2)。

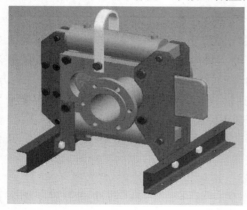

图 12.3　液压截止阀

## 12.4.2　输送管的选择

  输送管直径的选择,取决于以下几个方面:粗集料的最大粒径,要求的混凝土输送量和输送距离,泵送的难易程度,混凝土泵的型号。

  大直径的输送管,可用较大粒径的集料,泵送时压力损失小,但其笨重而且昂贵。在满足使用要求的前提下,选用小管径的输送管有以下优点:①末端用软管进行布料时,小直径管质量轻,使用方便;②混凝土拌合物产生泌水时,在小直径管中产生离析的可能性小;③泵送前,润滑管壁所用的材料节省;④购置费用低。

## 12.4.3　输送管道的布置

  混凝土输送管应根据工程特点、施工现场情况和制订的混凝土浇筑方案进行配管,正确布置输送管道是配管设计的重要内容之一。配管设计的原则是满足工程要求,便于混凝土浇筑和管段装拆,尽量缩短管线长度,少用弯管和软管。

应选用没有裂纹、弯折和凹陷等缺陷且有出厂证明的输送管;在同一条管线中,应采用相同管径的混凝土输送管;同时采用新、旧管段时,应将新管段布置在近混凝土出口泵送压力较大处;管线尽可能布置成横平竖直。

配管设计应绘制布管简图(图12.4),列出各种管件、管连接环和弯管、软管的规格和数量,列出管件清单。

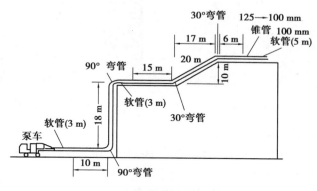

图 12.4　管道布置示意图

**1)输送管道布置及防护的总原则**

①管道经过的路线应比较安全,不得使用有损伤裂纹或壁厚太薄的输送管,对泵机附近及操作人员附近的输送管要加以防护。

②为了不使管道支设在新浇筑的混凝土上面,进行管道布置时,要使混凝土浇筑移动方向与泵送方向相反,使得在混凝土浇筑过程中,只需拆除管段,而不需增设管段。

③输送管道应尽可能短,弯头尽可能少,以减小输送阻力;各管卡一定要紧到位,保证接头处可靠密封、不漏浆;应定期检查管道(特别是弯管等部位)的磨损情况,以防爆管。

④管道只能用木料等较软的物件与管件接触支撑,每个管件都应有两个固定点;管道要避免同岩石、混凝土建筑物等直接发生摩擦;各管道要有可靠的支撑,泵送时不得有大的振动和滑移。

⑤在浇筑平面尺寸大的结构物(如楼板等)时,要结合配管设计考虑布料问题,必要时要设布料设备,使其能覆盖整个结构平面,能均匀、迅速地进行布料。

⑥夏季要用湿草袋覆盖输送管并经常淋水,防止混凝土因高温而损失的坍落度太大,造成堵管;在严寒季节要用保温材料包扎输送管,防止混凝土受冻,并保证混凝土拌合物的入模温度达到要求。

⑦前端浇筑处的软管宜垂直放置,确需水平放置的要严禁过分弯曲。

**2)典型的输送管道布置方式**

(1)水平布置一般要求

管线应遵守输送管道布置的总原则并尽可能平直,通常需要对已连接好的管道的高低加以调整,使混凝土泵处于稍低的位置,略微向上则泵送最为有利(图12.5)。

图 12.5    泵管水平段固定                          图 12.6    泵管墙上固定

（2）向高处泵送混凝土施工

向高处泵送混凝土可分为垂直升高和倾斜升高两种，升高段应尽可能用垂直管（图 12.6），不要用倾斜管，这样可以减少管线长度和泵送压力。向高处泵送混凝土时，混凝土泵的泵送压力不仅要克服混凝土拌合物在管中流动时的黏着力和摩擦阻力，同时还要克服混凝土拌合物在输送高度范围内的重力。泵送过程中，在混凝土泵的分配阀换向吸入混凝土时或停泵时，混凝土拌合物的重力将对混凝土泵产生一个逆流压力，其大小与垂直向上配管的高度成正比，配管高度越高，逆流压力越大。该逆流压力会降低混凝土泵的容积效率，为此，一般需在垂直向上配管下端与混凝土泵之间配置一定长度的水平管。为利用水平管中混凝土拌合物与管壁之间的摩擦阻力来平衡混凝土拌合物的逆流压力或减少逆流压力的影响，当垂直向上配管时，地面水平管长度不宜小于垂直管长度的 1/4，且不宜小于 15 m，或遵守产品说明书中的规定。如因场地条件限制无法满足上述要求时，可采取设置弯管等办法解决。

以上所述为泵送混凝土中输送管道布置的基本形式，实际上输送管道的布置要根据施工现场的实际情况和具体的要求而定。输送管道的布置是方便混凝土泵送、有效减小混凝土输送管道的堵塞、顺利实现混凝土泵送的前提之一。

## 12.5    混凝土泵与输送管的连接方式

### 1）直接连接

输送管与混凝土泵呈一直线，混凝土从混凝土泵分配筏直接泵入输送管，泵送阻力较小，但混凝土泵换向时，泵送管道和分配阀中的高压混凝土会向混凝土泵直接释放压力，混凝土泵将受到较大的反作用力，对液压系统冲击较大［图 12.7（a）］。

### 2）U 形连接

U 形连接即 180°连接，泵的出口通过两个 90°弯管与输送管连接。由于混凝土出口直接接两个弯管，所以泵送阻力较大。但对混凝土泵的反作用力被可靠固定的两个弯管进行缓冲后，混凝土受冲击较小。在向上泵送时，这种缓冲作用尤其明显［图 12.7（b）］。

**3)L 形连接**

泵的出口通过一个 90°弯管与输送管连接,输送管与混凝土泵相垂直,因此泵送阻力及泵机受到的反作用力介于上述两种情况之间,但混凝土输送泵会产生横向振动[图 12.7(c)]。

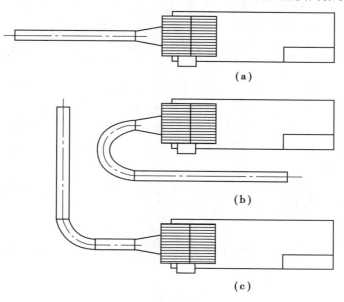

**图 12.7　混凝土泵与输送管道的连接方式**

在水平泵送时,可以采用 U 形连接或直接连接;在向上泵送(特别是高度超过 15 m)或者向下泵送时,应采用 U 形连接,此时若用直接连接方式,混凝土泵将要承受高压混凝土在换向期间释压和管道中混凝土自重的冲击;L 形连接方式可用于水平泵送,或用于因受地形条件限制不能用其他方式连接的场合,原则上不能用于向上泵送。

## 12.6　混凝土泵管清洗

泵送结束时,应及时清洁混凝土泵和输送管。管道清洗有气洗和水洗两种方法,如图 12.8 所示。

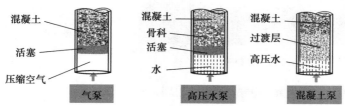

**图 12.8　混凝土泵管清洗方法**

气洗即是用压缩空气吹洗,它是将浸透水的清洗球先塞进气洗接头,再接与变径相接的第一根直管,并在管道的末端接上安全盖(安全盖的孔口必须朝下)。气洗时,必须控制压缩空气的压力不超过 0.8 MPa;气阀要缓慢开启,当混凝土能顺利流出时才可开大气阀;气洗完毕后要马上关闭气阀。气洗需要配备空气压缩机,要严格按规定操作,要求管道密封性好。但气洗不可能洗很长的管道,对远距离的管道应分段清洗。此方法危险性较大,操作需谨慎,故应用较少。

水洗方法是在混凝土管道内放置一海绵球,用清水作介质进行泵送,通过海绵球将管道内的混凝土顶出。由于海绵球不能阻止水的渗透,水压越高,渗透量就越大,大量的水透过海绵球后进入混凝土中,会将混凝土中的砂浆冲走,使剩下的粗骨料失去流动性而引起堵管,导致水洗失败。因此,传统的水洗方法,其水洗高度一般不超过 200 m。

针对 200 m 以上垂直高度管道,对传统水洗方式进行改进,管道中不加海绵球,而是加入 $1 \sim 2 \text{ m}^3$ 的砂浆进行泵送,然后再加入水进行泵送。由于在混凝土与水之间有一较长段的砂浆过渡段,就不会出现混凝土中砂浆与粗骨料分离的状况,保证了水洗的顺利进行。而且水洗可将残留在输送管内的混凝土全部输送至浇筑点,几乎没有混凝土浪费。

## 12.7　工程案例:香港国际金融中心

香港国际金融中心主楼(图 12.9)共有 91 层,高 399.5 m,采用 C60 混凝土,实际要求泵送高度为 406 m。

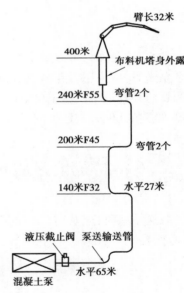

图 12.9　香港国际金融中心

图 12.10　管道布置示意图

(1)泵送混凝土至 406 m 高度所需压力的理论计算

混凝土泵送所需压力:　　　　　　　$P = P_1 + P_2 + P_3$

式中　$P_1$——混凝土在管道内流动的沿程压力损失;

　　　$P_2$——混凝土经过弯管及锥形管的局部压力损失;

　　　$P_3$——混凝土在垂直高度方向因重力产生的压力。

$$P_1 = \Delta P_H l = \frac{2}{r}\left[K_1 + K_2\left(1 + \frac{t_2}{t_1}\right)V_2\right]\alpha_2 l$$

式中　$\Delta P_H$——单位长度的沿程压力损失；

$l$——管道总长度，垂直高度 406 m，加上布料杆长度及水平管道部分，总长约 600 m；

$K_1$——黏着系数，取 $S_1 = 180$ mm，$K_1 = 300 - S_1 = 300 - 180 = 120$ Pa；

$r$——混凝土输送管直径 128 mm；

$K_2$——速度系数，$K_2 = (400 - S_1) = 400 - 180 = 220$（Pa/m·s$^{-1}$）；

$\dfrac{t_2}{t_1}$——混凝土泵分配阀切换时间与活塞推压混凝时间之比，其值约 0.2～0.3；

$V_2$——混凝土在管道内的流速，当排量为 40 m$^3$/h 时，流速约 0.9 m/s；

$\alpha_2$——径向压力与轴向压力之比，其值约 0.9。

计算得：$P_1 = 5.8$ MPa

$P_2 = 12 \times 0.1 + 0.2 = 1.4$ MPa

弯管：90°，$R = 1\,000$，1 个；90°，$R = 500$，10 个；锥管 1 个，每个弯管、锥管压力损失 0.1 MPa，分配阀压力损失 0.2 MPa。

$$P_3 = \rho g H = 9.5 \text{ MPa}$$

式中　$\rho$——混凝土密度，取 2 400 kg/m$^3$；

$g$——重力加速度；

$H$——泵送高度，按 406 m 计算。

泵送 406 m 高所需总压力为：$P = P_1 + P_2 + P_3 = 5.8 + 1.4 + 9.5 = 16.7$ MPa

最终选用三一重工 HBT90CH-2122D 出口压力为 22 MPa 超高压拖泵承担泵送施工任务。

（2）输送管道布置

为了抵消垂直管道内混凝土的自重产生的反压，在泵出口布置了 100 m 水平管、90°弯管 4 个、45°弯管 1 个、15°弯管 2 个；在高 140 m 的 32 楼层，布置了 30 m 水平管、90°弯管 3 个；在高 200 m 的 45 层布置 90°弯管 2 个；在高 240 m 的 55 层布置 90°弯管 2 个；然后一直往上，整套管道包括布料机塔身外露 10 m、臂长 32 m、弯管折算 44 m，全长 622 m。直管两端都用刚性支撑固定牢靠（图 12.10）。

## 复习思考题

12.1　简述混凝土可泵性的定义。

12.2　简述混凝土可泵性评价方法。

12.3　简述混凝土泵的布置应考虑的情况。

12.4　简述混凝土泵与输送管的连接方式。

12.5　简述混凝土泵管清洗方法。

# 13

# 超高层建筑钢结构施工技术

[**本章基本内容**]

介绍常用钢结构体系及类型、超高层钢结构材料、加工制作及预拼装技术，重点介绍钢结构安装技术。

[**学习目标**]

1. 了解：常用钢结构体系、常用钢结构类型。

2. 熟悉：超高层钢结构材料、加工制作及预拼装技术。

3. 掌握：钢结构安装技术。

随着我国城市化进程的加快和综合国力的提升，超高层建筑在我国城市建筑所占的比例越来越大。特别是在集约利用土地资源、集约使用城市基础设施等城市建设新理念的引导下，我国超高层建筑迅猛发展。超高层在向天空进军之时，必然需要钢结构的强力支撑。

## 13.1　常用钢结构体系

超高层建筑的承载能力、抗侧刚度、抗震性能、材料用量、管道设置、工期长短和造价高低，与其所采用的结构体系密切相关。不同的结构体系，决定于不同的层数、高度和功能。这里介绍两种超高层钢结构建筑中最常用的结构体系——框架-支撑结构体系和筒体结构。

常用钢结构体系

### 13.1.1　框架-支撑结构体系

框架结构体系由楼板、梁、柱及基础4种承重构件组成，梁、柱、基础构成平面框架，为主要承重结构,各平面框架再由连系梁联系起来,形成空间结构体系。为了改善框架结构柔性较大、抗侧力能力较差的不足,人们在框架结构体系中增设水平抗侧力构件斜向支撑,使其抗侧刚度和抗震性能得到了显著提升,就构成了框架-支撑体系(图13.1—图13.3)。框架-支撑结构体系可以将建筑高度提高至40层以上。

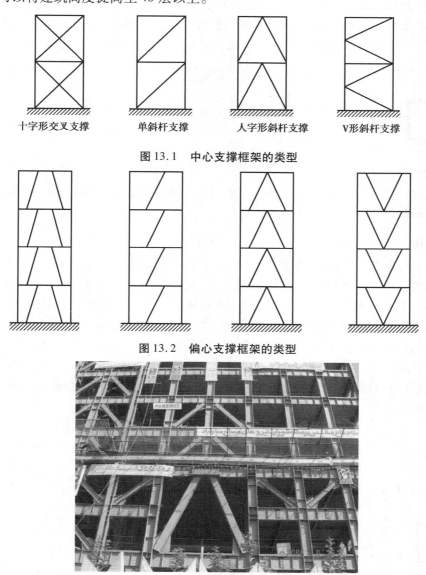

十字形交叉支撑    单斜杆支撑    人字形斜杆支撑    V形斜杆支撑

图 13.1    中心支撑框架的类型

图 13.2    偏心支撑框架的类型

图 13.3    某超高层钢结构建筑中采用的框架-支撑结构体系

## 13.1.2  筒体结构

随着建筑层数、高度的增大,高层建筑结构承受的水平地震作用大大增加,框架、剪力墙以及框架-剪力墙等结构体系往往不能满足要求。可将剪力墙在平面内围合成箱形,形成一个竖向布置的空间刚度很大的薄壁筒体;也可由密柱框架或壁式框架围合,形成空间整体受力的框筒等,从而形成具有很好的抗风和抗震性能的筒体结构体系。筒体结构根据筒的布置、组成和数量等又可分为框架-筒体结构、筒中筒结构、束筒结构。

### 1)框架-筒体结构

框架-筒体结构是指中心为抗剪薄壁筒,外围为普通框架所组成的结构(图13.4),这是超高层建筑的一种较经济的结构类型。该结构利用中心部分的钢筋混凝土墙体形成核心筒作为结构抵抗水平力的主要抗侧力构件,外圈则采用梁、柱形成的框架,与核心筒形成整体。某工程框架-核心筒结构的透视图和结构平面图如图13.5所示。

图13.4 框架-筒体
结构简图

图13.5 某工程框架-核心筒结构透视图和结构平面图

### 2)筒中筒结构

筒中筒结构由内、外两个筒体组合而成,内筒为剪力墙薄壁筒,外筒为密柱(通常柱距不大于3 m)组成的框筒(图13.6)。由于外柱很密,梁刚度很大,门洞口面积小(一般不大于墙体面积50%),因而框筒工作性能不同于普通平面框架,而有很好的空间整体作用,类似一个多孔的竖向箱形梁,有很好的抗风和抗震性能。目前国内较高的钢筋混凝土结构,如上海金茂大厦(88层、420.5 m)、广州中天广场大厦(80层、320 m)、广州西塔(103层、432 m,图13.7)都是采用筒中筒结构。单个筒体可分为实腹筒、框筒和桁筒。平面剪力墙组成空间薄壁筒体,即为实腹筒;框架通过减少肢距,形成空间密柱框筒,即为框筒;筒壁若用空间桁架组成,则形成桁筒。

图13.6 筒中筒结
构简图

图13.7 广州西塔筒中筒结构施工照片及结构平面布置图

### 3)束筒结构

束筒结构即组合筒结构,建筑平面较大时,为减小外墙在侧向力作用下的变形,将建筑平面按模数网格布置,使外部框架式筒体和内部纵横剪力墙(或密排的柱)成为组合筒体群(图

13.8),这就大大增强了建筑物的刚度和抗侧向力的能力。束筒结构可组成任何建筑外形,并能适应不同高度的体型组合的需要,丰富了建筑的外观。当建筑高度或平面尺寸进一步加大,以至于框筒或筒中筒结构无法满足抗侧刚度要求时,可采用束筒结构(图13.9)。

图 13.8　束筒结构简图　　　　图 13.9　希尔斯大厦束筒结构示意图

### 4)巨型结构体系

巨型结构是由大型构件(巨型梁、巨型柱和巨型支撑)组成的、主结构与常规结构构件组成的次结构共同工作的一种结构体系(图13.10)。巨型结构一般由两级结构组成:第一级结构超越楼层划分,形成跨若干楼层的巨梁、巨柱(超级框架)或巨型桁架杆件,以这种巨型结构来承受水平力和竖向荷载;楼面作为第二级结构,只承受竖向荷载,并将荷载所产生的内力传递到第一级结构上。巨型结构是一种超常规的

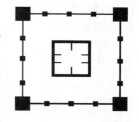

图 13.10　巨型结构简图

具有巨大抗侧刚度及整体工作性能的大型结构,是一种非常合理的超高层结构形式。从建筑角度看,巨型结构可以满足许多具有特殊形态和使用功能的建筑平立面要求,使建筑师们的许多天才想象得以实现。巨型结构作为超高层建筑的一种崭新体系,由于其自身的优点及特点,已越来越被人们重视,并越来越多地应用于工程实际。它也是一种很有发展前景的结构形式,目前在超过400 m的高楼中被广泛应用(图13.11)。

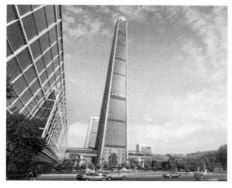

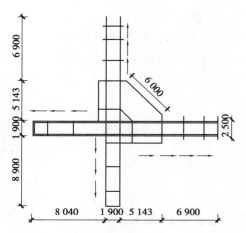

**图 13.11　天津高银 117 大厦巨型结构示意图**

# 13.2　常用钢结构类型

　　超高层建筑中,常用的钢结构类型包括钢柱、钢梁、钢板剪力墙、环带桁架、压型钢板(楼板)等,下面重点介绍巨型钢柱、钢板剪力墙、环带桁架及压型钢板(组合楼板)的应用情况。

**常用钢结构类型**

## 13.2.1　巨型钢柱

　　钢柱通常分为普通外框钢柱和外框巨柱。普通钢柱是指采用常规 H 形、十字形、圆形、方管等截面形式的钢柱,其截面形式较简单,每延米质量较小(一般在 3 t 以下)。巨柱一般由 H 型钢、圆管、方管经过多种形式变换组合而成,截面形式复杂且尺寸大,每延米质量通常达到 3 t 以上。普通钢柱一般用于 300 m 以下的超高层建筑,主要形成框架核心筒结构体系;外框巨柱主要用于 300 m 以上的超高层建筑,形成巨型框架-核心筒结构体系,承受整个建筑的主要荷载传递。

　　巨柱主要分为钢管混凝土柱和钢骨混凝土柱两种类型,工程设计时应根据结构类型选取合适的巨柱形式(表 13.1)。

**表 13.1　CFT 钢管混凝土和 SRC 钢骨混凝土综合对比**

| 项　目 | 优　点 | 缺　点 |
|---|---|---|
| CFT 钢管混凝土 | 截面抗弯刚度与抗弯承载力比 SRC 有明显增加,相应减少用钢量,截面尺寸可以相应减少,可不限制轴压比,无须钢筋绑扎和支撑模板,施工方便,抗震延性优异 | 要求外表面防火和防腐,使造价有明显增加;<br>对混凝土浇筑工艺要求高,并需严格控制密实度,对承包商要求高 |
| SRC 钢骨混凝土 | 耐火和抗腐蚀性能极为优异 | 钢筋绑扎、模板工程工作量大;<br>型钢梁连接时节点复杂,钢筋绑扎困难 |

根据资料统计,在300~400 m 高度区间的超高层建筑中,最常用的是钢骨混凝土柱。超过400 m 以上的建筑,巨柱的类型主要分为离散式 SRC 巨柱、整体式 SRC 巨柱和各种截面的CFT 巨柱(表13.2)。综合世界上其他著名超高层建筑巨柱应用情况分析,从巨柱类型的选择上来看,离散式 SRC 仅在少量超高层建筑中有所应用,并且有被整体式 SRC 巨柱所取代的趋势。同时,从发展趋势上来看,CFT 形式的巨柱的应用更加广泛。

表13.2 巨柱类型

| 离散式 SRC 巨柱 | 整体式 SRC 巨柱 |
| --- | --- |
| 各种截面类型的 CFT 巨柱 | |

## 13.2.2 钢板剪力墙

框架-支撑结构具有良好的抗震性能,但是其支撑容易在往复荷载下发生屈曲,故必须将支撑做得相当强壮。在超高层建筑施工中应用钢板剪力墙,主要是为了解决混凝土核心筒、剪力墙延性及震能消耗不足的缺点(图13.12、图13.13)。国内部分工程项目钢板剪力墙应用见表13.3。

图13.12 广州东塔钢板剪力墙

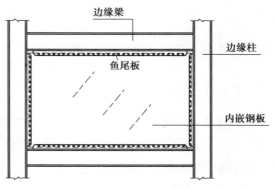

图13.13 钢板墙构造图

表 13.3 国内部分工程项目钢板剪力墙应用

| 序号 | 项 目 | 核心筒剪力墙 | 剪力墙应用 |
|---|---|---|---|
| 1 | 广州东塔 | | 塔楼 L33 以下核心筒外墙在混凝土内设置双层钢板剪力墙,钢板剪力墙截面由下至上逐渐变小,最大截面为 14 150 mm×4 050 mm×1 200 mm×50 mm,单层钢板剪力墙最大截面为 9 825 mm×2 825 mm×20 mm |
| 2 | 武汉中心大厦 | | 钢板墙分布在 B3F~12F;钢板墙厚度为 60 mm、40 mm、30 mm 三种,主要材质为 Q390C,其中板厚大于 40 mm 的钢板材质为 Q390GJC |
| 3 | 天津 117 大厦 | | 钢板剪力墙位于核心筒暗墙内,为单层墙板,主要由劲性暗柱与单层受力墙板组成;板厚最厚达到 70 mm,材质为 Q345GJC;最大截面为 14 250 mm×13 425 mm×70 mm,最大分段质量为 35 t |
| 4 | 深圳平安大厦 | | 钢板剪力墙分布在 L1—L11 层,板厚在 20~55 mm 不等;材质为 Q345GJC-Z15;最大单元尺寸为 4 185 mm×7 300 mm×24 mm,重约 13.29 t |

## 13.2.3　组合楼板

超高层钢结构常用组合楼板分为压型钢板-混凝土组合楼板和钢筋桁架楼承板两种,压型钢板又分为开口型压型钢板、缩口型压型钢板和闭口型压型钢板(图 13.14)。

### 1)压型钢板-混凝土组合楼板

压型钢板-混凝土组合楼板是通过剪力连接件与钢梁连接起来,形成的一种整体受力和协调变形的新型组合楼板体系。在这种组合楼板体系中,钢板除在施工阶段做模板使用外,在使用阶段还可兼做混凝土组合楼板的受力钢筋。组合楼板中的压型钢板表面必须设置抗剪齿槽或采取其他措施来抵抗叠合面之间的纵向剪力或垂直掀起力,同时钢板对耐久性和防火性均有要求。

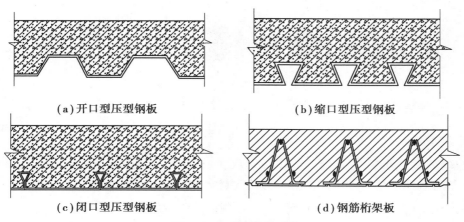

(a) 开口型压型钢板                  (b) 缩口型压型钢板

(c) 闭口型压型钢板                  (d) 钢筋桁架板

图 13.14  压型钢板分类

**2) 钢筋桁架楼承板**

钢筋桁架楼承板是将楼板中的受力钢筋在工厂内焊接成钢筋桁架,并将钢筋桁架与镀锌钢板焊接成整体,形成模板和受力钢筋一体化的建筑制品。钢筋桁架楼承板是在施工阶段能够承受湿混凝土及施工荷载,在使用阶段钢筋桁架成为混凝土配筋来承受使用荷载的新技术。

采用钢筋桁架楼承板的混凝土楼板兼有传统现浇混凝土楼板整体性好、刚度大、防火性能好,以及压型钢板组合楼盖无模板、施工快的优势,钢筋桁架楼承板桁架受力模式合理,可调整桁架高度与钢筋直径,实现更大跨度。采用钢筋桁架楼承板的钢-混凝土组合楼盖,可减少次梁,且抗剪栓钉焊接速度快,施工质量稳定。作为一种成熟的新技术,钢筋桁架楼承板已在国内外建筑工程中大量应用,在多高层建筑中具有广阔的应用前景。

## 13.2.4  桁架结构

框架-核心筒结构的外围框架为稀柱框架,当房屋高宽比较大、核心筒高宽比较大、外框架较弱时,结构的侧向刚度较弱,有时不能满足设计要求。为更有效地发挥周边外框架柱的抗侧作用,提高结构整体抗侧刚度,可沿建筑物竖向利用建筑设备层、避难层空间,在核心筒与外围框架之间设置适宜刚度的伸臂构件加强核心筒与框架柱间的联系,必要时可设置刚度较大的环带构件,加强外周框架角柱与翼缘柱间的联系,构成带加强层的超高层建筑结构。

加强层是伸臂、环向构件、腰桁架和帽桁架等加强构件所在层的总称。伸臂、环向构件、腰桁架和帽桁架等构件的功能不同,不一定同时设置,但如果设置,它们一般在同一层。凡是具有三者之一的加强构件所在层,都可简称为加强层或刚性层(图 13.15)。

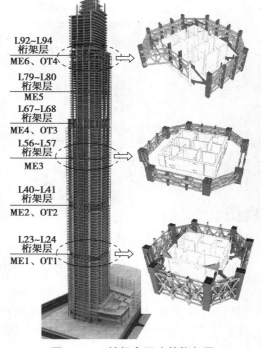

图 13.15  某超高层建筑桁架层

# 13.3 超高层钢结构材料

### 13.3.1 超高层钢结构材料分类

**1)按材质分类**

超高层钢结构
材料

①低碳钢:又称软钢,含碳量为 0.10% ~0.30%。低碳钢易于接受各种加工(如锻造、焊接和切削),常用于制造链条、铆钉、螺栓、轴等。

②中碳钢:含碳量为 0.30% ~0.60%,用以制造重压锻件、车轴、钢轨等。

③高碳钢:常称工具钢,含碳量为 0.60% ~1.70%,可以淬硬和回火。锤、撬棍等由含碳量 0.75% 的钢制造;切削工具(如钻头、丝攻、铰刀等)由含碳量 0.90% ~1.00% 的钢制造。

④合金钢:在钢中加入其他金属(如铬、镍、钨、钒等),可使其具有若干新的特性。由于各种合金元素的掺入,合金钢可具有防腐蚀、耐热、耐磨、防震和抗疲劳等不同特性。

**2)建筑钢材的产品种类**

建筑钢材的产品种类一般分为型材、板材(包括钢带)、管材和金属制品四类:

①型材。型材主要是钢结构用钢,有角钢、工字钢、槽钢、方钢、吊车轨道、金属门窗、钢板桩型钢等(图 13.16)。

②板材。板材主要是钢结构用钢,建筑结构中主要采用中厚板与薄板。中厚板广泛用于建造房屋、塔桅、桥梁、压力容器、海上采油平台、建筑机械等建筑物、构筑物或容器、设备。薄板经压制成型后广泛用于建筑结构的屋面、墙面、楼板等(图 13.17、图 13.18)。

图 13.16 工字钢

图 13.17 钢板

③管材。主要用于桁架、塔桅等钢结构中(图 13.19)。

④金属制品。土木工程中主要使用的产品有钢丝(包括焊条用钢丝)、钢丝绳以及预应力钢丝和钢绞线。钢丝中的低碳钢丝主要用作塔架拉线,绑扎钢筋和脚手架,制作圆钉、螺钉等,并作为供钢筋网或小型预应力构件用的冷拔低碳钢丝。预应力钢丝和钢绞线是预应力结构的主要材料。

图 13.18 钢带

图 13.19 钢管

为便于采购、订货和管理,我国目前将钢材分为十六大品种,见表 13.4。

表 13.4 钢材按产品分类

| 类别 | 品　种 | 说　明 |
|---|---|---|
| 型材 | 重轨 | 每米质量大于 30 kg 的钢轨(包括起重机轨) |
| | 轻轨 | 每米质量小于或等于 30 kg 的钢轨 |
| | 大型型钢 | 普通钢分为圆钢、方钢、扁钢、六角钢、工字钢、槽钢、等边和不等边角钢及螺纹钢等;按尺寸大小分为大、中、小型 |
| | 中型型钢 | |
| | 小型型钢 | |
| | 线材 | 直径 5~10 mm 的圆钢和盘条 |
| | 冷弯型钢 | 将钢材或钢带冷弯成型制成的型钢 |
| | 优质型材 | 优质钢圆钢、方钢、扁钢、六角钢等 |
| | 其他钢材 | 包括重轨配件、车轴坯、轮箍等 |
| 板材 | 薄钢板 | 厚度等于或小于 4 mm 的钢板 |
| | 厚钢板 | 厚度大于 4 mm 的钢板<br>可分为中板(厚度大于 4 mm 小于 20 mm)、厚板(厚度大于 20 mm 小于 60 mm)、特厚板(厚度大于 60 mm) |
| | 钢带 | 也称带钢,实际上是长而窄并成卷供应的薄钢板 |
| | 电工硅钢薄板 | 也称硅钢片或矽钢片 |
| 管材 | 无缝钢管 | 用热轧、热轧-冷拔或挤压等方法生产的管壁无接缝的钢管 |
| | 焊接钢管 | 将钢板或钢带卷曲成型,然后焊接制成的钢管 |
| 金属制品 | 金属制品 | 包括钢丝、钢丝绳、钢绞线等 |

### 13.3.2　超高层钢结构材质分析

目前国内超高层建筑钢结构的主要构件(如巨柱、伸臂桁架、环带桁架、核心筒暗柱以及巨型斜撑等)以及主构件之间的连接节点板材,大多选择 Q345GJ、Q390GJ 的高性能钢材和 Q420GJ 特高性能钢材,像 Q460GJ 这样的特种钢材,由于受制作工艺和造价等因素影响,尚未大规模应用于超高层建筑。

## 13.4　超高层钢结构加工制作

超高层钢结构建筑设计完成之后,通常需要根据现场施工情况继续对钢结构的连接节点分段、分节地进行进一步深化设计。深化图纸发至制作厂之后,制作厂对采购好的钢材,通过矫正、切割、组立、除锈、涂装等多个工序进行再加工,最终形成建筑工程所需钢构件。

超高层钢结构
加工制作

超高层钢结构的构件类型通常包括 H 型构件、圆管构件、箱型构件以及异型、巨型构件等,这些构件的制作是超高层钢结构施工中重要环节,其制作质量的好坏将直接影响超高层建筑的施工质量。

### 13.4.1　深化设计

钢结构深化设计也称钢结构二次设计,通俗说法就是钢结构的拆图或钢结构的详图设计。它是以建筑设计和结构设计施工图(包括业主提供的招标文件、答疑补充文件、技术要求等)为依据,结合工厂制作条件、运输条件,考虑现场拼装、安装方案、设计分区及土建条件,向建筑施工单位或制造加工单位提供的用于加工和安装施工的图纸资料。简单地说,它就是要把工程中每根构件的详细信息(如构件形状、数量、质量等)尽可能地完整表达出来,将设计图纸进一步详细转换为工厂制作和工地安装用的图纸,使普通工人能够看懂、看明白,继而进行工厂加工、工地安装。

深化设计详图是指用图样确切、直观地表示出构件的结构形状、尺寸大小和技术要求的技术文件。根据钢结构设计制图阶段的不同,钢结构的制图可分为钢结构设计图与钢结构深化设计详图两个阶段。钢结构设计图应由具有相应设计资质级别的设计单位设计完成,钢结构深化设计详图由具有相应设计资质级别的钢结构加工制造企业或委托设计单位完成。

### 13.4.2　加工制作

加工制作是钢结构施工的重要环节,制作质量的好坏直接影响工程质量的好坏。下面重点介绍超高层钢构件加工的方法、质量控制以及典型工程构件的加工制作。

待深化图出图、制作材料采购、技术准备等均完毕后,便可进行钢结构构件的加工制作了。从材料到位到构件出厂,一般需要经历下面 9 道工序。

(1)钢板矫正

为保证钢构件的加工制作质量,在钢板有较大弯曲、凹凸不平等问题时应进行矫正。钢板矫正时优先采用矫正机对钢板进行矫正(图 13.20),当矫正机无法满足时采用液压机进行钢板的矫正(图 13.21)。

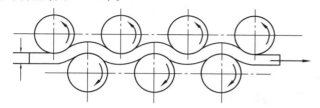

图 13.20 多辊矫正机矫正板材

图 13.21 液压矫正机

(2)放样、号料

钢构件深化完成之后,其尺寸只是最终成品的尺寸,由于加工时需要考虑焊接变形、起拱等因素,所用钢板尺寸往往要大于其成品尺寸,故需要将构件成品尺寸换算成加工所用钢板尺寸,此过程即为放样。号料是指把已经展开的零件的真实形状及尺寸,通过样板、样箱、样条或草图画在钢板或型材上的工艺过程。

(3)钢材切割

号料工作完成之后,即可进行钢板或型材的切割加工(图 13.22)。常用的钢材切割方法有机械切割、火焰切割(气割)、等离子切割等。机械切割是指使用机械设备(如剪切机、锯切机、砂轮切割机等),对钢材进行切割,一般用于型材及薄钢板的切割。火焰切割(气割)是指利用气体(氧气-乙炔、液化石油气等)火焰的热能,将工件切割处预热到一定温度后,喷出高速切割氧流,使材料燃烧并放出热量,从而实现切割的方法,主要用于厚钢板的切割。等离子切割是利用高温等离子电弧的热量使工件切口处的金属局部熔化(和蒸发),并借高速等离子的动量排除熔融金属以形成切口的一种加工方法,通常用于不锈钢、铝、铜、钛、镍钢板的切割。切割时应严格按照工艺规定进行(图 13.23)。

图 13.22 人工号料

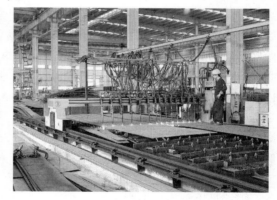

图 13.23 电脑切割生产线

(4)边缘、端部加工

边缘加工和端部加工主要是指去除钢板在切割过程中边缘发生组织变化的部分和对钢构件坡口的加工。桥梁等重要构件在下料完成之后一般会刨去 2～4 mm,以保证其质量。焊接坡口宜采用切割的方法进行,坡口尺寸用样板控制。箱型钢柱翼缘板、腹板,以及 H 型钢柱、梁翼缘板剖口加工采用半自动火焰切割机切割,为保证板材不发生侧向弯曲,宜采用两台切割机同时切割,以保证板材的直线度(图 13.24)。

（5）制孔

制孔是采用加工机具在钢板或者型钢上面加工孔的工艺作业。制孔的方法通常分为冲孔和钻孔两种。冲孔是在冲床上进行的,适用于较薄的钢板或非圆孔加工,其孔径大于钢材的厚度。钻孔是在钻床上进行的,可应用于各种厚度的钢板,具有精度高、孔壁损伤小的优点。

构件制孔主要包括普通（高强）螺栓连接孔、地脚锚栓连接孔等。孔（A、B级螺栓孔——Ⅰ类孔）的直径应与螺栓公称直径相匹配(图13.25)。

图 13.24　钢柱端面端铣加工　　　　图 13.25　数控三维钻孔机

（6）摩擦面加工

摩擦型高强螺栓连接的构件,其连接面必须具有一定的抗滑移能力,即连接面必须经过加工处理,使其抗滑移系数达到设计规定值。摩擦面的加工可采用喷砂、喷（抛）丸和砂轮打磨等方式,制作厂商可根据自有设备选择处理方式,但其抗滑移系数必须达到设计规定值。处理后的摩擦面不能有毛刺,不允许再次打磨或撞击、碰撞。应妥善保护处理好的摩擦面,并做好防油污和防损伤等措施。构件出厂前应做抗滑移系数试验,符合设计值要求才能出厂。同时,不同规格螺栓应按批提供同材质、同处理方法的3套试件,以供安装单位复验使用(图13.26)。

（7）组装

构件组装必须按照工艺流程的规定进行,组装要严格按顺序进行。组装顺序应根据结构形式、焊接方法和焊接顺序等因素确定。

（8）焊接

焊接是钢结构加工制作中的关键步骤,此处不再赘述(图13.27)。

（9）钢构件除锈、防腐

钢材在热轧过程中,与空气中的氧气发生氧化反应后,表面会形成一层完整、致密的氧化皮。之后在运输和储存时,钢材表面会吸附空气中的水分。由于钢中含有一定比例的碳和其他元素,因此在钢材表面会形成无数的微电池而发生电化锈蚀,使钢材表面产生锈斑。清除钢材表面锈斑的工艺即为除锈,防止钢材表面因为与氧气和水接触产生锈斑的方法即为防腐。钢构件表面除锈方法分为手工除锈、动力工具除锈、喷射或抛射除锈、火焰除锈等(图13.28)。钢结构涂装方法包括刷涂法、手工滚涂法、空气喷涂法和高压无气喷涂发,构件在工厂涂装时一般采用喷涂法(图 13.29)。

图 13.26　高强螺栓连接施工

图 13.27　广州电视塔外筒钢结构焊接施工

图 13.28　喷砂除锈

图 13.29　喷涂法进行涂装

图 13.30 为某工程钢管柱加工制作组装流程。

加工制作步骤1：零件下料切割

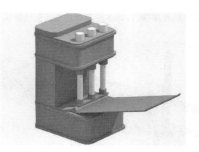

加工制作步骤2：钢板压头预压

加工制作步骤3：预弯后切割余量和坡口

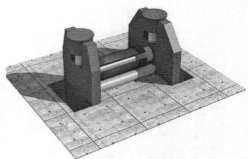

加工制作步骤4：钢管小段节加工成型

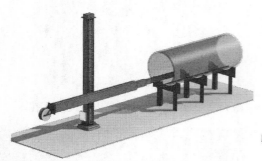

加工制作步骤5：筒体段节纵缝内部焊接

加工制作步骤6：筒体段节纵缝外部焊接

加工制作步骤7：筒体段节焊后重新滚压矫正

加工制作步骤8：筒体段节对接接长及环缝焊接

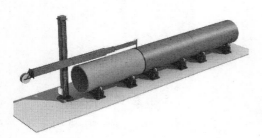

加工制作步骤9：筒体段节对接接长及环缝焊接

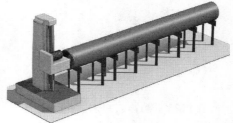

加工制作步骤10：钢柱二端面进行端铣加工

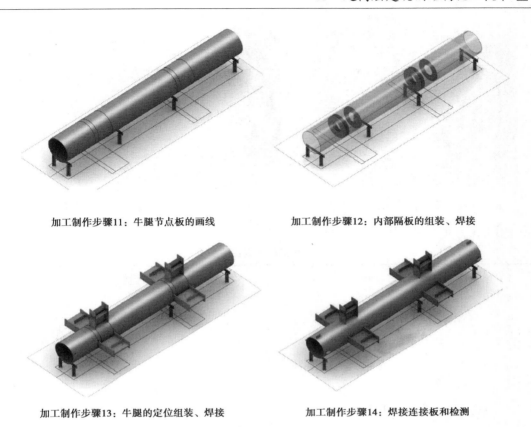

加工制作步骤11：牛腿节点板的画线　　　　加工制作步骤12：内部隔板的组装、焊接

加工制作步骤13：牛腿的定位组装、焊接　　　加工制作步骤14：焊接连接板和检测

图 13.30　某工程钢管柱加工制作组装流程

# 13.5　预拼装技术

为了检验构件工厂加工精度能否保证现场拼装、安装的质量要求，确保下道工序的正常运转和安装质量达到规范及设计的要求，确保现场一次拼装和吊装成功，减少现场拼装和安装误差，部分复杂构件在出厂时需做预拼装。超高层钢结构中，一般需要进行工厂预拼装的构件包括周边桁架、伸臂桁架、巨型钢柱、钢板剪力墙以及一些复杂节点。

预拼装技术与
钢结构运输

预拼装一般采用两种方法：一是真实构件现场预拼装，二是计算机模拟预拼装。

## 13.5.1　现场预拼装

现场预拼装是将制作好的构件通过事先准备好的胎架，通过临时连接，组装成现场安装时的模样，再进行放线、测量，检验其是否满足设计和安装规范要求。

构件预拼装时，通常采用汽车吊或者龙门吊吊装构件，构件吊装就位后，通过安装螺栓或者点焊的方式将构件临时连接。预拼装时，需要有专职测量员进行全程测量跟踪，并做好过程记录。同时，质检员要做好过程检查，重点检查构件连接处的错边等是否满足规范要求（图 13.31、图 13.32）。

图 13.31  平面桁架的工厂预拼装

图 13.32  钢管桁架的工厂预拼装

表 13.5 为某工程桁架预拼装方法。

表 13.5  某工程桁架预拼装方法

| 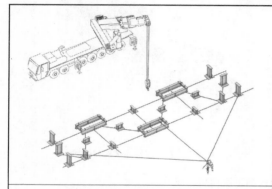 | 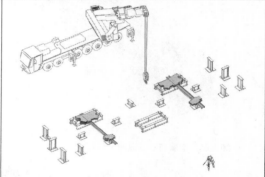 |
|---|---|
| 流程 1:设置地样。胎架地样应标明构件中心、轮廓线及端部起止线,胎架必须有足够的强度和稳定性,上口需保持水平 | 流程 2:桁架竖腹杆及节点拼装节点拼装采用全站仪进行精确定位,定位时应避免与胎架发生撞击 |
| 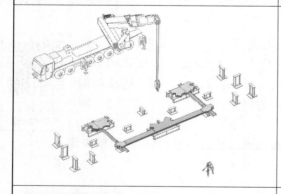 | 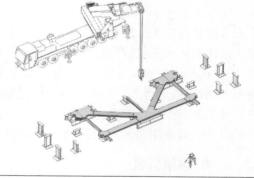 |
| 流程 3:拼装桁架下弦杆 | 流程 4:拼装桁架斜腹杆 |

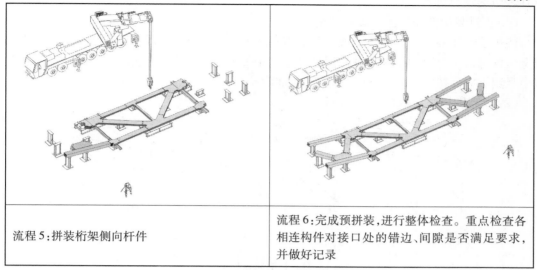

| 流程5:拼装桁架侧向杆件 | 流程6:完成预拼装,进行整体检查。重点检查各相连构件对接口处的错边、间隙是否满足要求,并做好记录 |

## 13.5.2 计算机模拟预拼装

模拟预拼装的原理是将需要预拼构件的各控制点用全站仪测出实际坐标值后导入计算机 CAD 软件中,将各控制点用线首尾相连,再将各构件实际模型控制点坐标值与模拟控制点坐标值相比较,根据实际安装控制点坐标值与模拟坐标值的相互换算进行拟合,得出构件正确的预拼装理论坐标值,同时记录相关数据,以便于现场安装。

对于拼装单元高度大、截面相对较小的长细比较大的复杂巨型柱,其预拼装可优先选择计算机模拟预拼方法。该模拟方法可以提高工厂加工效率和质量要求,在很大程度上节约人力、物力和机械设备等。

### 1)预拼装单元

图 13.33 和图 13.34 是某工程复杂巨型钢柱的预拼装单元图和预拼装单元拆分图,拟对该巨型柱进行计算机模拟预拼装。

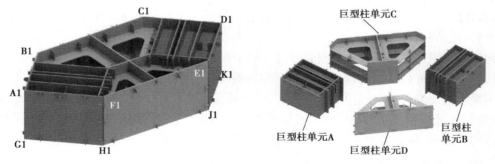

图 13.33 预拼装单元图          图 13.34 预拼装单元的拆分图

### 2)预拼装单元的划分

根据现场拼装的需求,工厂将每节巨柱划分为 A、B、C、D 四个单元来进行加工制作。

### 3）计算机模拟预拼装工艺

（1）预拼装构件控制点坐标值测量

待每节巨柱各个分段制作完成后，在构件附近设置观测点。观测点设置采用就近原则，用全站仪对每个分段的控制点进行测量并记录相关坐标值数据。从测量开始到结束，整个过程中观测点应保持固定，以确保数据测量的准确。

（2）计算机预拼装拟合（图 13.35）

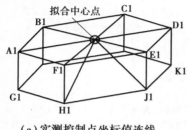 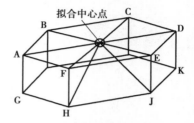

（a）实测控制点坐标值连线　　　　　　　　（b）理论控制点坐标值连线

**图 13.35　计算机预拼装拟合**

技术人员将测量过程中记录每个分段控制点坐标值导入到计算机 CAD 绘图软件中，并将各控制点 A1、B1、C1、D1、E1、F1、G1、H1、J1、K1 用线首尾相连形成线模，再将设计提供的实际线框模型通过拟合中心点最大限度进行拟合。

首先以 A 点为起始点，AD、AJ 为起始边对齐；最后以 G 为起始点，GD、GJ 为起始边进行对齐拟合操作。需注意的是：拟合起始边应尽量选择空间距离最大的两条边，并且不断地更换起始边重复拟合，选择最小偏差值。通过不断地对比重合，将理论控制点坐标值与模拟坐标值相互换算进行拟合，才能得出构件正确的实际预拼装理论坐标值。并注意，拟合中心点位置应始终保持不变。

# 13.6　钢结构运输

钢构件根据深化图纸加工制作完成后，应认真组织进行焊缝外观检查及无损检测，涂装检查，构件的外形几何尺寸核验；并为构件标注构件的安装编号标识，进行包装；还应准备好质检资料、成品检验记录。

构件的标识一般包括编号和安装基准。柱子构件编号分别标示到柱子的两个面，位置位于距柱子下端 1 m 处。梁的构件编号标识到腹板面及上翼面，位置位于距左端 1 m 处。构件编号用漏字板及醒目油漆标记于构件表面；每根柱子上必须标出柱子的轴心线和 1 m 标高线（第一节柱），还需把柱子轴心线引到柱底板的四个侧面，以便安装定位，同时必须标示方向。

待构件质量、标识检验完成后，即可进行构件的包装、发运。

## 13.6.1　构件包装

### 1）构件包装的重要性

构件包装的作用是：保护构件，避免其在运输和吊装的过程中受损坏和破坏外观；与发货清单对应,便于验货和收货时清点构件;使得运输体积紧凑,便于构件卸装。

### 2)构件包装的基本要求

包装的产品必须经产品检验合格,随行文件齐全,漆膜干燥。所有钢构件编号一律敲钢印。包装应紧凑、防护周密、安全可靠;外形尺寸和件包重量符合公路运输的有关规定和要求。依据安装顺序和土建结构的流水分段、分单元配套进行包装。装箱构件在箱内应排列整齐、紧凑、稳妥牢固、不得窜动;应固定箱,以防在运输和装卸过程中滑动和冲撞;箱的充满度不得小于80%。包装材料与构件之间应有隔离层,避免摩擦与互溶。包装应具有足够强度,能经受多次卸装、运输无损失、变形、降低精度、锈蚀、残失,能安全运输。箱上应有方向、重心和起吊标志。装箱清单中,构件号要明显标出。大件应制作托架,小件、易丢件应采用捆装和箱装。

### 3)构件包装方式与标识要求

构件上应有重心点及吊运标志:构件大于20 t时,应在构件顶面、两侧用40 mm 宽的线,画150 mm 长的"十"字标记,代表重心点;在构件侧面上标起吊位置及标记;构件油漆后,各类标记用醒目区别底漆的油漆在构件上写出,字母尺寸为50 mm×40 mm。构件单根或并列或叠放装车,应避免表面破损;相似构件,更要标识。

### 4)包装方式

对于规则构件,可考虑打包运输、零件板装箱集中运输;对于不规则构件,应采用单件裸装方式运输。

## 13.6.2 构件发运

采用平板车将构件运至运输车前沿,利用汽车吊进行构件的卸车和装车。装车时,遵循大不压小、重不压轻的原则分层装车,层间隔垫,箱装、擦装构件上下层之间用方木支撑,且应处于同一垂线上。为确保构件涂装表面不受污染,应对运输车内存留的残留物进行清理,并对挂车进行洗舱。构件发运前,所有构件加工表面应采用石油基阻化剂加以适当保护(表13.6)。

表 13.6 构件装载要求

| 序号 | 项目内容 |
|---|---|
| 1 | 钢结构运输时,按安装顺序进行配套发运 |
| 2 | 根据构件的包装方法不同,装车时也有所不同 |
| 3 | 汽车装载不允许超过行驶证中核定的载重量 |
| 4 | 装载时保证均衡平稳,捆扎牢固 |
| 5 | 运输构件时,根据构件规格、重量选用汽车,大型货运汽车载物高度从地面起控制在 4 m 内,宽度不超出箱,长度前端不超出车身,后端不超出车身2 m |
| 6 | 钢结构构件的体积超过规定时,须经有关部门批准后才能装车 |

构件装车时还必须对构件进行加固,加固材料包括木块、木楔、钢丝绳、螺旋紧固器。单件10 t以上的货物需进行垫底、加固处理,防止在运输过程中货物发生位移以及对运输车结

构造成破坏,确保运输安全。在货物与运输车的接触面上垫方形木块,对集重货物进行分力;在每件货物与运输车接触面的四角用楔夹紧,防止在运输过程中位移;在运输车挂车上焊接铁环若干,用钢丝绳将货物拴套在铁环上,采用螺旋紧固器进行紧固,防止在运输过程中由于风大、颠簸而导致货物倾露。构件较小但数量较多时,用装箱包装,如连接板、螺杆、螺栓等。运输车应有白天、夜间专用防撞、防擦挂轮廓显示,白天以红布,夜间以灯光。

发车前要将车辆的随车工具配置齐全,检查车辆的性能、强度、稳定性,保证车辆能安全使用。选择高速道路时,对要经过的收费站、桥梁、涵洞要提前勘测,避免车辆出现超高、超宽现象,避免出现特殊情况,还应选择备选路线(备选路线需提前勘测)。

# 13.7 超高层钢结构安装技术

超高层钢结构安装施工的流程通常为:确定设备→构件进场→吊装就位→测量校正→连接施工(焊接或安装螺栓)→探伤检测→下一道工序(图 13.36)。

超高层钢结构安装技术

施工设备的选定在编制施工组织设计时即完成。设备的选择通常综合考虑施工成本和结构形式,起重设备大,构件分段数量减少,施工工期减少,但施工成本高;起重设备小,构件分段数量多,对工程质量产生影响,延长施工工期。超高层建筑中,钢构件通常分为一层一节、两层一节或者三层一节(构件长度不超过 18 m),个别情况钢柱可分为一层两节。

**图 13.36　超高层钢结构安装**

超高层钢结构构件运输至现场后,钢构件根据施工组织设计的统一部署,堆放于现场,或者直接吊装就位。钢构件一般会堆放于塔吊吊装能力范围内的区域,若施工场地有限,可堆放于其他位置,并用平板车进行二次转运。

钢构件吊装就位后,需进行测量校正,主要检测构件的垂直度、标高,以及对接处错边情况,测量完毕后采用缆风绳、千斤顶等工具,校正构件至满足规范要求的位置。测量校正在超高层钢结构吊装施工中耗时比较大,通常也是施工中的重点和难点。对于形状特殊的构件,其定位及校正均存在一定难度,所以测量校正会编制专项施工方案,指导现场作业。

钢结构焊接也应编制专项方案,以指导现场施工。通常焊接前需进行焊工考试、焊接工艺评定等,焊接完成后需进行焊缝的探伤,合格后方可进行下一道工序。

近年来,随着国内超高层建筑的大量建设,在设备选择、安装方法、测量校正、焊接施工、质量控制等方面有大量创新和突破,在缩短施工工期、确保工程质量方面起到了积极的作用。

### 13.7.1　吊装施工

**1)吊点设置**

钢构件吊点的设置需综合考虑吊装简便,稳定可靠,避免钢构件变形。钢柱吊点设置在钢柱的顶部,一般设置于外侧,也有少部分设置在其他位置作为辅助吊点。钢梁设置的吊点需保证钢梁在吊装过程中的平衡,故吊点对称设置。吊点一般设置在钢梁的1/3处,吊索与钢梁夹角不得小于45°,吊索顶部夹角以60°为宜。

**2)吊装方式**

钢结构吊装时一般采用以下三种方式:

(1)设置吊耳

设置吊耳是钢结构吊装时最常用的方法,可根据设计要求,在钢结构深化设计时就在构件上设置吊装耳板。吊耳一般分为专用吊耳、专用吊具和临时连接板三种形式。钢柱的吊装耳板通常即为连接耳板或专用吊具,钢梁的吊装耳板通常为专用吊耳,设置于钢梁的翼缘上,与翼缘垂直,与腹板在同一平面。

(2)开吊装孔

开吊装孔是钢梁吊装时常用方法之一,在钢梁翼缘长向中心线边缘开设小孔,可满足吊环穿过即可。开设吊装孔可以节约钢材,且方便吊装,安全可靠。对于超长、超重钢梁,宜设置吊装耳板。

(3)捆绑吊装

捆绑吊装通常用于吊装钢梁及大型节点等,捆绑吊装方便,免去了焊接、割除耳板、开设孔洞的工序。但是捆绑吊装对钢丝绳要求较高,绑扎要极为仔细,需特别注意因绑扎问题而导致发生吊装中构件滑落的事故。绑扎吊装通常与"保护铁"联合使用,以防构件边缘处尖锐而导致钢丝绳受损,甚至被划断。

**3)钢柱吊装**

(1)首节钢柱吊装

①吊装准备。在土建单位浇筑完底板混凝土并达到一定强度后,开始进行地下部分钢柱吊装。吊装前应完成以下施工准备:根据控制网测设细部轴线并与土建测设的轴线相互参照,保证轴线测控网统一;根据测设的轴线确定钢柱安装位置,在混凝土面上弹出"十"字线和钢柱外边线并进行标注;对预埋的脚螺栓进行复核,剥去丝口保护油纸,对损坏的丝口进行修复,当锚栓偏移较大时,还应对柱底板锚栓孔进行调整。

②作业流程:

a.根据钢柱的底标高调整好螺杆上的螺帽,放置好垫块。

b.钢柱起吊时必须缓慢起钩使钢柱垂直离地。当钢柱吊到就位上方200 mm时,停机稳定,对准螺栓孔和"十"字线后缓慢下落,下落中应避免磕碰地脚螺栓丝扣。

c.当锚栓落入柱底板时,检查钢柱四边中心线与基础十字轴线的对准情况(四边要兼顾),经调整钢柱的就位偏差在3 mm以内后,再下落钢柱,使之落实。

d.通过控制柱底位移来调整钢柱的轴线偏差。利用千斤顶调整柱底中心线的就位偏差来调整柱子的垂直精度,用千斤顶校正第一节柱柱脚。

e. 收紧四个方向的缆风绳,楔紧柱脚垫铁,拧紧地脚螺栓螺母。

f. 钢柱垂直度通过揽风绳上的葫芦进行调节,钢柱校正完毕后应拧紧地脚螺栓,收紧缆风绳,并将柱脚垫铁与柱底板点焊,然后移交下道工序施工。

因核心筒结构施工先于外框结构,因此,钢结构安装应首先完成核心筒区域钢骨柱安装,为混凝土施工提供作业面,随后进行外框钢结构吊装施工。

（2）外框钢柱吊装

①吊装准备。在需要安装的钢柱的柱身上标示钢柱的安装方向,以便于工人安装。同时,在钢柱上捆绑安全爬梯。爬梯一般采用圆钢制作,禁止使用螺纹钢制作。已完成安装的楼层作业面应满铺安全网,临边和洞口应拉设安全绳。

②钢柱吊装。将钢柱吊点设置在钢柱的上部,采用卡环吊装。吊装前,下节钢柱顶面和本节钢柱底面的渣土和浮锈必须清除干净（图13.37）。

图 13.37　安装前柱底除锈清理

钢柱吊装到位后,钢柱的中心线应与下面一段钢柱的中心线吻合,并四面兼顾,活动双夹板平稳插入下节柱对应的安装耳板上,穿好连接螺栓,连接好临时连接夹板,并及时拉设缆风绳进一步对钢柱进行稳固。钢柱临时固定完成后即可进行初校,以便钢梁的安装（图13.38、图13.39）。

图 13.38　钢柱的吊装

图 13.39　钢柱的校正

③钢柱的校正:

a. 利用全站仪进行上部钢柱的柱顶标高以及轴线定位。超高层施工现场作业面较小,可以制作专用工具将全站仪、激光反射棱镜固定在钢柱顶部进行操作。

b. 采用两台经纬仪分别置于相互垂直的轴线控制线上（借用1 m线）测量钢柱垂直度。精确对中整平后,后视前方的同一轴线控制线并固定照准部,然后纵转望远镜,照准钢柱头上的标尺并读数。与设计控制值相比后,判断校正方向并指挥吊装人员对钢柱进行校正,直到两个正交方向上均校正到正确位置为止。

钢柱垂直度的校正采用缆风绳,沿钢柱三个方向分别设置倒链用于此方向的垂直度调整（图 13.40）。

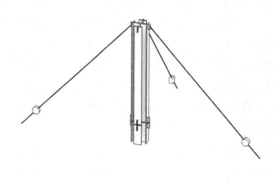

图 13.40　整体校正示意图

④两节钢柱对接时,接口处错边量不应大于 3 mm。检查时用直尺进行测量,当不满足要求时,在下面一节钢柱上焊接马板,并用千斤顶校正上部钢柱的接口（图 13.41）。

⑤钢柱安装注意事项如下:

a. 钢柱吊装应按照各分区的安装顺序进行,并及时形成稳定的结构体系,如图 13.42 所示。

b. 校正时应对轴线、垂直度、标高、焊缝间隙等因素进行综合考虑,每个项目的偏差值都要达到设计及规范要求。

c. 每节柱的定位轴线以地面控制线为基准线引上,不得从下层柱的轴线引上。

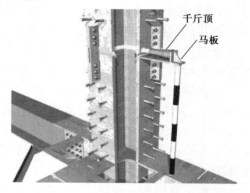

图 13.41　钢柱错边校正示意图

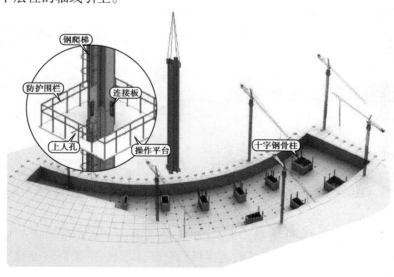

图 14.42　某工程钢柱安装示意图

d. 结构的楼层标高可按相对标高进行,安装第一节柱时,从基准点引出控制标高在混凝土基础或钢柱上,以后每次都使用此标高,以确保结构标高符合设计及规范要求。

e. 在形成空间刚度单元后,及时向下道工序移交工作面。

f. 上下节钢柱之间的连接板待全部焊接完成后割除(预留约 5 mm,不得损伤母材),然后打磨光滑,涂上防锈漆。

g. 起吊前钢构件应横放在垫木上,起吊时不得使构件在地面上有拖拉现象。回转时需有一定的高度,起钩、旋转、移动三个动作应交替进行,就位时缓慢下落。

h. 下节钢柱顶面和上节钢柱底面的渣土和浮锈要清除干净,以确保焊接质量。

### 4)钢梁吊装

①吊装前准备。吊装前,应对钢梁定位轴线、标高、钢梁的标号、长度、截面尺寸、螺孔直径及位置、节点板表面质量等进行全面复核,符合要求后,才能进行安装。用钢丝刷清除摩擦面上的浮锈,保证连接面上平整,无毛刺、飞边、油污、水、泥土等杂物。梁端节点采用栓-焊连接时,将腹板的连接板用安装螺栓连接在梁的腹板相应位置处并与梁齐平,不能伸出梁端。节点连接用的螺栓,按所需数量装入帆布包内捆扎在梁端节点处,一个节点用一个帆布包。

②钢梁的起吊、就位与固定。钢柱临时固定好后即可进行钢梁的安装工作,使之形成稳定的框架结构。钢梁的安装操作顺序如下:

a. 将钢梁吊至安装点处缓慢下降,使梁平稳就位,等梁与牛腿对准后,用冲钉穿孔作临时就位对中,并将另一块连接板移至相对位置穿入冲钉中,将梁两端打紧逼正,节点两侧各穿入不少于1/3 的普通螺栓临时加以紧固。

b. 每个节点上使用的临时螺栓和冲钉不少于安装总孔数的1/3,临时螺栓不少于 2 套,冲钉不宜多于临时螺栓的30%。

c. 调节好梁两端的焊接坡口间隙,并用水平尺校正钢梁与牛腿上翼缘的水平度。达到设计和规范规定后,拧紧临时螺栓,将安全绳拴牢在梁两端的钢柱上。

d. 在完成一个独立单元柱与框架梁的安装后即可进行次梁和小梁的安装。为了加快吊装速度,次梁安装可以采用串吊的方法进行(图 13.43)。

图 13.43　钢梁串吊

e. 在任何一个单元钢柱与框架梁安装时,必须校正钢柱。柱间框架梁调整校正完毕后,将各节点上安装螺栓拧紧,使各节点处的连接板贴合好,以保证更换高强度螺栓的安装要求。钢梁安装示意图如图 13.44 所示。

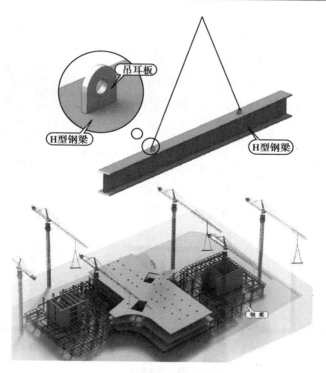

图 13.44　某工程钢梁安装示意图

③吊装注意事项如下：

a. 每节框架吊装时，必须先组成整体框架，次要构件可后安装。应尽量避免单柱长时间处于悬臂状态，应尽早使框架形成，增加吊装阶段的稳定性。

b. 每节框架施工时，一般是先栓后焊，按先顶层梁、其次为底层梁、最后为中间层梁的操作顺序，使框架的安装质量能得到较好控制。

c. 每节框架梁焊接前，应先分析框架柱子的垂直度偏差情况，有目的地选择偏差较大的柱子部位的梁先进行焊接，以减小焊接后产生的收缩变形，利于减少柱子的垂直度偏差。

d. 每节框架内的钢楼梯及金属压型板，应及时随框架吊装进展而进行安装。这样既可解决局部垂直通道和水平通道问题，又可起到安全隔离层的作用，给施工现场操作带来许多方便。

# 13.8　工程案例:天津 117 大厦

## 13.8.1　工程概况

天津 117 大厦为大型超高层建筑,总建筑面积约 37 万 m²,建筑物高度约为 597 m,共 117 层,有 3 层地下室。地下室钢结构主要包括位于大楼四个角部的 4 根巨型钢柱、8 根箱型柱、钢板剪力墙、H 型劲性钢柱、H 型钢梁等,如图 13.45 所示。

### 13.8.2　焊接 H 型钢加工制作

117 大厦地下室非标 H 型钢梁规格为 BH400×400×20×35、BH700×400×14×25、BH500×200×10×16。工程大部分焊接 H 型钢均通过 H 型钢组立机进行自动组立。

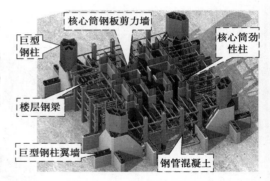

**图 13.45　天津 117 大厦钢结构分布**

**1）加工制作方案**

采用 H 型钢生产线进行组焊时,首先在 H 型钢自动组立机上将腹板和其中一块翼缘板组装成 T 型,然后再将 T 型与另一块翼缘板组装在一起（图 13.46）。

腹板与翼板⊥型组装　　　T型与翼板组装　　　H型钢

**图 13.46　H 型钢组焊**

焊接 H 型钢采用胎架进行组焊时,胎架设置应考虑到可重复循环利用性。在胎架上设置可调节垫块,这样可以对不同规格的 H 型钢用同一胎架进行组装,不仅提高了工作效率,同时也节省了措施费用。组装时,借助刚性胎架和千斤顶将 H 型钢翼缘和腹板顶紧,然后定位焊接。H 型钢组立合格后转入焊接胎架进行正式焊接（图 13.47）。

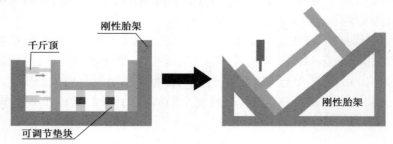

**图 13.47　H 型钢焊接胎架**

**2）焊接 H 型钢加工制作流程**

焊接 H 型钢加工制作流程如图 13.48 所示。

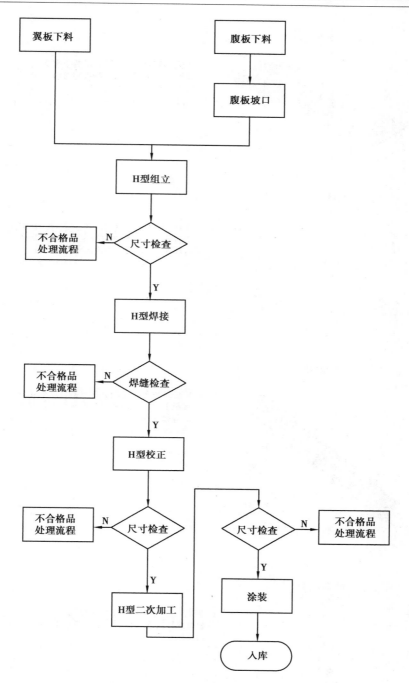

**图 13.48　焊接 H 型钢加工制作流程**

H 型钢自动组立制作工艺和方法如图 13.49 所示。

超厚、特厚板 H 型钢制作工艺和方法如图 13.50 所示。

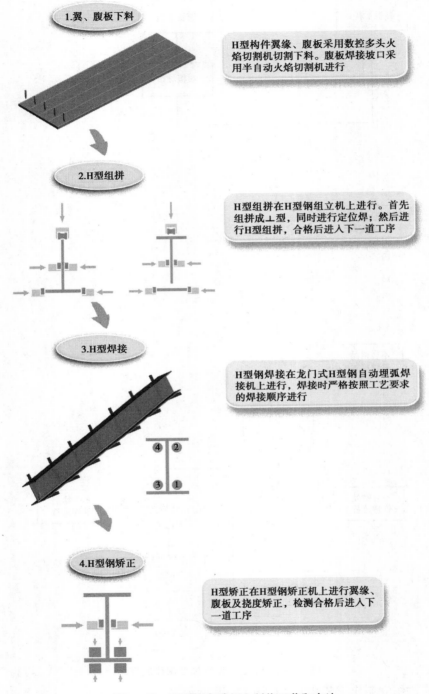

**1.翼、腹板下料**

H型构件翼缘、腹板采用数控多头火焰切割机切割下料。腹板焊接坡口采用半自动火焰切割机进行

**2.H型组拼**

H型组拼在H型钢组立机上进行。首先组拼成⊥型，同时进行定位焊；然后进行H型组拼，合格后进入下一道工序

**3.H型焊接**

H型钢焊接在龙门式H型钢自动埋弧焊接机上进行，焊接时严格按照工艺要求的焊接顺序进行

**4.H型钢矫正**

H型矫正在H型钢矫正机上进行翼缘、腹板及挠度矫正，检测合格后进入下一道工序

图13.49　H型钢自动组立制作工艺和方法

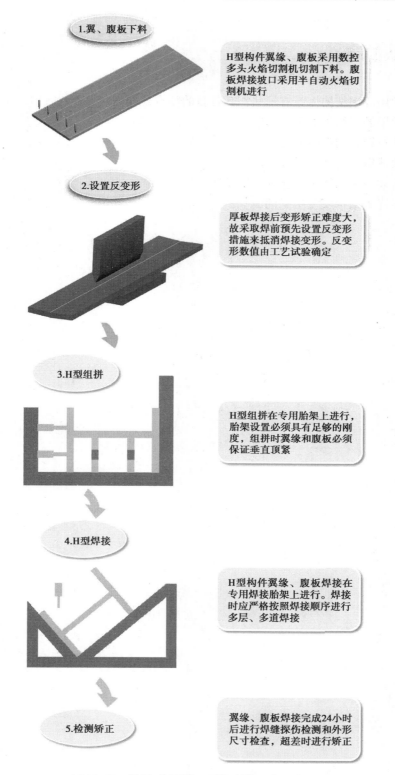

**1.翼、腹板下料**

H型构件翼缘、腹板采用数控多头火焰切割机切割下料。腹板焊接坡口采用半自动火焰切割机进行

**2.设置反变形**

厚板焊接后变形矫正难度大，故采取焊前预先设置反变形措施来抵消焊接变形。反变形数值由工艺试验确定

**3.H型组拼**

H型组拼在专用胎架上进行，胎架设置必须具有足够的刚度，组拼时翼缘和腹板必须保证垂直顶紧

**4.H型焊接**

H型构件翼缘、腹板焊接在专用焊接胎架上进行。焊接时应严格按照焊接顺序进行多层、多道焊接

**5.检测矫正**

翼缘、腹板焊接完成24小时后进行焊缝探伤检测和外形尺寸检查，超差时进行矫正

图 13.50 超厚、特厚板 H 型钢制作工艺和方法

## 复习思考题

13.1　常用的钢结构体系有哪些？其各自的特点是什么？

13.2　常用的钢结构类型有哪些？

13.3　建筑钢材的产品种类有哪些？

13.4　简述钢结构深化设计的内容。

13.5　简述钢结构加工制作的一般工序。

13.6　简述钢结构安装施工的流程。

# 14

# 装配式混凝土结构施工技术

[本章基本内容]

重点介绍装配式建筑的定义、系统构成以及基本特征,重点讲解装配式混凝土结构的相关施工技术。

[学习目标]

(1)了解:装配式建筑的系统构成。

(2)熟悉:装配式建筑的定义和基本特征;装配式混凝土结构的定义。

(3)掌握:装配式建筑的常用术语和钢筋套筒灌浆连接技术。

长期以来,我国建筑业主要采用现场施工的方式,即从搭设脚手架、支设模板、绑扎钢筋到混凝土的浇筑,大部分工作都在施工现场由人工来完成。这种方式劳动强度大,施工现场混乱,建筑材料消耗量大,现场产生的建筑垃圾较多,对周围的环境有较大影响。而且随着劳动力成本的不断上涨,以低廉的劳动力价格为基础的现场施工生产方式正日益受到挑战,而近年来装配式建筑越来越受到业界的关注。与普通现浇结构的现场施工相比,装配式建筑的装配化施工具有施工方便、工程进度快、对周围环境影响小且构件的质量容易得到保证等优点。装配式过去主要在工业建筑中应用较多,但近年来开始在民用建筑特别是住宅建筑中采用。随着我国城市化进程的加快,装配式建筑也迎来了新的发展契机。

## 14.1 装配式建筑概述

### 14.1.1 装配式建筑的定义

装配式建筑的基本概念一般可以从狭义和广义两个不同角度来理解或定义。

　　从狭义上理解和定义,装配式建筑是指用预制部品、部件,通过可靠的连接方式在工地装配而成的建筑。在通常情况下,建筑技术角度的装配式建筑,一般都按照狭义上来理解和定义。

装配式建筑概述

　　从广义上理解和定义,装配式建筑是指用工业化建造方式建造的建筑。工业化建造方式主要是指在房屋建造全过程中采用以标准化设计、工业化生产、装配化施工、一体化装修和信息化管理为主要特征的建造方式。

　　工业化建造方式应具有鲜明的工业化特征,各生产要素(包括生产资料、劳动力生产技术、组织管理、信息资源等)在生产方式上都能充分体现专业化、集约化和社会化。

### 14.1.2　装配式建筑的系统构成

　　按照系统工程理论,可将装配式建筑看作一个由若干子系统集成的复杂系统,主要包括主体结构系统、外围护系统、内装修系统、机电设备系统四大系统,如图14.1所示。

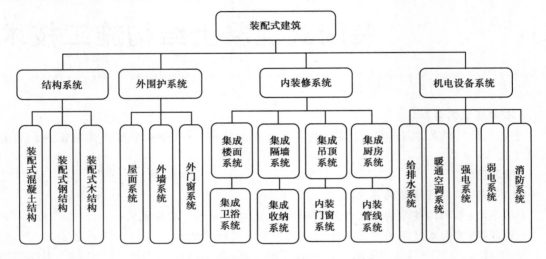

图14.1　装配式建筑系统构成与分类图框

#### 1)主体结构系统

　　主体结构系统按照建筑材料的不同,可分为装配式混凝土结构、装配式钢结构、木结构建筑和各种组合结构。其中,装配式混凝土结构是装配式建筑中应用量最大、涉及建筑类型最多的结构体系,包括装配式框架结构体系、装配式剪力墙结构体系、装配式框架-现浇剪力墙(核心筒)结构体系等。

#### 2)外围护系统

　　外围护系统由屋面系统、外墙系统、外门窗系统等组成。其中,外墙系统按照材料与构造的不同,可分为幕墙类、外墙挂板类、组合钢(木)骨架类等多种装配式外墙围护系统。

#### 3)内装修系统

　　内装修系统主要由集成楼地面系统、隔墙系统、吊顶系统、厨房系统、卫浴系统、收纳系统、门窗系统和内装管线系统等8个子系统组成。

**4）机电设备系统**

机电设备系统包括给排水系统、暖通空调系统、强电系统、弱电系统、消防系统和其他系统等。按照装配式的发展思路，设备和管线系统的装配化应着重发展模块化的集成设备系统和装配式管线系统。

### 14.1.3　装配式建筑的基本特征

装配式建筑集中体现了工业化建造方式，其基本特征主要体现在标准化设计、工厂化生产、装配化施工、一体化装修和信息化管理（简称"五化"）。

**1）标准化设计**

标准化是装配式建筑所遵循的设计理念，是工程设计的共性条件，主要是采用统一的模数协调和模块化组合方法，使各建筑单元及构配件等具有通用性和互换性，满足少规格、多组合的原则，符合适用、经济、高效的要求。

**2）工厂化生产**

工厂化生产是指采用现代工业化手段，实现施工现场作业向工厂生产作业的转化，形成标准化、系列化的预制构件和部品，完成预制构件、部品精细制造的过程。

**3）装配化施工**

装配化施工是指在现场施工过程中，使用现代机具和设备，以构件、部品装配施工代替传统现浇或手工作业，实现工程建设装配化施工的过程。

**4）一体化装修**

一体化装修是指建筑室内外装修工程与主体结构工程紧密结合，装修工程与主体结构一体化设计，采用定制化部品部件实现技术集成化、施工装配化，施工组织穿插作业、协调配合。

**5）信息化管理**

信息化管理是指以 BIM 信息化模型和信息化技术为基础，通过设计、生产、运输、装配、运维等全过程信息数据的传递和共享，在工程建造全过程中实现协同设计、协同生产、协同装配等信息化管理。

装配式建筑的"五化"特征是有机的整体，是一体化的系统思维方法，是五化一体的建造方式。在装配式建筑的建造全过程中通过"五化"的表征，全面、系统地反映了工业化建造的主要环节和组织实施方式。

### 14.1.4　常用的术语

**1）装配率**

装配率是指装配式建筑中预制构件、建筑部品的数量（或面积）占同类构件或部品总数量（或面积）的比率，用于表征装配式建筑的主体结构、围护结构和室内装修的构件部品装配化程度。

**2）预制率**

预制率是指装配式建筑±0.000 标高以上主体结构中预制部分的混凝土用量占对应构件

混凝土用量的体积比,用于表征装配式建筑主体结构的装配化程度。

预制率计算公式如下:

$$\rho_v = \frac{V_1}{V_1 + V_2} \times 100\% \tag{14.1}$$

式中　$\rho_v$——装配式建筑的预制率;

　　　$V_1$——±0.000 标高以上的主体结构和围护结构中,预制构件部分的混凝土用量(体积);

　　　$V_2$——±0.000 标高以上的主体结构和围护结构中现浇混凝土的用量(体积)。

**3)建筑部品**

建筑部品(或装修部品)一词主要来源于日文。在 20 世纪 90 年代初期,我国建筑科研、设计机构学习借鉴日本的经验,并结合我国实际,从建筑集成技术化的角度,提出了建筑部品这一概念。

建筑部品是指由建筑材料或单个产品(制品)和零配件等,通过设计并按照标准在现场或工厂组装而成,且具有独立功能的建筑产品,例如集成卫浴、整体屋面、复合墙体、组合门窗等。建筑部品主要由主体产品、配套产品、配套技术和专用设备四部分构成。其中:

①主体产品是指在建筑中某特定部位能够发挥主要功能的产品。主体产品应具有规定的功能和较高的技术集成度,具备生产制造模数化、尺寸规格系列化、施工安装标准化的程度。

②配套产品是指主体产品应用所需的配套材料、配套件。配套产品要符合主体产品的标准和模数要求,应具备接口标准化、材料设备专用化、配件产品通用化的程度。

③配套技术是指主体产品和配套产品的接口技术规范和质量标准,以及产品的设计、施工、维护、服务规程和技术要求等。

④专用设备是指主体产品和配套产品在整体装配过程中所采用的专用工具和设备。

# 14.2　装配式混凝土结构

## 14.2.1　基本概念

装配式混凝土结构是由预制混凝土构件通过各种可靠的连接方式装配而成的混凝土结构,包括装配整体式混凝土结构和全装配混凝土结构。其中,装配整体式混凝土结构是由预制混凝土构件通过后浇混凝土、水泥基灌浆料等可靠连接方式形成整体的装配式结构;全装配混凝土结构是由预制混凝土构件通过连接部件、螺栓等方式装配而成的混凝土结构。高层建筑上的应用以装配整体式混凝土结构为主,包括装配整体式混凝土框架结构、装配整体式混凝土剪力墙结构、装配整体式框架-现浇剪力墙结构和装配整体式框架-现浇筒体结构等结构类型。装配整体式混凝土结构的可靠性、耐久性和整体性等性能要求等同现浇混凝土结构,也称为"等同现浇"的设计方法。

装配式混凝土
结构

装配整体式混凝土结构中,结构预制构件有叠合板、叠合梁、预制柱、预制剪力墙、预制楼梯和预制阳台等;非结构构件则有预制外挂墙板、预制填充墙、预制女儿墙和预制空调板等。

预制构件设计时,需要遵循少规格、多组合的原则。预制构件的连接部位一般设置在结构受力较小的部位,其尺寸和形状的确定原则主要有:

①满足建筑使用功能、模数、标准化的要求,并进行优化设计。

②根据预制构件的功能、安装和制作及施工精度等要求,确定合理的公差。

③满足制作、运输、堆放、安装及质量控制要求。

预制构件的设计计算包括持久设计状况、地震设计状况和短暂设计状况。对于持久设计状况,主要对预制构件进行承载力、变形、裂缝控制验算;对于地震设计状况,需对预制构件进行承载力验算;对于制作、运输、堆放、安装等短暂设计状况下的预制构件验算,应符合国家现行标准《混凝土结构工程施工规范》(GB 50666—2011)和《装配式混凝土结构技术规程》(JGJ 1—2014)的有关规定。此外,叠合梁、叠合板等水平叠合受弯构件,需按照施工现场支撑布置的具体情况,进行整体计算或二阶段受力验算。

国内目前广泛应用的装配整体式的混凝土结构,其连接节点的构造具有以下主要特点:连接节点区域钢筋构造与现浇混凝土结构的要求一致,都需要满足混凝土结构的基本要求;连接节点区域的混凝土后浇部分或纵向受力钢筋采用灌浆套筒连接、浆锚搭接连接等连接方式;结构设计遵循"强接缝、弱构件"的原则,一般采用叠合式楼盖系统,以加强楼盖整体刚度。钢筋套筒灌浆连接是装配整体式混凝土结构中竖向构件的主要连接方式之一,是指在预制混凝土构件内预埋的金属套筒中插入钢筋并灌注水泥基灌浆料而实现的钢筋连接方式。另外,在装配整体式混凝土结构设计和施工时,应注意不能机械化地照搬现浇混凝土结构的构造措施,应充分考虑对装配结构的特点,并形成与之相适应的现场施工组织管理模式。

我国在装配式混凝土结构的设计、制作、施工和验收等方面已形成相对完善的标准规范体系,可有效指导装配式混凝土结构的建造。装配式混凝土结构相关的国家现行技术标准有《装配式混凝土建筑技术标准》(GB/T 51231—2016)、《装配式混凝土结构技术规程》(JGJ 1—2014)、《混凝土结构设计规范》(GB 50010—2015)、《混凝土结构工程施工规范》(GB 50666—2011)、《建筑抗震设计规范》(GB 50011—2010)、《混凝土结构工程施工质量验收规范》(GB 50204—2015)、《钢筋套筒灌浆连接技术规程》(JGJ 355—2015)以及《高层建筑混凝土结构技术规程》(JGJ 3—2010)等。

## 14.2.2　混凝土预制构件的生产

预制混凝土构件的生产制作主要在工厂或符合条件的现场进行。预制构件类型按照建筑类型划分,一般分为市政构件和房屋构件;按照构件结构类型划分,一般分为预应力混凝土构件和普通混凝土构件。预制构件工厂的建设规模和设备选型,主要根据工厂生产的构件类型和工程的实际需要,分别采用自动化流水生产线、固定模台生产线等工艺流程。不同的预制构件类型具有不同的生产工艺流程、机械设备、制作方法和技术标准。

**1)预制构件工厂规划**

预制构件工厂的规划建设应充分考虑构件生产能力、成品堆放、材料、运输、水源、电力和环境等各项因素,合理规划场内构件生产区、办公生活区、材料存放区、构件堆放区。

(1)标准构件厂的基本条件

一般标准预制构件工厂占地面积为 10 万 ~ 20 万 m²。其中:厂房占地面积约 3 万 m²,构件堆场占地面积 4 万 ~ 6 万 m²。标准工厂通常设有 5 条生产线,年生产能力设定为 10 万 ~

15 万 m³,包括自动化预制叠合板生产线、自动化内外墙板生产线、自动化钢筋加工生产线、固定模台生产线等。构件运输覆盖半径一般控制为 0 ~ 200 km。

（2）标准构件厂规划建设内容

①构件生产区,包括构件厂房、构件堆放、构件展示等。

②办公生活区,包括办公楼、实验室、员工宿舍、食堂、活动场地、门卫等。

③附属设施用房,包括锅炉房、配电房、柴油机发电房、水泵房等。

④其他区域用地,包括厂区绿化、道路、停车位等。

⑤标准构件厂规划建设内容如图 14.2 和图 14.3 所示。

图 14.2　标准预制构件工厂总体规划图

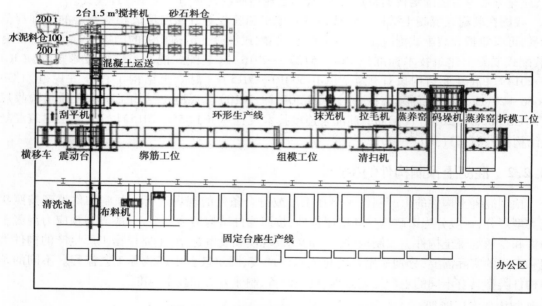

图 14.3　标准预制构件厂生产线布置图

## 2）构件生产工艺流程

（1）自动化生产线工艺流程

自动化生产线一般分为八大系统:钢筋骨架成型、混凝土拌和供给系统、布料振捣系统、养护系统、脱模系统、附件安装与成品输送系统、模具返回系统、检测堆码系统。

在模台生产线上设置了自动清理机、自动喷油机(脱模剂)、画线机和模具安装、钢筋骨架或桁架筋安装、质量检测等工位,全过程进行自动化控制,循环流水作业。

相比固定台模生产线,自动化生产线的产品精确度和生产效率更高,成本费用更低,特别是人工成本投入将比传统生产线节省50%。

(2)固定模台工艺

固定模台工艺包括固定平模工艺和固定立模工艺。

固定平模工艺是指构件的加工与制作是在固定的台座上完成各道工序(清模、布筋、成型、养护、脱模等),一般生产梁、柱、阳台板、夹心外墙板和其他一些工艺较为复杂的异型构件等时会使用该工艺。

固定立模工艺的特点是模板垂直使用,并具有多种功能。模板是箱体,腔内可通入蒸汽,侧模装有振动设备。从模板上方分层灌筑混凝土后,即可分层振动成型。与平模工艺比较,立模工艺可节约生产用地、提高生产效率,而且构件的两个表面同样平整,通常用于生产外形比较简单而又要求两面平整的构件,如预制楼梯段等。立模通常成组组合使用,可同时生产多块构件。每块立模板均装有行走轮,能以上悬或下行方式作水平移动,可满足拆模、清模、布筋、支模等工序的操作需要。

**3)常用生产设备**

(1)混凝土搅拌机组

混凝土搅拌机是把水泥、砂石骨料、矿物掺合料、外加剂和水混合并拌制成混合料的机械。机组主要由物料储存系统、物料称量系统、物料输送系统、搅拌系统、粉料输送系统、粉料计量系统、水及外加剂计量系统和控制系统以及其他附属设施组成。

(2)钢筋加工设备

常用的钢筋加工设备有冷拉机、冷拔机、调直切断机、弯曲机、弯箍机、切断机、滚丝机、除锈机、对焊机、电阻点焊机、交流手工弧焊机、氩弧焊机、直流焊机、二氧化碳保护焊机、埋弧焊机、砂轮机等。

随着我国工业化、信息化的快速发展,钢筋制品的工厂化、智能化加工及配送设备得到了大力推广和应用,主要包括钢筋强化机械、自动调直切断机械、数控钢筋弯箍机械、数控钢筋弯曲机械、数控钢筋笼滚焊机械、数控钢筋矫直切断机械、数控钢筋剪切线、数控钢筋桁架生产线、柔性焊网机等。

(3)模具加工设备

常用的模具加工设备有剪板机、折弯机、冲床、钻床、刨床、磨床、砂轮机、电焊机、气割设备、铣边机、车床、矫平机、激光切割机、等离子切割机、天车等。

(4)混凝土浇筑设备

常用的混凝土浇筑设备有插入式振动棒、平板振动器、振动梁、高频振动台、普通振动台、附着式振动器等。

(5)养护设备

养护设备主要有立式养护窑、隧道养护窑、蒸汽养护罩、自动温控系统等。

(6)吊装码放设备

吊装码放设备主要有天车、汽车吊、起吊钢梁、框架梁、钢丝绳、尼龙吊带、卡具、吊钉等。

# 14.3 装配式混凝土结构施工

装配式混凝土结构的施工环节相当于工业制造的总装阶段,它是按照建筑设计的要求,将各种建筑材料、部品部件在工地装配成整体建筑的施工过程。装配建筑的施工要遵循设计、生产、施工一体化的原则,并与设计、生产、技术和管理协同配合。装配化施工组织设计及施工方案的制订要重点围绕装配化施工技术和方法。施工组织管理、施工工艺工法、施工质量控制要充分体现工业化建造方式。应通过全过程的高度组织化管理,以及全系统的技术优化集成控制,全面提升施工阶段的质量、效率和效益。

## 14.3.1 施工前期准备

### 1)施工组织设计

(1)编制原则

工程施工组织设计应具有预见性,能够客观反映实际情况,涵盖项目的施工全过程。施工组织设计要做到技术先进、部署合理、工艺成熟,并且要有较强的针对性、指导性和可操作性。

(2)编制依据

①施工组织设计的编制应遵循相关法律法规文件并符合现行国家或地方标准。

②施工组织设计的编制要依据工程设计文件及工程施工合同,结合工程特点、建筑功能、结构性能、质量要求等来进行。

③施工组织设计编制时,应结合工程现场条件,工程地质、水文地质及气象等自然条件综合考虑。

④施工组织设计的编制应结合企业自身生产能力、技术水平及装配式建筑构件生产、运输、吊装等工艺要求,合理制订工程主要施工办法及总体目标。

(3)主要编制内容

根据国家建筑施工组织设计规范要求,装配式建筑施工组织设计的主要内容包括:编制说明及依据、工程特点分析、工程概况、工程目标、施工组织与部署、施工准备、施工总平面布置、施工技术方案、相关保证措施等。

### 2)施工组织安排

(1)总体安排

根据工程总承包合同、施工图纸及现场情况,将工程划分为以下阶段:基础及地下室结构施工阶段、地上结构施工阶段、装饰装修施工阶段、室外工程施工阶段、系统联动调试及竣工验收阶段。

以装配式高层住宅建筑为例,工程施工阶段总体安排是:塔楼区(含地下室)组织顺序向上流水施工,地下室分三段组织流水施工。工序安排上,以"桩基础施工→地下室结构施工→塔楼结构施工→外墙涂料施工→精装修工程施工→系统联合调试→竣工验收"为主线,按照节点工期确定关键线路,统筹考虑自行施工与业主另行发包的专业工程的统一、协调,合理安排工序搭接及技术间歇,确保完成各节点工期。

（2）分阶段安排

①基础基地下室施工阶段:根据工程特点、后浇带位置以及施工组织,需要进行施工区段划分。地下室结构施工阶段划分为若干个区域进行施工,若干个区组织独立资源平行施工。

②主体结构施工阶段:根据地上塔楼及工业化施工特点进行区段划分,地上结构施工分为塔楼转换层以下结构施工阶段和转换层以上结构施工阶段。各塔楼再根据工程量、施工缝、作业队伍等划分施工流水段。

③竣工验收阶段:竣工验收阶段的工作任务主要包含系统联动调试、竣工验收及资料移交。

**3）施工平面布置**

施工场地布置首先应进行起重机械选型。根据起重机械类型进行施工场地布局和场内道路规划,再根据起重机械以及道路的相对关系确定构件堆场位置。装配式建筑与传统建筑施工场区布置相比,影响塔式起重机选型的因素有了一定变化,主要原因是增加了构件吊装工序,影响起重机对施工流水段及施工流向的划分。由于预制构件运输的特殊性,需对运输道路坡度及转弯半径进行控制,并应依照塔式起重机覆盖情况,综合考虑构件堆场布置。预制构件堆场的布置原则是:预制构件存放受力状态与安装受力状态一致。

## 14.3.2　施工过程及工艺

**1）施工流程**

装配式混凝土结构由水平受力构件和竖向受力构件组成。构件采用工厂化生产,在施工现场进行装配,通过后浇混凝土连接形成整体结构。其中,竖向结构主要通过灌浆套筒连接、浆锚连接或其他方式进行连接,水平向钢筋通过机械连接、绑扎锚固或其他方式进行连接,局部节点采用后浇混凝土结合,其装配化施工系统流程如图14.4所示。

**2）构件安装施工**

（1）安装前准备

装配式混凝土结构的特点之一就是有大量的现场吊装工作,其施工精度要求高,吊装过程安全隐患较大。因此,在预制构件正式安装前必须做好完善的准备工作,如制订构件安装流程,又如预制构件、材料、预埋件、临时支撑等应按国家现行有关标准及设计验收合格,并按施工方案、工艺和操作规程的要求做好人、机、料的各项准备,方能确保优质高效安全地完成施工任务。

①技术准备如下:

a.预制构件安装施工前,应编制专项施工方案,并按设计要求对各工况进行施工验算和施工技术交底。

b.安装施工前,对施工作业工人进行安全作业培训和技术交底。

c.吊装前应结合施工现场情况合理安排吊装顺序,按先外后内、先低后高的原则,绘制吊装作业流程图,便于吊装机械行走。

d.根据施工组织设计要求划定危险作业区域,在主要施工部位、作业点、危险区等都必须设置醒目的警示标志。

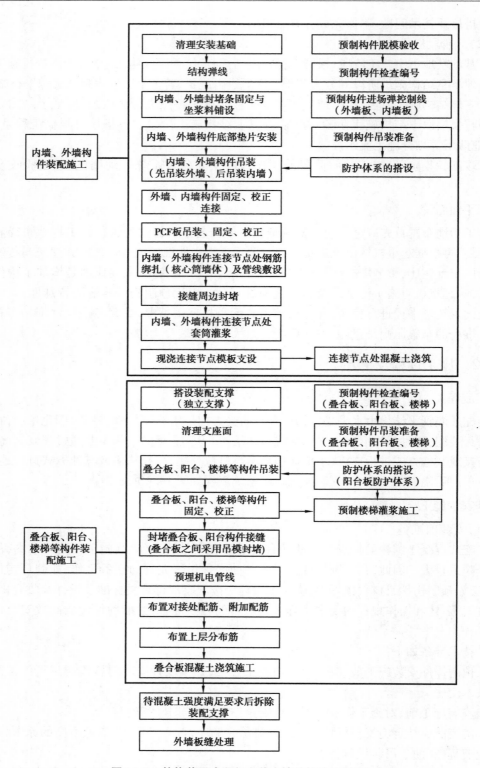

图 14.4　整体装配式混凝土剪力墙结构施工程序

②现场条件准备如下：

a. 检查构件的套筒或浆锚孔是否堵塞并清理。用手电筒补光检查，若发现异物应用气体或钢筋将异物清除。

b. 清理构件连接部位的浮灰和杂物。

c. 对于柱子、剪力墙板等竖直构件，安好调整标高的支垫，准备好斜支撑等部件。

d. 对于叠合楼板、梁、阳台板、挑檐板等水平构件，架立好竖向支撑。

e. 伸出钢筋采用机械套筒连接时，需在吊装前在伸出钢筋端部套上套筒。

f. 做好外挂墙板安装节点连接部件的准备，如果需要水平牵引，应做好牵引葫芦吊点设置、工具准备等。

g. 检验预制构件质量和性能是否符合现行国家规范要求。

h. 所有构件吊装前应做好截面控制线，以方便吊装过程中的调整和检验，以利于质量控制。

i. 安装前，复核测量放线及安装定位标识。

③机具及材料准备如下：

a. 熟悉掌握起重机械吊装参数及相关说明（吊装名称、数量、单件质量、安装高度等参数），并检查起重机械性能。

b. 安装前应对起重机械设备进行试车检验并调试合格。

c. 根据预制构件形状、尺寸及重量要求选择适宜的吊具。尺寸较大或形状复杂的构件应设置分配梁或分配桁架的吊具，并应保证吊车主钩位置、吊具及构件重心在竖直方向重合。

d. 准备牵引绳等辅助工具、材料，并确保其完好性，特别是绳索是否有破损，吊钩卡环是否有问题等。

e. 准备好灌浆料、灌浆设备、工具，调试灌浆泵。

（2）预制墙板安装

①墙板安装流程为：基础清理及定位放线→封浆条及垫片安装→预制墙板吊运→预留钢筋插入就位→墙板调整校正→墙板临时固定→砂浆塞缝→PCF板吊装固定→连接节点钢筋绑扎→套筒灌浆→连接节点封模→连接节点混凝土浇筑→接缝防水施工。

②墙板安装要求如下：

a. 预制墙板安装应设置临时斜撑，每件预制墙板安装过程的临时斜撑应不少于2道。临时斜撑宜设置调节装置，支撑点位置距离底板不宜大于板高的2/3，且不应小于板高的1/2，斜支撑的预埋件安装、定位应准确。

b. 预制墙板安装时应设置底部限位装置，每件预制墙板底部限位装置不少于2个，间距不宜大于4 m。

c. 临时固定措施的拆除应在预制构件与结构可靠连接，且装配式混凝土结构能达到后续施工要求后进行。

d. 预制墙板安装过程应符合以下要求：构件底部应设置可调整接缝间隙和底部标高的垫块；钢筋套筒灌浆连接、钢筋锚固搭接连接灌浆前应对接缝周围进行封堵；墙板底部采用坐浆时，其厚度不宜大于20 mm；墙板底部应分区灌浆，分区长度为1～1.5 m。

e. 预制墙板校核与调整应符合以下要求：预制墙板安装垂直度应满足外墙板面垂直为主；预制墙板拼缝校核与调整应以竖缝为主、横缝为辅；预制墙板阳角位置相邻的平整度校核与调整,应以阳角垂直度为基准。

③墙板安装工艺如下:

a. 定位放线:在楼板上根据图纸及定位轴线放出预制墙体定位边线及 200 mm 控制线,同时在墙体吊装前,在预制墙体上放出 500 mm 水平控制线,便于预制墙体安装过程中精确定位(图 14.5)。

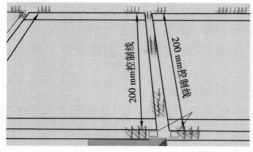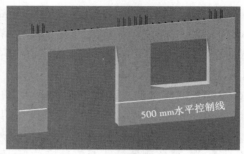

**图 14.5   楼板及墙体控制线示意图**

b. 调整偏位钢筋:预制墙体吊装前,为保证构件安装效率和质量,使用定位框检查竖向连接钢筋是否偏位,针对偏位钢筋用钢筋套管进行校正,便于后续预制墙体精确安装(图 14.6)。

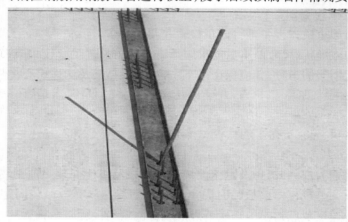

**图 14.6   钢筋偏位校正**

c. 预制墙体吊装就位:预制墙板吊装时,为了保证墙体构件整体受力均匀,采用专用吊梁(专用吊梁由 H 型钢焊接而成,根据各预制构件吊装时不同尺寸、不同的起吊点位置设置模数化吊点),确保预制构件在吊装时吊装钢丝绳保持竖直。在专用吊梁下方设置专用吊钩,用于悬挂吊索,进行不同类型预制墙体的吊装(图 14.7)。

预制墙体吊装过程中,距楼板面 1 000 mm 处减缓下落速度,由操作人员引导墙体降落。操作人员利用镜子观察连接钢筋是否对孔,直至钢筋与套筒全部连接(预制墙体安装时,按顺时针依次安装,先吊装外墙板后吊装内墙板),保证预制墙体精确安装。

d. 安装斜向支撑及底部限位装置:预制墙体吊装就位后,先安装斜向支撑(斜向支撑用于固定调节预制墙体),确保预制墙体安装垂直度;再安装预制墙体底部限位装置七字码,用于加固墙体与主体结构的连接,确保后续灌浆与暗柱混凝土浇筑时不产生位移。墙体通过靠尺校核其垂直度,确保构件的水平位置及垂直度均在允许误差 5 mm 之内,相邻墙板构件平整度允许误差为±5 mm,最后固定斜向支撑及七字码(图 14.8)。

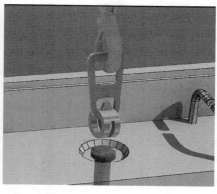

图14.7　预制墙体专用吊梁、吊钩

图14.8　垂直度校正及支撑安装

（3）预制柱安装

①安装施工流程为：预制柱进场验收→标高找平→竖向预留钢筋校正→预制柱吊装→柱安装及校正→灌浆施工。

②预制柱安装应符合下列要求：

a. 安装前应校核轴线、标高以及连接钢筋的数量、规格、位置。

b. 预制柱安装就位后，在两个方向应采用可调的斜撑作临时固定，并进行垂直度调整以及在柱子四角缝隙处加塞垫片。

c. 预制柱的临时支撑，应在套筒连接器内的灌浆料强度达到设计要求后拆除，当设计无具体要求时，混凝土或灌浆料应达到设计强度的75%以上方可拆除。

③主要安装工艺如下：

a. 标高找平：预制柱安装施工前，通过激光扫平仪和钢尺检查楼板面平整度，用铁制垫片使楼层平整度控制在允许偏差范围内。

b. 竖向预留钢筋校正：根据所弹出柱线，采用钢筋限位框对预留插筋进行位置复核，以确保预制柱连接的质量。

c. 预制柱吊装：预制柱吊装采用慢起、快升、缓放的操作方式。塔吊缓缓持力，将预制柱吊离存放架，然后快速运至预制柱安装施工层。在预制柱就位前，应清理柱安装部位基层，然后将预制柱缓缓吊运至安装部位的正上方。

d. 预制柱的安装及校正:塔吊机将预制柱下落至设计安装位置,下一层预制柱的竖向预留钢筋与预制柱底部的套筒全部连接,吊装就位后,立即加设不少于 2 根的斜支撑对预制柱临时固定,斜支撑与楼面的水平夹角不应小于 60°(图 14.9)。

**图 14.9　使用斜撑调整预制柱垂直度**

e. 灌浆施工:灌浆作业应按产品要求计量灌浆料和水的用量并搅拌均匀,搅拌时间从开始加水到搅拌结束应不少于 5 min,然后静置 2~3 min。每次拌制的灌浆料拌合物应进行流动度的检测,且其流动度应符合设计要求。搅拌后的灌浆料应在 30 min 内使用完毕。

(4)预制梁安装

①施工流程为:预制梁进场验收→按图放线→设置梁底支撑→预制梁起吊→预制梁就位微调→接头连接。

②预制梁安装应符合下列要求:

a. 梁吊装顺序应遵循先主梁后次梁、先低处后高处的原则。

b. 预制梁安装就位后应对水平度、安装位置、标高进行检查。

c. 梁安装时,主梁和次梁伸入支座的长度应符合设计要求。

d. 预制次梁与预制主梁之间的凹槽应在预制楼板安装完成后,采用不低于预制梁混凝土强度等级的材料填实。

e. 梁吊装前,柱核心区内先安装一道柱箍筋,梁就位后再安装两道柱箍筋,然后才可进行梁、墙吊装,以保证柱核心区质量。

f. 梁吊装前,应将所有梁底部标高进行统计,有交叉部分梁的吊装方案应根据先低后高的原则进行施工。

③主要安装工艺如下:

a. 定位放线:用水平仪测量并修正柱顶与梁底标高,确保其标高一致,然后在柱上弹出梁边控制线。

b. 支撑架搭设:梁底支撑采用钢立杆支撑+可调顶托,可调顶托上铺设长×宽为 100 mm×100 mm 的木方,预制梁的标高通过支撑体系的顶丝来调节。临时支撑位置应符合设计要求;若设计无要求,长度小于等于 4 m 时应设置不少于 2 道垂直支撑,长度大于 4 m 时应设置不少于 3 道垂直支撑。叠合梁应根据构件类型、跨度来确定后浇混凝土支撑件的拆除时间,强度达到设计要求后方可承受全部设计荷载。

c. 预制梁吊装:预制梁一般用两点吊,预制梁的两个吊点分别位于梁顶两侧距离两端 0.2 $L$ 梁长位置,由生产构件厂家预留。

d. 预制梁微调定位:预制梁初步就位后,借助柱上的梁定位线将梁精确校正。梁的标高通过支撑体系的顶丝来调节,调平的同时需将下部可调支撑上紧,方可松去吊钩。

e. 接头连接:混凝土浇筑前应将预制梁两端键槽内的杂物清理干净,并提前24 h浇水湿润。

(5)叠合楼板安装

①施工安装流程为:叠合板进场验收→放线→搭设板底独立支撑→叠合板吊装→叠合板就位→叠合板校正定位。

②叠合楼板安装应符合下列要求:

a. 叠合板安装前应编制支撑方案,支撑架宜采用可调工具式支撑系统,架体必须有足够的强度、刚度和稳定性。

b. 叠合板底支撑间距不应大于2 m,每根支撑之间高差不应大于2 mm,标高偏差不应大于3 mm,悬挑板外端比内端支撑宜调高2 mm。

c. 叠合楼板安装前,应复核预制板构件端部和侧边的控制线以及支撑搭设情况是否满足要求。

d. 叠合楼板安装应通过微调垂直支撑来控制水平标高。

e. 叠合楼板安装时,应保证水电预埋管(孔)位置准确。

f. 叠合楼板吊至梁、墙上方30～50 cm后,应调整板位置使板锚固筋与梁箍筋错开,根据梁、墙上已放出的板边和板端控制线准确就位,偏差不得大于2 mm,累计误差不得大于5 mm。板就位后调节支撑立杆,确保所有立杆全部受力。

g. 叠合楼板应按吊装顺序依次铺开,不宜间隔吊装。在混凝土浇筑前,应校正预制构件的外露钢筋,外伸预留钢筋伸入支座时,预留筋不得弯折。

h. 相邻叠合楼板间拼缝及预制楼板与预制墙板位置拼缝应符合设计要求并有防止裂缝的措施。施工集中荷载或受力较大部位应避开拼接位置。

③主要安装工艺如下:

a. 定位放线:预制墙体安装完成后,由测量人员根据叠合楼板板宽放出独立支撑定位线,同时根据叠合板分布图及轴网,利用经纬仪在墙体上方画出板缝位置定位线,板缝定位线允许误差为±10 mm(图14.10)。

b. 板底支撑架搭设:支撑架体应具有足够的承载能力、刚度和稳定性,应能可靠地承受混凝土构件的自重和施工过程中所产生的荷载及风荷载,支撑立杆下方应铺50 mm厚木板。

图14.10 预制楼板控制线

应确保支撑系统的间距及距离墙、柱、梁边的净距符合系统验算要求,上下层支撑应在同一直线上。在可调节顶撑上架设木方,调节木方顶面至板底设计标高,开始吊装预制楼板。

c.叠合楼板吊装就位:为了避免预制楼板吊装时因受集中应力而造成叠合板开裂,预制楼板吊装宜采用专用吊架。

叠合板吊装过程中,在作业层上空 500 mm 处减缓降落,由操作人员根据板缝定位线,引导楼板降落至独立支撑上。及时检查板底与预制叠合梁或剪力墙的接缝是否到位,以及预制楼板钢筋深入墙长度是否符合要求,直至吊装完成(图14.11)。

**图 14.11 预制楼板吊装示意图**

d.叠合楼板校正定位:根据预制墙体上的水平控制线及竖向板缝定位线,校核叠合板水平位置及竖向标高情况;通过调节竖向独立支撑,确保叠合板满足设计标高要求;调节叠合板水平位移,确保叠合板满足设计图纸水平分布要求(图14.12)。

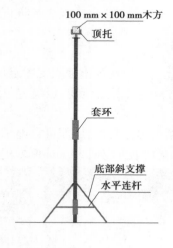

**图 14.12 预制板调整定位**

(6)预制楼梯安装

①施工安装流程为:预制楼梯进场验收→放线→垫片及坐浆料施工→预制楼梯吊装→预制楼梯校正→预制楼梯固定。

②预制楼梯安装应符合下列要求:

a.预制楼梯安装前应复核楼梯的控制线及标高,并做好标记。

b.预制楼梯支撑应有足够的强度、刚度及稳定性,楼梯就位后应调节支撑立杆,确保所有立杆全部受力。

c.预制楼梯吊装应保证上下高差相符,顶面和底面平行。

d.预制楼梯安装位置应准确,采用预留锚固钢筋方式安装时,应先放置预制楼梯,再与现浇梁或板浇筑连接成整体,并保证预埋钢筋锚固长度和定位符合设计要求。

③主要安装工艺如下:

a.放线定位:楼梯间周边梁板叠合层混凝土浇筑完工后,测量并弹出相应楼梯构件端部和侧边的控制线(图14.13)。

b.预制楼梯吊装:预制楼梯一般采用四点吊,倒链下落就位后,调整索具铁链长度,使楼梯段休息平台处于水平位置。试吊预制楼梯板,检查吊点位置是否准确,吊索受力是否均匀等,试起吊高度不应超过1 m(图14.14)。

预制楼梯吊至梁上方300~500 mm后,调整预制楼梯位置使上下平台锚固筋与梁箍筋错开、板边线基本与控制线吻合。

根据已放出的楼梯控制线,将构件根据控制线精确就位。先保证楼梯两侧准确就位,再使用水平尺和倒链调节楼梯水平。

图14.13 楼梯控制线

图14.14 预制楼梯吊装示意图

(7)外挂墙板安装

①施工安装流程为:结构标高复核→预埋连接件复检→预制外挂板起吊及安装→安装临时承重铁件及斜撑→调整预制外挂板位置、标高、垂直度→安装永久连接件→吊钩解钩。

②预制外挂板安装应符合下列要求:

a.构件起吊时要严格执行"333制",即先将预制外挂板吊起距离地面300 mm的位置后停稳30 s,相关人员要确认构件是否水平,如果发现构件倾斜,要停止吊装,放回原来位置重新调整,以确保构件能够水平起吊。另外,还要确认吊具连接是否牢靠,钢丝绳有无交错等。确认无误后,可以起吊,所有人员远离构件3 m远。

b.构件吊至预定位置附近后,缓缓下放,在距离作业层上方500 mm处停止。吊装人员用手扶预制外挂板,配合起吊设备将构件水平移动至构件吊装位置,就位后缓慢下放。吊装人员通过地面上的控制线,将构件尽量控制在边线上。若偏差较大,需重新吊起距地面50 mm处,重新调整后再次下放,直到基本达到吊装位置为止。

c.构件就位后,需要进行测量确认,测量指标主要有高度、位置、倾斜。调整顺序建议为"先高度、再位置、后倾斜"。

③主要安装工艺如下：

a.安装临时承重件：预制外挂板吊装就位后，在调整好位置和垂直度前，需要通过临时承重铁件进行临时支撑，铁件同时还起到控制吊装标高的作用(图14.15)。

b.安装永久连接件：预制外挂板通过预埋铁件与下层结构连接起来，连接形式为焊接及螺栓连接(图14.16)。

图14.15　临时铁件与外挂板连接

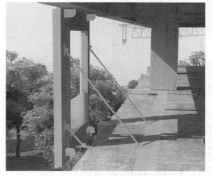

图14.16　预制外挂板安装示意图

④外墙板板缝防水处理要点如下：

a.预制外墙板连接接缝防水节点基层及空腔排水构造做法应符合设计要求。

b.预制外墙板外侧水平、竖直接缝的防水密封胶封堵前，侧壁应清理干净，保持干燥。嵌缝材料应与挂板牢固粘接，不得漏嵌和虚粘。

c.板缝防水密封胶的注胶宽度应大于厚度(图14.17)并符合生产厂家要求，密封胶应在外墙板校核固定后嵌填，先安放填充材料，然后注胶，应均匀顺直、饱满密实、表面光滑连续。

d.为防止密封胶施工时污染板面，打胶前应在板缝两侧粘贴防污胶条，注意保证胶条上的胶不得转移到板面。

e.外墙板水平缝和垂直缝的"十"字缝处300 mm范围内的防水密封胶注胶要一次完成，如图14.18所示。

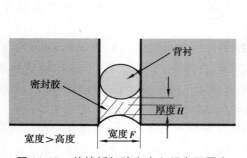

图14.17　外墙板打胶宽度必须大于厚度

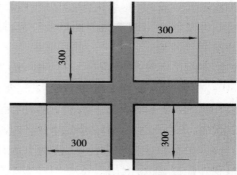

图14.18　"十"字缝处300 mm范围内注胶要一次完成

f.板缝防水施工72 h内要保持板缝处于干燥状态，禁止在冬季气温低于5 ℃或雨天进行板缝防水施工。

### 3)构件安装质量控制

装配式建筑与传统建筑的最主要区别在于装配构件体积大、安装精度高，安装阶段出现问题处理困难,甚至会造成重大损失,因此,安装前的准备工作要慎之又慎。

(1)装配施工前的质量控制要点

①预制墙板施工前必须进行钢筋套筒连接接头工艺检验,工艺检验必须在与施工同条件情况下制样,并标准养护28 d。同时,预制墙板和现场安装都必须使用工艺检验合格的钢筋套筒、钢筋和配套材料,如果施工中更换则必须重新做工艺检验、套筒进场检验。

②对于采用钢筋灌浆套筒连接的装配式剪力墙结构,预制墙体连接转换部位预埋钢筋定位的准确性难度较大,而且这也是直接影响预制墙板准确安装和施工进度的关键,所以必须提前编制详细可行的施工方案。

③钢筋混凝土梁柱节点钢筋交错密集,节点空间小,很容易发生碰撞。因此,要在设计时即考虑好各种钢筋的关系,直接设计出必要的弯折;吊装方案要按拆分设计考虑吊装顺序,吊装时则必须严格按吊装方案控制先后。

(2)施工装配过程质量控制要点

①预制构件进场必须提前进行结构性能检验和实体检验,其规定如图14.19所示。

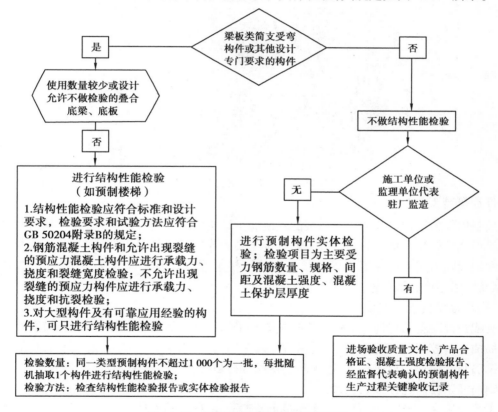

图14.19 预制构件进场检验规定框图

②装配整体式结构中预制构件和后浇混凝土的界面称为结合面,具体可分为粗糙面或设置键槽两种形式,应详细复查其粗糙面(露骨料)是否达到规范和设计要求(图14.20—图14.22)。

图 14.20　预制墙板粗糙面(水洗露骨料)图

图 14.21　叠合板粗糙面(机械拉毛)图

图 14.22　预制梁端键槽示意图

#### 4)构件连接施工

预制构件的连接施工主要是指装配式混凝土结构中相邻构件之间,通过可靠的连接技术和方式形成整体受力结构的连接施工。其中主要的连接形式是受力钢筋的连接,以及相邻构件之间的缝隙采用后浇混凝土的连接。钢筋连接类型主要有套筒灌浆连接、直螺纹套筒连接、钢筋浆锚连接和螺栓连接。

(1)钢筋套筒灌浆连接技术

装配式混凝土结构构件的钢筋连接主要是采用钢筋套筒灌浆连接方式,套筒灌浆是将带肋钢筋插入内腔带沟槽的钢筋套筒,然后灌入专用高强、无收缩灌浆料,通过灌浆料的传力作用将钢筋与套筒连接形成整体,达到高于钢筋母材强度的连接效果。

钢筋灌浆套筒连接形式包括:

①半灌浆套筒连接:半灌浆套筒连接形式是一端采用钢筋套丝机械连接,另一端插入钢筋灌浆连接。半灌浆接头主要用于预埋在预制构件中,因为其在预制构件模具及工装中能够有效地居中定位,故在装配式混凝土剪力墙结构中的剪力墙竖向钢筋连接中得到了普遍应用(图14.23)。

②全灌浆套筒连接:全灌浆套筒连接形式是钢筋从两端插入后灌浆,主要用于两个构件在后浇段的连接,以便于钢筋装配插入(图14.24)。

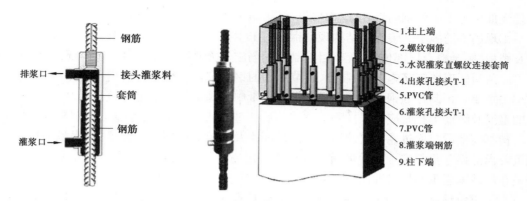

图 14.23    半灌浆套筒接头及应用示意图

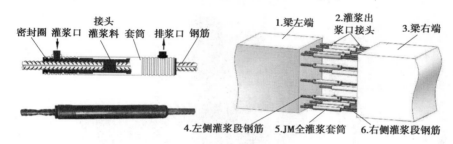

图 14.24    全灌浆套筒接头及应用示意图

钢筋套筒灌浆连接套筒按材质分为两种:一种是钢质灌浆套筒,另一种是球墨铸铁灌浆套筒,如图 14.25 和图 14.26 所示。

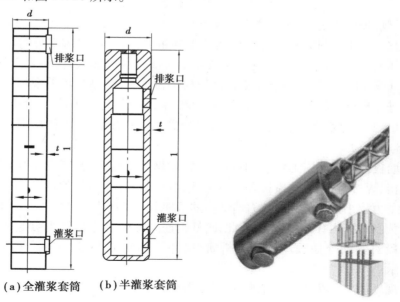

图 14.25    钢质灌浆套筒图        图 14.26    球墨铸铁半灌浆套筒图

(2)现浇部位连接技术

提高装配式建筑施工效率和质量不仅局限在预制构件的装配施工等技术层面上,还有现场现浇部位施工中的钢筋绑扎、支撑搭设、模板施工、混凝土浇筑等施工工艺。

①现场钢筋施工。装配式结构现场钢筋施工主要集中在预制梁柱节、墙板现浇节点部位以及楼板、阳台叠合层部位,工程项目编制的钢筋施工方案或专项方案中应体现此部分内容。

a.预制柱现场钢筋施工:预制梁、柱节点处的钢筋定位及绑扎对后期预制梁、柱的吊装定位至关重要。预制柱的钢筋应严格根据深化图纸中的预留长度及定位装置尺寸来下料,预制柱的箍筋及纵筋绑扎时应先根据测量放线的尺寸进行初步定位,再通过定位钢板进行精细定位。精细定位后应通过卷尺复测纵筋之间的间距及每根纵筋的预留长度,确保量测精度达到规范要求的误差范围内。最后可通过焊接等固定措施保证钢筋的定位不被外力干扰。定位钢板在吊装本层预制柱时取出(图14.27)。

为了避免预制柱钢筋接头在混凝土浇筑时被污染,应采取保护措施对钢筋接头进行保护。

图14.27　梁柱节点钢筋绑扎图

b.预制梁现场钢筋施工:预制梁钢筋现场施工工艺应结合现场钢筋工人的施工技术难度进行优化调整。由于预制梁箍筋分整体封闭箍和组合封闭箍,封闭部分将不利于纵筋的穿插。为不破坏箍筋结构,现场工人被迫从预制梁端部将纵筋插入,这将大大增加施工难度。为避免以上问题,建议预制梁箍筋在设计时暂时不做成封闭形状,可等现场施工工人将纵筋绑扎完后再进行现场封闭处理。纵筋穿插完后将封闭箍筋绑扎至纵筋上,注意封闭箍筋的开口端应交替出现。堆放、运输、吊装时,梁端钢筋要保持原有形状,不能出现钢筋被撞弯的情况(图14.28)。

c.预制墙板现场钢筋施工:竖向钢筋连接宜根据接头受力、施工工艺、施工部位等要求,选用机械连接、焊接连接、绑扎搭接等连接方式,并应符合国家现行有关标准的规定,接头位置应设置在受力较小处。装配式剪力墙结构的暗柱节点类型主要有"一"形、"L"形和"T"形。由于两侧的预制墙板均有外伸钢筋,因此,暗柱钢筋的安装难度较大,需要在深化设计阶段及构件生产阶段对钢筋穿插顺序进行分析研究,并提出施工方案。连接形式如图14.29和图14.30所示。

②模板现场加工。在装配式建筑中,现浇节点的形式与尺寸重复较多,可采用铝模或者钢模。在现场组装模板时,施工人员应对照模板设计图纸有计划地进行对号分组安装,并对安装过程中的累计误差进行分析,找出原因后采取相应的调整措施。模板安装完后,质检人员应做验收处理,验收合格签字确认后方可进行下一工序(图14.31)。

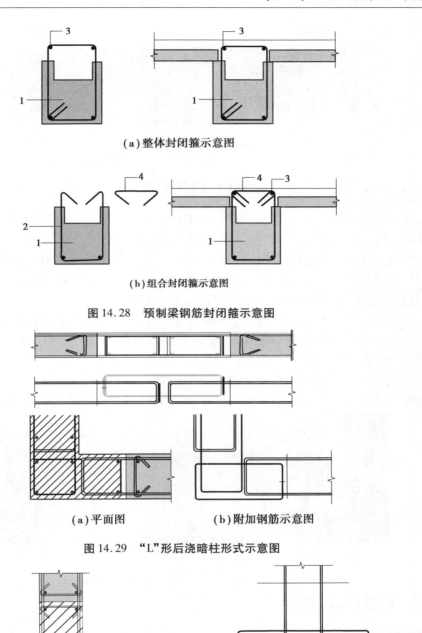

（a）整体封闭箍示意图

（b）组合封闭箍示意图

图 14.28　预制梁钢筋封闭箍示意图

（a）平面图　　　　　　（b）附加钢筋示意图

图 14.29　"L"形后浇暗柱形式示意图

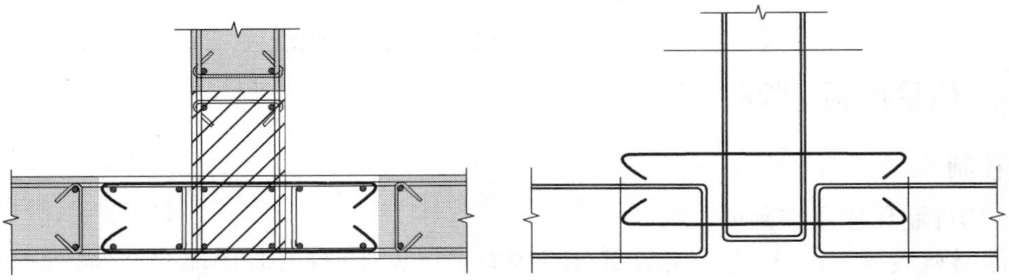

（a）平面图　　　　　　（b）附加钢筋示意图

图 14.30　"T"形后浇暗柱形式示意图

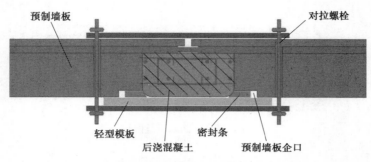

预制墙板　对拉螺栓

轻型模板　后浇混凝土　密封条　预制墙板企口

**图 14.31　墙体节点后浇混凝土模板示意图**

③混凝土施工。

a.预制剪力墙节点处混凝土浇筑时,由于此处节点一般高度高、长度短、钢筋密集,混凝土浇筑时要边浇筑边振捣,否则很容易出现蜂窝、麻面、孔洞。

b.为使叠合层具有良好的连接性能,在混凝土浇筑前应对预制构件做粗糙面处理,并对浇筑部位做清理润湿处理。同时,应对浇筑部位的密封性进行检查验收,对缝隙处做密封处理,避免混凝土浇筑后的水泥浆溢出对预制构件造成污染。

c.叠合层混凝土浇筑,由于叠合层厚度较薄,所以应当使用平板振捣器振动,要尽量使混凝土中的气泡逸出,以保证振捣密实,混凝土控制坍落度为 160 ~ 180 mm。叠合板混凝土浇筑应考虑叠合板受力均匀,可按照先内后外的顺序进行浇筑。

d.浇水养护,要求保持混凝土湿润养护 7 d 以上。

装配式结构后浇类型分为三类:"一"形节点、"L"形节点、"T"形节点,如图 14.32 所示。

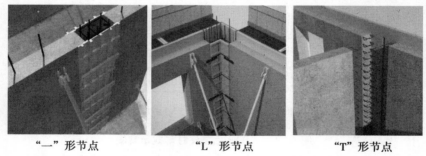

"一"形节点　　　　"L"形节点　　　　"T"形节点

**图 14.32　竖缝后浇混凝土节点示意图**

## 14.3.3　质量控制与验收

**1)质量控制**

(1)构件制作质量控制要点

①原材料质量控制:构件采用的原材料均应进行见证取样,其中灌浆套筒、保温材料、保温板连接件、受力型预埋件的抽样应全过程见证。对由热轧钢筋制成的成型钢筋,当能提供原材料力学性能第三方检验报告时,可仅进行重量偏差检验。对于已入厂但不合格的产品,必须要求厂方单独存放,杜绝投入生产。

②模具质量控制:对模台清理、脱模剂喷涂、模具尺寸等做一般性检查;对模具各部件连接、预留孔洞及埋件的定位固定等做重点检查。

③钢筋及预埋件质量控制:对钢筋的下料、弯折等做一般性检查;对钢筋数量、规格、连接

及预埋件、门窗及其他部品部件的尺寸偏差做重点检查。

④构件出厂质量控制:预制构件出厂时,应对所有待出厂构件进行详细检验。构件外观质量不应有缺陷,对已经出现的严重缺陷,应按技术处理方案进行处理并重新检验,驻厂监造人员应将上述过程认真记录并签字备案。预制构件经检查合格后,要及时标记工程名称、构件部位、构件型号及编号、制作日期、合格状态、生产单位等信息。

(2)预制构件进场质量控制要点

预制构件在工厂制作、现场组装,组装时需要较高的精度,同时每个预制构件具有唯一性,一旦某个构件有缺陷,势必会对工程质量、安全、进度、成本造成影响。预制构件进场验收是现场施工的第一个环节,对构件质量控制至关重要。

①现场质量验收程序:预制构件进场时,施工单位应先进行检查,合格后再由施工单位会同构件厂、监理单位、建设单位联合进行进场验收。

预制构件进场时,在构件明显部位必须注明生产单位、构件型号、质量合格标识;预制构件外观不得存有对构件受力性能、安装性能、使用性能有严重影响的缺陷,不得存有影响结构性能和安装、使用功能的尺寸偏差。

②预制构件相关资料的检查具体有:

a.预制构件合格证。预制构件出厂应带有证明其产品质量的合格证,预制构件进场时由构件生产单位随车人员移交给施工单位。

b.预制构件性能检测报告。梁板类受弯预制构件进场时应进行结构性能检验,检测结果应符合《混凝土结构工程施工质量验收规范》(GB 50204—2015)9.2.2中的相关要求。

c.拉拔强度检验报告。预制构件表面预贴饰面砖、石材等饰面与混凝土的粘接性能应符合设计和现行有关标准的规定。

d.技术处理方案和处理记录。对出现一般缺陷的构件,应重新验收并检查技术处理方案和处理记录。

③预制构件外观质量的检查:预制构件进场验收时,应由施工单位会同构件厂、监理单位联合进行进场验收。参与联合验收的人员主要包括:施工单位工程、物资、质检、技术人员,构件厂代表,监理工程师。检查主要包括以下内容:

a.预制构件外观检查:预制构件的混凝土外观质量不应有严重缺陷,且不应有影响结构性能和安装、使用功能的尺寸偏差。预制构件进场时外观应完好,其上印有构件型号的标识应清晰完整,型号种类及其数量应与合格证上一致。对于外观有严重缺陷或者标识不清的构件,应立即退场。此项内容应全数检查。

b.预制构件粗糙面检查:粗糙面是采用特殊工具或工艺形成预制构件混凝土凹凸不平或骨料显露的表面,是实现预制构件和后浇筑混凝土的可靠结合重要控制环节。粗糙面应全数检查。

c.预制构件上的预埋件、预留插筋、预留孔洞、预埋管线等规格型号、数量应符合要求。以上内容与后续的现场施工息息相关,施工单位相关人员应全数检查。

d.预制板类、墙板类、梁柱类构件外形尺寸偏差和检验方法应分别符合国家规范的规定。检查数量:按照进场检验批,同一规格(品种)的构件每次抽检数量不应少于该规格(品种)数量的5%且不少于3件。

e.灌浆孔检查:检查时,可使用细钢丝从上部灌浆孔伸入套筒,如从底部伸出并且从下部灌浆孔可看见细钢丝,即畅通。构件套筒灌浆孔是否畅通,应全数检查。

(3)构件安装质量控制

①施工现场质量控制流程:现场各施工单位应建立、健全质量管理体系,确保质量管理人员数量充足、技能过硬,并且质量管理流程清晰、管理链条闭合。应建立并严格执行质量类管理制度,约束施工现场行为。典型质量控制流程如图14.33所示。

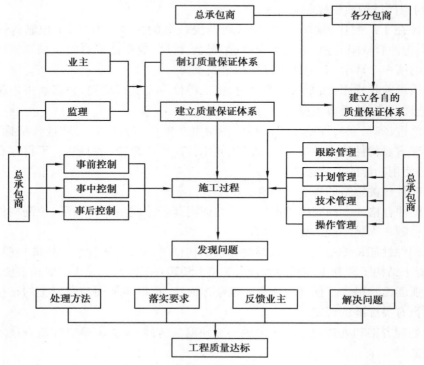

**图14.33 典型质量控制流程**

②施工现场质量控制要点如下:

a.原材料进场检验:现场施工所需的原材料、部品、构配件,应按规范进行检验。

b.预制构件试安装:装配式结构施工前,应选择有代表性的单元板块进行预制构件的试安装,并根据试安装结果及时调整完善施工方案。

c.测量的精度控制:吊装前需对所有吊装控制线进行认真的复检,构件安装就位后需由项目部质检员会同监理工程师验收构件的安装精度。安装精度经验收签字合格后方可浇筑混凝土。

d.灌浆料的制备与套筒灌浆施工:灌浆施工前应对操作人员进行培训,规范灌浆作业操作流程,使其熟练掌握灌浆操作要领及其控制要点。对灌浆料应先进行浆料流动性检测,留置试块,然后才可进行灌浆。流动度测试指标应符合相关要求,检测不合格的灌浆料应重新制备。

e.安装精度控制:强化预制构件吊装校核与调整。构件安装后应对安装位置、安装标高、垂直度、累计垂直度进行校核与调整;相邻预制板类构件,应对相邻预制构件平整度、高差、拼缝尺寸进行校核与调整;装饰类构件,应对装饰面的完整性进行校核与调整。

f.结合面平整度控制:预制墙板与现浇结构表面应清理干净,不得有油污、浮灰、粘贴物等,构件剔凿面不得有松动的混凝土碎块和石子。应严格控制混凝土板面标高,将误差控制在规定范围内。

g.后浇节点模板控制:混凝土浇筑前,模板或连接缝隙用海绵条封堵。与预制墙板连接的现浇短肢剪力墙模板位置、尺寸应准确,固定牢固,防止偏位。宜采用铝合金模板,并使用专用夹具固定,以提高混凝土观感质量。

h.外墙板接缝防水控制:所选用防水密封材料应符合相关规范要求;拼缝宽度应满足设计要求;宜采用构造防水与材料防水相结合的方式。

**2)验收**

(1)施工验收程序

①验收依据:装配式混凝土建筑施工应按现行国家标准《建筑工程施工质量验收统一标准》(GB 50300—2013)的有关规定进行单位工程、分部工程、分项工程和检验批的划分和质量验收。装配式混凝土建筑的装饰装修、机电安装等分部工程,应按国家现行标准的有关规定进行质量验收。

②验收组织:检验批及分项工程应由监理工程师(建设单位项目技术负责人)组织施工单位项目专业质量(技术)负责人等进行验收。

分部工程应由总监理工程师(建设单位项目负责人)组织施工单位项目负责人和技术、质量负责人等进行验收;地基与基础、主体结构分部工程的勘察、设计单位工程项目负责人和施工单位技术、质量部门负责人也应参加相关分部工程验收。

单位工程完工后,施工单位应自行组织有关人员进行检查评定,并向建设单位提交工程验收报告。建设单位收到工程报告后,应由建设单位项目负责人组织施工(含分包单位)、设计、监理、勘察等单位进行单位工程验收。根据装配式施工特点及穿插流水施工需要,应与行业监督部门沟通协调,分段验收。

③验收程序:装配式混凝土结构应按混凝土结构子分部工程进行验收;当结构中部分采用现浇混凝土结构时,装配式结构部分可作为混凝土结构子分部的分项工程进行验收。

装配式混凝土结构按子分部工程进行验收时,可划分为预制构件模板、钢筋加工、钢筋安装、混凝土浇筑、预制构件、安装与连接等分项工程,各分项工程可根据与生产和施工方式相一致且便于控制质量的原则,按进场批次、工作班、楼层、结构缝或施工段划分为若干检验批。

(2)验收结果及处理方式

装配式混凝土结构子分部工程施工质量验收合格应符合下列规定:

①所含分项工程质量验收应合格。

②应有完整的质量控制资料。

③观感质量验收应合格。

④结构实体检验结果应符合《混凝土结构工程施工质量验收规范》(GB 50204—2015)的要求。

当混凝土结构施工质量不符合要求时,应按下列规定进行处理:

①经返工、返修或更换构件、部件的,应重新进行验收。

②经有资质的检测机构按国家现行相关标准检测鉴定达到设计要求的,应予以验收。

③经有资质的检测机构按国家现行相关标准检测鉴定达不到设计要求,但经原设计单位核算并确认仍可满足结构安全和使用功能的,可予以验收。

④经返修或加固处理能够满足结构可靠性要求的,可根据技术处理方案和协商文件进行

验收。

装配式混凝土结构子分部工程施工质量验收合格后,应将所有的验收文件存档备案。

## 复习思考题

14.1 简述装配式建筑的定义及基本特征。

14.2 装配式建筑的常用术语有哪些?

14.3 简述装配式混凝土结构的施工过程。

14.4 简述钢筋套筒灌浆连接技术。

# 15

# 超高层建筑施工组织及管理

[本章基本内容]

重点介绍超高层建筑施工特点以及施工技术路线,强调超高层建筑施工组织设计任务、作用以及施工组织设计的重点,同时也对超高层施工总体流程、施工进度计划以及施工平面布置图规划进行了详细介绍。

[学习目标]

(1)了解:超高层建筑施工特点。

(2)熟悉:超高层施工技术路线;超高层建筑施工组织设计任务、作用及施工组织设计的重点。

(3)掌握:超高层建筑施工总体流程;超高层施工平面布置原则及内容。

## 15.1    超高层建筑施工特点

由于超高层建筑结构超高、规模庞大、功能繁多、系统复杂、建设标准高,因此超高层建筑施工具有非常鲜明的特点:

①规模庞大,工期成本高。超高层建筑体量巨大,建筑面积达数 10 万 $m^2$,所需投资往往达数十亿元(人民币),甚至逾百亿元,建设单位的资金压力非常大。资金压力体现在工期成本高,一旦工程延期往往大幅提高投资成本,降低投资收益。

②基础埋置深,施工难度大。为了满足结构稳定和开发地下空间的需要,超高层建筑的基础埋置都比较深,基坑开挖深度多超过 20 m,有的甚至超过 30 m。深基础施工周期长、施工安全风险大。

③结构超高,施工技术含量高。超高层建筑较其他建筑最为显著的区别是高度高。目前超高层建筑高度已经突破 800 m 大关,正在朝 1 000 m 迈进。有些超高层建筑的高度并不突出,但是为了产生独特的建筑效果,造型非常奇特,如北京中央电视台新台址大厦。高度的不断增加和造型的奇特都会增加超高层建筑结构施工难度。

④作业空间狭小,施工组织难度大。超高层建筑是垂直向上伸展的建筑,这一特点决定了超高层建筑的施工只能逐层向上进行,作业空间非常狭小,施工组织的难度非常高,必须有效利用作业时间和空间,提高施工效率。

⑤建设标准高,材料设备来源广。超高层建筑多为设计标准比较高的建筑,有些属城市标志性的超高层建筑尤其如此。业主和建筑师为了打造精品,往往采用当今世界最新科技成果,在全球范围大量采购材料、设备。这对总承包管理能力是一个严峻考验,管理前瞻性要求高。

⑥工期长,冬雨期施工难以避免。超高层建筑体量大,施工周期长,我国全部竣工建筑单栋平均工期为 10 个月左右,而超高层建筑平均工期长达 2 年左右,规模大的超高层建筑施工工期甚至超过 5 年。施工过程中,冬雨季恶劣天气不可避免。特别是随着施工高度的增加,作业环境愈加恶劣,风大、温度低给结构施工带来很大困难。

⑦材料设备垂直运输量大。超高层建筑体量巨大,除结构材料外,机电安装与装饰工程所需的材料设备有时重达数 10 万吨,数千施工人员上下的交通流量也相当可观,垂直运输体系的效率对提高施工速度影响极大。

⑧功能繁多,系统复杂,施工组织要求高。现代超高层建筑往往集办公、酒店、休闲、娱乐和购物等功能于一体,功能繁多。为了实现多种建筑功能,系统也就非常复杂,除了建筑结构外,仅机电系统就是一个庞大的复杂系统,包含强电系统、空调系统、给水排水系统、电梯系统、消防系统和楼宇自控系统等。要在有限的时间和空间内,保质、保量地完成这些系统的施工,对总承包商的施工组织能力是严峻考验。

# 15.2 施工技术路线

超高层建筑施工前必须首先深入分析工程特点,明确项目的施工技术要点,然后制订针对性的施工技术路线。工程对象不同,施工技术路线各有差异,但是基本原则是相同的:突出塔楼、流水作业、机械化施工、总承包管理。

(1)突出塔楼

超高层建筑的显著特点是投资大、工期长、工期成本高。因此,必须突出工期保证措施,采取有力措施来缩短工期。在整个工程中,塔楼的施工工期无疑起着控制作用,缩短工期关键是缩短塔楼的施工工期。缩短建设工期应贯穿于项目建设的整个过程中,但是无疑缩短工期应重在施工前期。施工前期以结构施工为主,牵涉面小、投入少,缩短工期相对影响面比较小,成本比较低。因此,在施工组织中必须突出塔楼,将塔楼结构施工摆在突出位置。

(2)流水作业

超高层建筑施工作业面狭小,必须自下而上逐层施工,这是其不利的一面,但是它也具有一定的优点,即可以利用垂直向上的特点,充分利用每一个楼层空间,通过有序组织,使各分部分项工程施工紧密衔接,实现空间立体交叉流水作业,这样可以大大加快施工速度,缩短建设工期(图 15.1)。

　　(3)机械化施工

　　超高层建筑施工作业面狭小、高空作业条件差,施工进度要求高,因此必须有效利用当今科技进步成果,采用机械化施工。采用机械化施工可以减少现场作业量,特别是高空作业量。这样一方面可以加快施工速度,缩短施工工期;另一方面可以充分发挥工厂制作的积极作用,提高施工质量。

图 15.1　上海环球金融中心

　　(4)总承包管理

　　超高层建筑功能繁多,系统复杂,参与承建的单位多且来自五湖四海,只有强化总承包管理才能将他们有序组织起来,实现对工程质量、工期、安全等的全面管理和控制,确保业主的项目建设目标顺利实现。在超高层建筑施工中,总承包管理发挥了极其重要的作用,特别是进入施工中后期,各个分包队伍都进入施工状态,各种矛盾陆续暴露,需要总承包及时协调解决,协调工作量非常巨大。因此,必须强化总承包管理,加强对施工过程的控制,才能确保施工顺利进行。

# 15.3　施工组织设计

## 15.3.1　施工组织设计的任务和作用

　　超高层建筑是一项庞大的系统工程,施工周期长、组织难度大,只有加强统筹规划,才能确保超高层建筑施工顺利进行。加强超高层建筑施工统筹规划的有效手段是施工组织设计。施工组织设计是为完成超高层建筑施工任务创造必要的生产条件,而为制订先进合理的施工工艺所作的规划设计,是指导超高层建筑工程施工准备和施工的基本技术经济文件。超高层建筑施工组织设计的根本任务是:在特定的时间和空间约束条件下,根据超高层建筑工程的施工特点,从人力、资金、材料、机械设备和施工方法五个方面进行统筹规划,实现超高层建筑有组织、有计划、有秩序地施工,确保整个工程施工质量、安全、工期和成本目标顺利实现。

施工组织设计是施工项目科学管理的重要手段,是施工资源组织的重要依据,具有战略部署和战术安排的双重作用。

①施工组织设计可以增强总承包管理的系统性。超高层建筑功能繁多,系统复杂,施工过程是一项庞大的系统工程。通过施工组织设计,总承包商就可以统揽全局、协调各方,复杂的施工活动就有了统一的行动指南。

②施工组织设计可以增强总承包管理的预见性。超高层建筑施工技术含量高,施工风险大。通过施工组织设计,总承包商就可以提前掌握施工中可能遇到的各种不利情况,从而预先做好各项准备工作,并充分利用各种有利条件,消除施工中的隐患。

③施工组织设计可以增强总承包管理的协调性。超高层建筑施工涉及的单位和人员众多,协调工作量大。通过施工组织设计,总承包商就可以密切工程的设计和施工、技术和经济、前方和后方的关系,协调施工中各单位、各部门和有关人员的行动。

总之,通过施工组织设计,总承包商可以显著提高超高层建筑施工组织和管理水平。因此,施工组织设计的编制,是超高层建筑施工准备阶段中各项工作的核心,在施工组织与管理工作中占有十分重要的地位。

## 15.3.2　施工组织设计的分类

超高层建筑施工组织设计是一项贯穿于整个施工过程的活动,必须随着工程建设展开而逐步深化。根据编制依据、编制对象、编制单位和编制深度,超高层建筑施工组织设计可以分为施工组织总设计(施工大纲)、单位工程施工组织设计和分部分项工程施工组织设计(表15.1)。

表 15.1　施工组织设计分类

| 编制类型 | 施工组织总设计 | 单位工程施工组织设计 | 分部分项工程施工组织设计 |
|---|---|---|---|
| 编制对象 | 建设项目 | 单位工程 | 分部分项工程 |
| 编制作用 | 建设项目施工的战略部署 | 建设项目施工组织总设计的贯彻,单位工程施工的总体安排 | 分部分项工程施工的战术性指导 |
| 编制时间 | 建设项目施工前 | 建设项目施工组织总设计后,单位工程施工前 | 单位工程施工组织设计编制后,分部分项工程施工前 |
| 编制单位 | 建设项目总承包商,分承包商参与 | 单位工程承包商 | 分承包商 |

### 1)施工组织总设计

施工组织总设计是以整个超高层建筑建设项目为对象编制的,在有了批准的初步设计或扩大初步设计之后即可进行编制,它是超高层建筑建设项目施工的战略部署。施工组织总设计的编制一般应以主持该项目的总承包商为主,建设、设计和分承包商参与。

### 2)单位工程施工组织设计

单位工程施工组织设计是以单位工程为对象进行编制的,用以直接指导单位工程施工。在施工组织总设计的指导下,由单位工程承包商根据施工图进行单位工程施工组织设计编制。施工组织设计类型与建设项目设计深度的关系如图15.2所示。

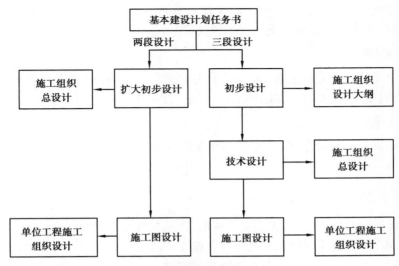

**图 15.2 施工组织设计类型与建设项目设计深度的关系**

### 3)分部(分项)工程施工组织设计

对于工程规模大、技术复杂或施工难度大的或者缺乏施工经验的分部(分项)工程,在编制单位工程施工组织设计之后,需要编制作业设计(如深基坑降水、支护、高大模板等),用以指导施工。

## 15.3.3 施工组织设计的内容

施工组织设计因工程对象难易和编制类型不同而繁简不一,但是作为一份完整的施工组织设计,一般应包括以下基本内容:

### 1)工程概况

工程概况包括本建设工程的性质、内容、建设地点、建设总期限、建设面积、分批交付生产或使用的期限、施工条件、地质气象条件和资源条件以及建设单位的要求等,主要通过深入分析工程特点和难点,明确施工组织设计的重点,提高施工组织设计的针对性。

### 2)施工总体部署

施工总体部署是对整个建设项目全局做出的统筹规划和全面安排,主要解决影响建设项目全局的重大战略问题。应根据工程特点,优化人力、资金、材料、机械设备和施工方法等配置,合理划分施工区域,正确安排施工顺序,拟订施工技术路线。

### 3)施工进度计划

施工进度计划反映的是各项施工活动在时间上的安排,应采用先进的计划理论和计算方法,综合平衡进度计划,使工期、成本、资源等通过优化调整达到既定目标。并再在此基础上,编制相应的人力和时间安排计划、资源需要计划、施工准备计划。

### 4)施工平面布置

施工平面布置是施工方案和进度在现场的全面安排,它把投入的各项资源、材料、构件、机械、运输、工人的生产、生活活动场地及各种临时工程设施合理地布置在施工现场,使整个现场能有组织地进行文明施工。超高层建筑施工平面布置的重点是构建高效的垂直运输体系,并随施工进程实现垂直运输体系的有序转换(图15.3)。

### 5)主要施工技术方案

根据施工总体部署确立的技术路线,制订主要分部分项工程施工技术方案,如工程测量、基础工程、钢筋混凝土结构工程、钢结构工程、机电工程、幕墙工程等施工技术方案。

### 6)总承包管理方案

根据超高层建筑工程特点,明确总承包管理目标、原则、组织和岗位职责,建立总承包管理的程序和标准。

## 15.3.4  施工组织设计的重点

施工组织设计既要内容全面,更要重点突出,在基本内容齐全的前提下,重点突出"组织"作用,对施工中的人力、资金、材料、机械设备和施工方法,从时间与空间、需要与可能、局部与整体、目标与过程、前方与后方等方面给予周密的安排。从突出"组织"的作用出发,施工组织设计编制,应突出以下三个重点:

第一个重点是施工总体部署。这一部分所要解决的是施工组织的指导思想和技术路线问题。在编制中,要努力在"安排"和"选择"上做到优化,确保施工方法得当,施工流程合理。

第二个重点是施工进度计划。这一部分所要解决的是施工顺序和时间问题。"组织"工作是否得力,关键看作业时间是否充分利用,施工顺序是否合理安排。巨大的经济效益寓于时间和顺序的组织之中,绝不能有半点疏忽。

第三个重点是施工平面布置。这一部分所要解决的是施工空间问题和施工"投资"问题。它的技术性、经济性都很强,同时具有较强的政策性,如占地、环保、安全、消防、用电、交通等都涉及许多政策和法规问题,需要慎重对待。

总之,施工总体部署、施工进度计划和施工平面布置分别突出了施工组织设计中的技术、时间和空间三大要素,它们密切相关、相互呼应,其中施工总体部署起主导作用,施工进度计划和施工平面布置是施工总体部署的深化和落实。把握好了这三个重点,施工组织设计的编制质量就有了基本保证,施工技术方案编制也就有了扎实基础。因此,施工组织设计编制过程中要高度重视施工总体部署研究,解决好施工技术路线、施工流水段划分和施工流程安排问题,确保施工组织设计不出现方向性失误。

# 15.4  施工总体流程

施工总体流程属于施工流程的最高层次,反映的是超高层建筑工程中各单项工程(区域)之间的施工流水关系。施工总体流程是施工总进度计划和各单位工程施工组织设计编制的依据。

### 1)施工流水段划分

施工流水段划分应围绕超高层建筑主体部分——塔楼进行,可以划分为塔楼核心区、塔楼外围区、塔楼以外区域三大区域。深圳证券交易所施工流水段划分如图15.3、图15.4所示,塔楼以外区域可以视工程规模大小,根据施工组织需要而进一步细分。

图 15.3　深圳证券交易所施工现场

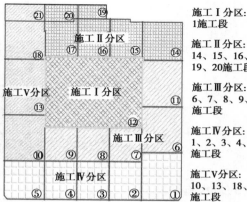

图 15.4　深圳证券交易所地下室结构施工分区图

### 2)施工流水方式

塔楼与其他区域的关系因施工阶段不同而繁简不一。在地下结构施工阶段,塔楼与其他区域通过地下室紧密相连,相互关系比较复杂,流水施工方式变化比较多,采用不同的流水施工方式,产生的效果截然不同。但是在地上结构施工阶段,塔楼与其他区域联系不是很紧密,关系比较简单,流水施工方式变化不大,采用不同的流水施工方式产生的效果差异不大。因此,超高层建筑施工总体流程研究重点在地下结构施工阶段。在地下结构施工阶段,超高层建筑施工总体流程有平行施工、依次施工和流水施工三种基本方式。三种流水施工方式各有优缺点,应根据超高层建筑施工特点进行合理选择。

（1）平行施工

超高层建筑工程各区域平行施工,基本同时施工至±0.000。平行施工具有总体速度快、塔楼上部结构施工条件好、临时措施投入比较少的优点,但是施工资源投入大,塔楼施工进度会受到一定影响。平行施工是超高层建筑施工中广泛采用的流水施工方式:一是塔楼高度不特别突出,塔楼施工速度对工程总进度的影响不特别显著;二是塔楼尽管比较高,但是从加快投资回收的目的出发,业主希望裙房及塔楼低区部位提前开业;三是深基坑工程支撑结构与主体结构难以避让,主体结构必须同步施工,支撑结构必须同步拆除。高度在 400 m 以内的绝大多数超高层建筑采用平行施工流水方式。

（2）依次施工

超高层建筑不同区域在地下结构施工阶段依次施工至±0.000。按照塔楼与其他区域的施工顺序的不同,依次施工又可以细分为塔楼先行和塔楼后做两种形式。

塔楼先行依次施工流水方式是塔楼与其他区域之间采用临时围护分隔,先将塔楼施工至±0.000 以后再开始其他区域施工。上海环球金融中心采用依次施工流水方式(图 15.5)为塔楼施工争取了近一年的宝贵时间。

塔楼后做依次施工流水方式是塔楼外围区域先施工至 ±0.000 以后,塔楼地下结构再开始施工。有些超高层建筑高度不是特别突出,业主从尽快回收投资的角度出发,希望裙楼和塔楼低区部位提前开业,因此采用其他区域先行、塔楼后做的依次施工流水方式。

图 15.5　施工中的上海环球金融中心

（3）流水施工

主塔楼先期施工，其他区域施工穿插进行。整个工程分区施工，但是重点突出塔楼。采用流水施工组织方式，既突出了重点，又兼顾了其他区域，资源投入比较合理。

**3）塔楼施工流程**

塔楼施工作业面狭小，但是施工工序却特别多，仅结构工程施工就有核心筒劲性钢结构吊装、剪力墙钢筋混凝土结构施工、核心筒楼层钢筋混凝土结构施工、外框架钢结构吊装、外框架楼层压型钢板铺设、剪力栓钉施工、巨型柱钢筋混凝土结构施工、外框架楼层混凝土施工和钢结构防火等十多道工序，每一道工序都需要相对独立的作业空间和时间。因此，塔楼施工作业空间极为宝贵，必须针对超高层建筑施工特点，按照施工工艺顺序，在垂直方向合理安排作业空间，确保各工序自下而上流水施工。

# 15.5　施工进度计划

施工进度计划是施工组织设计的重要组成部分，也是对工程建设实施计划管理的重要手段。施工进度计划是工程项目施工的时间规划，规定了工程施工的起讫时间、施工顺序和施工速度，是控制工期的有效工具。进度计划主要有总进度计划、单位工程进度计划、分部工程进度计划和资源需要量计划四大类。

## 15.5.1　施工总进度计划

### 1）计划内容

施工总进度计划是施工现场各项施工活动在时间上的体现。编制施工总进度计划就是根据施工部署中的施工方案和工程项目的展开程序，对全工地的所有工程项目做出时间上的安排。其作用在于确定各个施工项目及其主要分部工程、准备工作和全工地性工程的施工期限及其开工和竣工的日期，从而确定建筑施工现场劳动力、材料、成品、半成品、施工机械的需要数量和调配方案，以及现场临时设施的数量、水电供应数量和能源、交通的需要数量等。因此，正确地编制施工总进度计划，是保证建设工程按期交付使用、降低超高层建筑工程施工成本的重要条件。

**2）编制方法**

施工总进度计划既可以采用横道图,也可以采用网络图编制。编制步骤如下:划分单位工程并计算工程量→确定各单位工程的施工期限→确定各单位工程的开竣工时间和相互搭接关系→编制施工总进度总计划→总进度计划的调整与修正。

### 15.5.2　塔楼施工进度计划

**1）计划内容**

塔楼施工进度计划属于单项工程施工进度计划,是在既定施工方案的基础上,根据规定工期和各种资源配置条件,按照施工过程的合理施工顺序及组织施工的原则,用横道图、网络图或形象图对塔楼从开始施工到全部竣工,确定各分部分项工程在时间上和空间上的安排及相互搭接关系。

**2）编制方法**

塔楼施工进度计划是项目施工总进度目标的分解落实。超高层建筑施工总进度目标应按以下四个方面进行分解落实:一是按项目组成分解,确定各单位工程(或区域)的开工、竣工、交付日期;二是按分承包方分解,明确各分部工程进度控制目标,并列入分承包合同;三是按施工阶段分解,明确各阶段起止时间及开工条件,确立施工进度重要控制节点。四是按施工计划期分解,明确年度、季度、月度进度目标。

塔楼施工进度计划多采用横道图或网络图编制。近年来,工程技术人员针对超高层建筑塔楼立体交叉流水作业的特点,探索采用形象图编制进度计划,取得良好效果。塔楼施工进度形象图具有简洁明了、通俗易懂的优点,能够直观反映总承包商对各主要分部分项工程施工的计划安排,以及各施工工序在空间和时间上的搭接关系。塔楼施工进度形象图纵向上反映同一时间段不同分部分项工程在空间上的上下搭接关系,横向上反映同一楼层不同分部分项工程在时间上的前后搭接关系。塔楼施工进度形象图突出了施工的重要区域和关键阶段,因此成为总承包商控制施工进度的有效手段。

## 15.6　施工平面布置

施工平面布置是实现现场管理及文明施工的依据,是施工组织设计的重要内容,具有较强的技术性、经济性、政策性,需要统筹规划,慎重对待。

### 15.6.1　施工平面布置内容

施工总平面图(图15.6)应对施工机械设备布置、材料和构配件的堆场、现场加工场地,以及现场临时运输道路、临时供水供电线路和其他临时设施进行合理布置,重点反映以下内容:

①建筑总平面上已建和拟建的地上和地下一切房屋、构筑物及其他设施的位置和尺寸。

②建筑现场的红线,可临时占用的地区,场外和场内交通道路,现场主要入口和次要入口,现场临时供水供电的接驳位置。

③测量放线的标桩、现场的地面大致标高。地形复杂的大型现场应有地形等高线,以及现场临时平整的标高设计。

④现场主要施工机械(如塔式起重机、施工电梯或垂直运输龙门架)的位置。塔式起重机应按最大臂杆长度绘出有效工作范围。移动式塔式起重机应给出轨道位置。

⑤各种材料、半成品、构件以及工业设备等的仓库和堆场。

⑥为施工服务的一切临时设施的布置(包括搅拌站、加工棚、仓库、办公室、供水供电线路、施工道路等)。

**图 15.6　天津 117 大厦施工总平面布置图**

⑦消防入口、消防道路和消火栓的位置。

## 15.6.2　施工平面布置原则

施工平面布置应遵循以下原则:

①动态调整原则。超高层建筑施工周期长,且具有明显的阶段性特点,因此施工平面布置应动态调整,以满足各阶段施工工艺的要求。在编制施工总平面图前应当首先确定施工步骤,然后根据工程进度的不同阶段编制按阶段区分的施工平面图,一般可划分为土方开挖、基础施工、上部结构施工和机电安装与装修等阶段,并编制相应的施工平面图。为了减少施工投入,施工平面布置动态调整中应注意有序转换,尽可能避免主要施工临时设施(如主干道路、仓库、办公室和临时水电线路)的调整,实现主要施工临时设施在各阶段的高度共享。

②文明施工原则。充分考虑水文、气象条件,满足施工场地防洪、排涝要求,符合有关安全、防火、防振、环境保护和卫生等方面的规定。

③经济合理原则。合理布置起重机械和各项施工设施,科学规划施工道路和材料设备堆场,减少二次驳运,降低运输费用;尽量利用永久性建筑物、构筑物或现有设施为施工服务,降低施工设施费用(如利用永久消防电梯和货运电梯作为建筑装饰阶段的人货运输工具)。

## 复习思考题

15.1  简述超高层建筑施工特点。

15.2  超高层建筑施工技术路线的原则是什么？

15.3  简述超高层建筑施工组织设计任务、作用。

15.4  超高层建筑施工组织设计的重点有哪些？

15.5  超高层建筑施工总体流程是什么？

15.6  超高层施工平面布置的原则是什么？

15.7  简述超高层建筑施工平面布置图内容。

# 参考文献

［1］中华人民共和国住房和城乡建设部. 民用建筑设计统一标准 GB 50352—2019［S］. 北京：中国建筑工业出版社，2019.

［2］毛志兵. 高层与超高层建筑技术发展与研究［J］. 施工技术，2012，47（6）：19-20.

［3］张琨. 超高层建筑施工技术发展与展望［J］. 施工技术，2018，47（6）：13-18.

［4］龚剑，房霆宸，夏巨伟. 我国超高建筑工程施工关键技术发展［J］. 施工技术，2018，47（6）：19-25.

［5］张希黔. 处于世界先进水平的我国超高层建筑施工技术［J］. 施工技术，2018，47（6）：5-12.

［6］胡玉银. 超高层建筑施工［M］. 2 版. 北京：中国建筑工业出版社，2013.

［7］王辉，余地华，汪浩，等. 天津 117 大厦高承载力超大长径比度试验桩施工技术［J］. 施工技术，2011，40（341）：23-25.

［8］王宏. 超高层钢结构施工技术 ［M］. 北京：中国建筑工业出版社，2013.

［9］杨嗣信. 高层建筑施工手册［M］. 北京：中国建筑工业出版社，2017.

［10］朱勇年. 高层建筑施工［M］. 北京：中国建筑工业出版社，2013.

［11］杨国立. 高层建筑施工［M］. 北京：高等教育出版社，2016.

［12］江正荣. 建筑施工计算手册［M］. 北京：中国建筑工业出版社，2013.

［13］李惠强. 高层建筑施工技术［M］. 北京：机械工业出版社，2005.

［14］赵志缙，赵帆. 高层建筑施工［M］. 北京：中国建筑工业出版社，2005.

［15］刘俊岩. 高层建筑施工［M］. 上海：同济大学出版社，2014.

［16］黄宗襄，陈仲. 超高层建筑设计与施工新进展［M］. 上海：同济大学出版社，2014.

［17］白建国.重庆临江地区深基坑降水方法研究及工程应用［D］.重庆:重庆大学,2016.

［18］中国建筑股份有限公司.建筑施工手册［M］.5 版.北京:中国建筑工业出版社,2013.

［19］叶浩文.广州国际金融中心施工［M］.3 版.北京:中国建筑工业出版社,2009.

［20］马宝国.泵送混凝土技术及施工［M］.北京:化学工业出版社,2006.

［21］胡铁明.高层建筑施工［M］.武汉:武汉理工大学出版社,2015.

［22］中建三局第二建设工程有限责任公司.超高层建筑大型塔机施工技术汇编［M］.北京:中国建筑工业出版社,2013.

［23］叶明.装配式建筑概论［M］.北京:中国建筑工业出版社,2018.

［24］张琨.千米级摩天大楼结构施工关键技术研究［M］.北京:中国建筑工业出版社,2017.

［25］张琨.中国 500 米以上超高层建筑施工组织设计案例集［M］.北京:中国建筑工业出版社,2017.

［26］毛志兵.建筑工程新型建造方式［M］.北京:中国建筑工业出版社,2018.

［27］郑信荣,王飞飞.大型深基坑顺、逆作法结合施工技术［J］.建筑施工,2011,33(4):256~258.

［28］应惠清.现代土木工程施工［M］.北京:清华大学出版社,2015.

［29］王允恭.逆作法设计施工与实例［M］.北京:中国建筑工业出版社,2011.

［30］应惠清.地下工程逆作法的设计与施工［J］.2013 年超高层建筑工程技术交流会优秀论文集.

［31］中国建筑科学研究院.混凝土泵送施工技术规程(JGJ/T10—2011)［S］.北京:中国建筑工业出版社,2011.

［32］黑龙江省建工集团有限责任公司.地下建筑工程逆作法技术规程(JGJ/165—2010)［S］.北京:中国建筑工业出版社,2010.

［33］任志平,张兴志.大型城市综合体设计及建造技术—重庆来福士广场［M］.重庆:重庆大学出版社,2020.

［34］邓明胜,苏亚武,刘鹏.北方之钻,匠心营造—天津周大福金融中心综合施工技术［M］.北京:中国建筑工业出版社,2019.